中国城市规划学会学术成果

小城镇的特色化发展

彭震伟 主编

同济大学出版社

图书在版编目(CIP)数据

小城镇的特色化发展 / 彭震伟主编. -- 上海：同济大学出版社，2018.9

ISBN 978-7-5608-8063-1

Ⅰ.①小…　Ⅱ.①彭…　Ⅲ.①小城镇—城市规划—中国—文集　Ⅳ.①TU984.2-53

中国版本图书馆 CIP 数据核字(2018)第 179438 号

小城镇的特色化发展

主编　彭震伟

责任编辑	丁会欣	责任校对	徐春莲	封面设计	陈益平

出版发行　同济大学出版社　　　　www.tongjipress.com.cn
　　　　　（地址：上海市四平路 1239 号　邮编：200092　电话：021-65985622）
经　　销　全国各地新华书店
制　　作　南京月叶图文制作有限公司
印　　刷　浙江广育爱多印务有限公司
开　　本　787 mm×1092 mm　1/16
印　　张　25
字　　数　500 000
版　　次　2018 年 9 月第 1 版　　2018 年 9 月第 1 次印刷
书　　号　ISBN 978-7-5608-8063-1

定　　价　68.00 元

会 议 背 景

2015 年底,在中央领导关注下,发源于浙江的特色小镇创建活动进一步推向全国。作为新常态下经济转型升级的新举措,特色小(城)镇培育工作抓住了时代的机遇,成为落实供给侧结构性改革的重要创新和新型城镇化发展模式的创新探索。

2016 年 7 月,住房和城乡建设部会同国家发展和改革委员会和财政部联合下发《关于开展特色小镇培育工作的通知》(建村〔2016〕147 号),明确提出在全国范围内加快发展特色镇。住房和城乡建设部随后评选并公布了第一批 127 个全国特色小城镇。首批特色小城镇在特色产业培育、城镇风貌营造、民俗文化传承、设施服务完善、体制机制创新等方面已卓有成效,走在我国小城镇特色化发展之路的前列,发挥了一定的示范带动作用。到 2020 年,全国要培育 1 000 个左右各具特色、富有活力的特色小城镇,引领带动全国小城镇建设,不断提高小城镇的建设水平和发展质量。

鉴于上述背景,为了准确把握国家特色小(城)镇的内涵,促进小城镇的整体发展,中国城市规划学会小城镇规划学术委员会于 2017 年 8 月 26 日至 27 日在内蒙古自治区鄂尔多斯市东胜区召开了主题为"小城镇的特色化发展"的学术研讨会。

本书是经专家审查,从该次会议 111 篇交流论文中遴选出的 26 篇论文,汇合成集,以飨读者。

会 议 主 题

年会主题：小城镇的特色化发展。

具体议题：

（一）小城镇规划建设的理论探索；

（二）小城镇产业的特色化发展；

（三）小城镇的公共服务；

（四）小城镇的生态建设；

（五）小城镇风貌的特色营造；

（六）小城镇的历史文化保护与发展；

（七）小城镇规划编制的特色化创新；

（八）小城镇的治理与制度创新；

（九）国际小城镇（市）规划、建设和管理经验；

（十）特色小（城）镇的规划、建设与管理经验；

（十一）特色小（城）镇的政策支持和体制机制探索；

（十二）其他议题。

举 办 单 位

主办单位：中国城市规划学会小城镇规划学术委员会

协办单位：内蒙古自治区城市规划学会

内蒙古城市规划市政设计研究院

承办单位：鄂尔多斯市东胜区人民政府

序

　　小城镇是我国城乡发展体系中的重要组成，"发展小城镇是带动农村经济和社会发展的一个大战略"。然而，如何健康地发展小城镇和带动农村经济和社会发展，却一直是一个困扰着我国的决策者和实践者的大问题。纵观我国改革开放以来小城镇发展的实践，制约小城镇健康发展的关键在于小城镇发展的供给侧方面，即小城镇的功能、产业与产品、设施配置、提供的服务与环境等无法支撑和满足我国城乡发展的需求，简单而言，也可以说是小城镇发展缺乏特色。进入21世纪以来，我国已在不断探索着特色小城镇发展的政策引导，如2003年国家启动了"中国历史文化名镇"、2007年起开展的"特色景观旅游名镇"、2011年公布的"绿色低碳重点小城镇"，以及2013年开展的"美丽宜居小城镇"示范评选工作等，但这些政策推动都没有从小城镇发展的供给侧角度全方位地把握其发展方向。2014年发布的《国家新型城镇化规划(2014—2020年)》中明确提出了"按照……体现特色的要求，推动小城镇发展与疏解大城市中心城区功能相结合、与特色产业发展相结合、与服务'三农'相结合。""具有特色资源、区位优势的小城镇，要通过规划引导、市场运作，培育成为文化旅游、商贸物流、资源加工、交通枢纽等专业特色镇。"

　　近几年来，国家针对在建制镇层面的特色小城镇培育和发展上，提出了明确的要求，即"具有特色鲜明的产业形态、和谐宜居的美丽环境、彰显特色的传统文化、便捷完善的设施服务、充满活力的体制机制，集'产镇人文'特色于一体的建制镇"。城乡规划领域的研究者与实践者也在培育特色小城镇方面做了大量的理论与实践研究。中国城市规划学会小城镇规划学术委员会2017年会紧扣当前我国小城镇发展的形势和需求，以"小城镇的特色化发展"为主题开展研讨和交流,来自全国相关高等院校、科研院所、规划设计机构以及小城镇规划管理部门的 500 多位代表参加了该年会,研讨和交流的议题涉及小城镇规划建设的理论探索、小城镇产业的特色化发展、小城镇的公共服务、小城镇的生态建设、小城镇风貌的特色营造、小城镇的历史文化保护与发展、小城镇规划编制的特色化创新、小城镇的治理与制度创新、国际小城镇(市)规划、建设和管理经验、"特色小(城)镇"的规划、建设与管理经验、特色小(城)镇的政策支持和体制机制探索等。本论文集所收录的 26 篇论文是经过国内小城镇领域专家的严格审查,在该年会交流的 111 篇会议交流论文中遴选出来的具有较高学术质量的优秀论文,分为小城镇特色化发展理论和模式、小城镇特色化产业发展与建设管理、小城镇特色化规划编制方法、小城镇特色化风貌构建与历史文化保护、小城镇特色化发展背景下的乡村发展等五大板块。这些收录的优秀论文均聚焦小城镇的特色化发展,其中既有小城镇特色发展的理论探索,也有不同区域特色小城镇规划、建设、管理的不同模式与路径等的实践探讨。通过这些论文,也可以看到中国辽阔地域的小城镇特色发展的差异化,以及小城镇特色化发展的不同领域。希望小城镇规划学委会年会聚焦"小城镇特色化发展"主题的研讨和本论文集的出版能为我国不同区域的小城镇特色发展提供一些可借鉴的经验,并希望能够引起更深入的研究与交流。

彭震伟

中国城市规划学会小城镇规划学术委员会　主任委员

同济大学建筑与城市规划学院　教授　博士生导师

2018 年 5 月 31 日

目录

CONTENTS

序

一、小城镇特色化发展理论和模式

二、小城镇特色化产业发展与建设管理

四、小城镇特色化风貌构建与历史文化保护

五、小城镇特色化发展背景下的乡村发展

一、小城镇特色化发展理论和模式

供给侧改革视野下的特色小镇规划建设[*]

罗　翔[1]　沈　洁[2]

（1. 上海市浦东新区规划设计研究院

2. 复旦大学社会发展与公共政策学院）

【摘要】　供给侧结构性改革与新型城镇化道路息息相关,特色小镇的规划建设作为新型城镇化的重要环节,要从特色产业培育提高供给质量,弥补空间供给与需求不平衡造成的城郊发展短板,以深化改革完善优化特色小镇的制度环境。本文以上海浦东为例,从供给侧结构性改革视角,阐述大都市郊区推进特色小镇规划建设的现状、困境与破解思路,并提出创新规划管理、治理结构和社会参与的政策建议。

【关键词】　供给侧改革　特色小镇　规划应对　大都市郊区　上海浦东

1　引言

当前,我国处于新常态发展阶段,推进供给侧结构性改革,是培育新经济增长点、促进产业转型升级、增强区域经济核心竞争力和可持续发展能力的重大战略举措[1]。同时,也要认识到,我国已进入城市时代,实施以人为核心的新型城镇化发展,关键之一就在于大中小城市和小城镇协调发展[2]。二者互相促进、并行不悖,实现新型城镇化目标,有赖于供给侧结构性改革。

《国家新型城镇化规划（2014—2020 年）》指出:"具有特色资源、区位优

　*　基金项目:国家自然科学基金(41771149)资助。

势的小城镇,要通过规划引导、市场运作,培育成为文化旅游、商贸物流、资源加工、交通枢纽等专业特色镇。"[3]可见,特色小镇建设是当前我国探索新型城镇化的重要路径,也是加强优质供给、扩大有效供给的空间手段。浙江、四川等地的实践经验表明,特色小镇不等同于新城新市镇、产业园区或全(镇)域城市化,也不能简单地理解为以业兴城或以城兴业,而是城郊特定区域和集中规模的产业、文化、社区等城市功能发展平台,城镇发展及规划建设的供给端也必将随之发生改变。本文结合上海浦东的实例,阐述供给侧改革背景下大都市郊区规划建设特色小镇的实践探索。

2 特色小镇发展态势

2.1 国外特色小镇发展经验

特色小镇发展是当代城市发展研究领域的经典课题之一。一般而言,发展动力机制包括城市政府、市场(企业)及小城镇本身:英国20世纪中期的新城运动,政府颁布法令疏解大城市人口;美国的郊区化进程以市场为主导力量,借助发达的交通网络,人口和产业向郊区转移,带动小城镇发展;南欧和北欧城镇依靠自身资源和本土力量塑造特色小镇。

依据产业类型,国外特色小镇可分为科技创新型、产业升级型、文化创意型、旅游会展型等。美国硅谷依托斯坦福大学等科研机构、借助便捷交通和宽松移民政策,成为全球科技创新高地。法国格拉斯以香水制造为支柱产业,带动花卉种植和旅游产业发展。美国圣达菲以密集的民俗创意活动(如设计周)和"遗产+社区+创意+旅游"的创意发展模式打造文化创意小镇。瑞士达沃斯依靠得天独厚的自然生态景观发展冰雪运动,并作为世界经济论坛的举办地闻名全球。

综上国外特色小镇建设经验可见:①根据自身特点和优势资源选择适宜的主导产业并做大做强,形成小镇名片;②特色小镇与区域内科创、金融、文化等因子良性互动,共同发展;③成功的特色小镇均配置完善的公共服务设施和优质的生活生产服务;④宜居宜业的生态环境和城镇品质是吸引人才和投资的关键因素。

2.2 国内特色小镇发展现状

当前,国内特色小镇建设呈蓬勃之势,各省市均发布相关文件推动特色小镇申报和建设。浙江强调"非镇非区",规划面积控制在3平方公里左右,建设面积控制在1平方公里,聚焦信息经济、环保、健康等新兴产业,兼顾茶叶、丝绸等传统产业,采取政府引导、企业主体、市场化运作的方式,配套土地、资金等政策措施,并实行年度考核,根据考核结果给予奖惩措施[4]。四川注重"扩权强镇",将部分县级管理权限和事项下放到试点镇,增强其统筹管理能力。福建给予用地指标支持和倡导土地弹性利用,在符合规划的前提下,兴办文化创意、科研、健康养老、工业旅游、众创空间、现代服务业、"互联网+"等新业态。

然而,特色小镇理论和政策研究尚滞后于现实发展,特色小镇如何做实做强产业;如何融资、实施及运营;政府间治理关系(含省市、区县和镇级政府);镇政府与企业(包括央企、市级国企、外企和民企等)的"政企关系"如何处理等关键问题,需进一步探讨和研究。

3 从供给侧审视特色小镇的现实困境

3.1 供给质量受限于特色产业发育程度

无论从发展需求还是供给质量看,我国的大多数镇级发展单元(包括已申报的各级特色小镇)均存在产业短板,体现在产业基础薄弱、产业支撑匮乏、产业集聚度不高、政策依赖性强和辐射带动能力不足等。以上海为例,各级开发区(产业园区)的工业用地率平均为52.61%,其中,国家级开发区的产业用地占比平均值高出市级和镇级开发区17.48%,具有更显著的集聚度。就绩效而言,国家级开发区工业用地产出强度为285.19亿元/平方公里,远远超出市级和镇级开发区的82.32亿元/平方公里[5]。

究其原因,近30年来中国经济发展模式很大程度上以刺激需求来实现投资和增加就业。在城市建设上,通过基础设施投资吸引产业项目,以税收弥补开发成本,依赖土地出让收益提供持续的公共服务,其空间效应则体现为用地蔓延、城市布局拓展和城镇体系延伸[6]。特色小镇位于城市体系的末端,在上述过程中处于被挤压和被剥夺的地位,产业的培育和发展程度不高,供给质量受限。

3.2 空间供给与需求不平衡形成短板

与此同时,供给与需求很大程度上存在"空间不平衡"问题,体现在特大城市(如北上广深等)因为人口大量导入而供给不足,三四线城市作为人口流出地建设过剩、库存严重。特色小镇作为城乡体系的一个重要节点,对农村地区的吸引力和对大城市的"反磁力作用"均有限,难以吸引足够的人流、投资和就业机会来实现自身发展[7]。

空间不平衡问题的一个突出方面就是公共服务,镇级单元(特别是已撤销建制的老镇)普遍面临设施老化、覆盖不足、人才流失和资金匮乏现象,具体体现在医疗、教育、养老、幼托等民生领域,形成阻碍发展的短板。以上海浦东新区为例,郊区镇的医疗卫生和社会福利设施、商业金融、文化娱乐设施用地与中心城区有较大差距,而教育科研、体育设施用地又不及新城,可见,公共服务设施供给,需求在郊区,短板也在郊区[8]。

3.3 制度环境有待进一步改革完善

供给侧结构性改革不是搞新的计划经济,而是要充分发挥市场在资源配置中的决定性作用,就需要通过去行政化手段来调整不合理的政策和制度安排,激发市场活力。其中一个重要方面就是打破行政垄断,对于规划、土地、财税等行政管理手段和政府资源,要优化配置并允许流动,特别是供给不足的领域和地区,要降低准入门槛,让市场资本和社会力量可以进入,对产能过剩的行业和地区,要实施负面清单制度,避免出现"僵尸"企业和"鬼城"现象。

结构性改革的另一层要义是去杠杆。当前我国大城市的高房价困境,一定程度上源于金融市场的青睐和倾斜,去杆杠意味着挤出泡沫、优化配置,投入到能够有效供给的基础设施和公共服务领域。特色小镇建设初期,由于产业基础薄弱,尤其需要金融对产业的助推作用,实现"产融结合",也就是说,在结构调整的思路下,特色小镇应该甚至有必要"加杆杠"。

4 供给侧改革视角下的特色小镇规划

4.1 大都市郊区的特色小镇规划思路

一般而言,区位优势和资源优势是规划建设特色小镇的两大基础条件。工业化、市场化和全球化背景下,大都市位于城市体系顶端和城市网络枢纽位置,对于人口、资金、信息具有更强吸引力,具备土地集约利用、基础设施发达、产业集群发展以及创新氛围浓厚等条件,受其辐射蔓延影响,大都市郊区的小城镇具有发展先机。本文选取上海浦东作为典型区域,查阅浦东各镇"十三五"规划、总体规划、政府工作报告、镇史镇志等文件文献,梳理出"十三五"期间各镇提出的特色塑造方向(图1),并做简要阐述和分析。

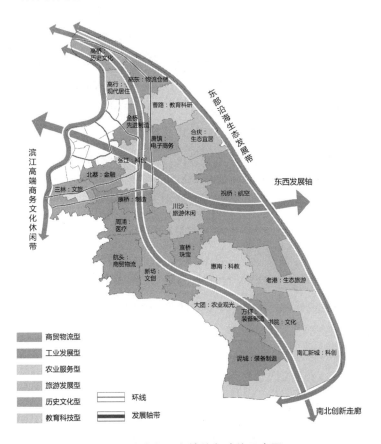

图1 浦东新区各镇特色功能示意图

（1）承接中心城区溢出功能。以北蔡为例，位于上海内环与中环之间，毗邻陆家嘴金融贸易区，后者所承担的国际金融中心核心区功能近年来逐渐向世博园区、前滩地区扩散。北蔡定位为新兴金融集群的"金融小镇"，旨在集聚公募基金、私募基金、融资租赁、商业保理、资管平台、小贷公司等金融服务和投资型企业，打造聚焦财富管理、创新金融、文化金融等业态的"慢金融"集聚区。又如宣桥，依托靠近浦东国际机场的区位优势，打造以上海钻石交易功能扩容为核心，以平台经济、总部经济、服务经济为特色的含钻石珠宝制造、展示、交易、培训等内容的产业链相对齐全的产业功能集聚区。

（2）结合城市发展布局安排。"十三五"期间，浦东空间结构规划为"一轴四带"，其中，从陆家嘴至浦东机场的东西向发展轴线上，串联了陆家嘴金融城、花木文化城、张江科学城、川沙旅游城、祝桥航空城等发展板块。周边镇紧密结合、因地制宜打造自身特色，比如唐镇以电子商务和银行卡园对接张江科学城，并积极发展中高端居住与配套服务。又如惠南积极发展科教产业，吸引航空培训学校等职业教育入驻，为浦东航空城提供支撑。浦东中部城镇发展带，是沟通北片中心城区和南片南汇新城的重要纽带，是浦东推进新型城镇化的主要载体，发展带沿线各镇包括周浦（医疗产业）、康桥（先进制造）、航头（商贸物流特色）、大团（观光农业）等。

（3）连接历史与未来。以高桥为例，既是中国历史文化名镇，也是"十五"期间上海重点发展的"一城九镇"之一（唯一一个位于中心城区内的重点镇），近二十年来兴建了一批标志性、开放型、现代化的产城融合社区，兼具区位优势和环境品质，"老镇换新颜"，定位为"互联网＋创客"小镇，充分发挥"文脉""地脉"和"科创"的互动效应，较好地呼应和深化上海的新型城镇化道路，有利于城镇发展融入自贸试验区、科创中心建设等国家战略的实施。又如沿长江岸线的合庆和老港，现状布局大型市政设施，空间品质不佳，未来结合环境整治改造和城市郊野公园布局，规划成为生态环境优美、人口密度适中、适宜居住或发展旅游的特色小镇。

4.2　提高供给质量要着眼于产业发展

供给侧改革的首要之义就是提高供给质量，强有力的产业基础支撑是重要保证。特色小镇的产业定位要精准、个性要鲜明，并向做精做强发展，充分利用"互联网＋"等新兴手段推动产业链升级延展。以浦东金桥为例，汽车产业为其主导产业之一，具有区域性乃至全国性的影响力。

（1）夯实汽车主业，包括整车制造、零部件配套、研发、中试及相关服务体系等。比如汽车发动机研发与制造，可以延伸和带动机械、材料、电机、能源等若干领域的科研和应用。近年来对新能源汽车的重视和逐渐普及，已成为汽车行业新的增长点。服务领域除了传统的物流、销售、展示等，还出现以融资租赁为代表的平台化、金融化趋势，是"加杠杆"的行业领域。此外，还应积极发挥自贸区溢出效应，发展"产地直达""前店后库""保税出口""进口直销"等实体业务模式，为跨境电商主体入驻运作提供便捷服务。

（2）延展支撑产业，包括基建、机械、能源、材料、电子等传统领域以及探索发展航运、金融、保险、法律、咨询、信息、交易等配套服务业，构建较为完善的汽车产业和服务体系。同时，聚焦发展运营型（如研发总部、营销总部、结算中心、集成解决方案供应商等）、平台型（如大数据开发、产业电商、新兴金融、车联网、孵化器、技术转移平台、知识产权交易中心等）、研发型（如智能制造应用平台、工业设计中心、四新经济企业等）新产业业态。

（3）培育文化产业，包括汽车主题的动漫游戏、玩具模型、主题餐厅、俱乐部、博物馆、主题公园、影视基地和竞技比赛项目等。文化产业项目既是生产力也是软实力，既是品牌也是效益（图2）。

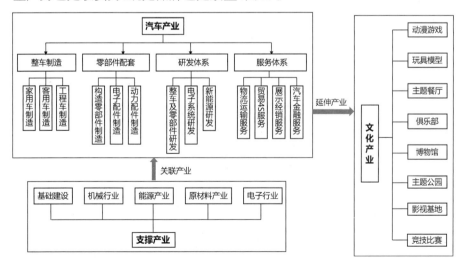

图 2　汽车产业链及其延伸示意图

4.3 以人为核心推进特色小镇城镇化

以供给侧改革适应和引领经济发展新常态,一个重点领域和抓手就是积极推进城镇化。在特色小镇尺度上,要更加注重以人为核心,整体格局和风貌具有标示性,空间布局与周边自然环境协调融合,建筑密度与高度适宜人居。以浦东新场为例,以古镇区域为核心向外发散。

(1) 古镇是核心区域。上海浦东地区现存规模最大、历史遗产最丰富的市级历史文化风貌区,已列入全市重点推进的名镇保护案例。

(2) 大治河生态走廊带(结合美丽乡村建设,打造大治河休闲水岸和大型郊野公园)和沿东横港文化创新走廊是两侧延伸。包括定位为"新水乡菁英创智社区,古镇人文风尚新门户"的轨交周边开发,以文创产业、旅游服务、宜居社区为特色的生活板块,旨在打造古镇文化创意产业综合体的古镇风貌区。

(3) 加大历史风貌保护区和优秀历史建筑的保护力度,完善古镇文化展示交流创新功能的历史文化圈;重点以文化创新带动产业发展,实现工业区的转型升级,提升城镇功能配套,营造宜居环境的产城融合圈;重点改善生态环境,形成美丽花圃,打造美丽乡村的郊野生态圈。

(4) 充分挖掘、发扬和利用当地优秀传统文化,利于形成独特的地域文化标志,并在经济社会发展中体现价值。新场文化资源丰富,现有2处市级、6处区级文保单位,拥有2项国家级、3项市级非遗项目及80余处非遗资源。"更·新场"古镇实践案例在2015上海城市空间艺术季获最佳案例奖。

4.4 补短板的重点在于完善公共服务

公共服务均等化及其空间布局均衡化,是集中体现中国新型城镇化道路的特征之一,也是供给侧改革的主要着力点。在特色小镇的空间尺度,补短板工作包括完善基础设施,配套齐备公共服务,道路交通停车便捷化,教育医疗卫生商业覆盖城乡区域等。以浦东新区为例,以镇区高品质建设和人民生活需求为导向,通过整治拆违、更新改造、提升功能等完善公共服务。

(1) 规划形成15分钟城镇社区生活圈和乡村社区生活圈,织补城乡体系存在的服务品质差距。其中,城镇(含镇区)社区生活圈平均规模为3~5平方公里,覆盖常住人口5万~10万人,配备日常所需的教育、文化、体育、商业等基本服务设施以及公共活动空间。在此基础上,以 500 米为半径,满足老人、儿童、残疾人等弱势群体的基本需求。乡村社区结合村庄布局,集中高效配置各类服务设施。

(2)实施文化惠民工程,加强公共文化、公共体育和公共图书馆服务,完成居村委文化活动室区级标准化建设,使公共文化服务标准化、均等化水平加快提升。加强基层指导服务,着力推进基层文体设施建设,推进文化进社区、进农村、进企业、进学校。

(3)教育、卫生政策向郊区小城镇倾斜,以师资和卫生专业技术人才城郊均衡配置为目标,展开委托管理、局(或高校)镇合作、集团化办学、城郊结对、中心城区功能疏解等模式,在薪酬、职称、晋升等方面给予补贴和优惠,为郊区城镇留住人才并提高公共服务水平和质量。

5 供给侧改革视角下的特色小镇政策创新

住建部等三部委发布的《关于开展特色小镇培育工作的通知》指出,"充满活力的体制机制"是特色小镇健康发展的有力促进手段。笔者收集汇总了各地特色小镇支持政策内容(表1)。供给侧改革视野下,特色小镇的改革创新,不仅在规土、财税、金融、产业、人才、民生、文旅等领域可以有所作为,还应在规划管理、治理结构、社会参与等方面有所突破创新。

表 1 各地特色小镇支持政策分类汇总

政策类别		政策内容
规土政策	用地指标	1 000 个示范镇 5 000 亩新增建设用地指标(山东);省级重点示范镇 1 000 亩、文化旅游名镇 200 亩用地指标(陕西);完成规划目标奖励 50%～60% 指标(浙江)
	弹性利用	鼓励兴办文化创意、健康养老等新业态;对工矿厂房进行改扩建等提高容积率,不再补缴土地价款差额(福建)
	土地流转	加快农村土地流转力度,探索宅基地自愿有偿退出机制(甘肃);鼓励集体建设用地使用权转让、租赁等方式开展农家乐等旅游开发试点(内蒙古)
财税政策	专项资金	3 年 15 亿元(四川);每年 10 亿元(山东);省级重点示范镇 1 000 万元、文化旅游名镇 500 万元(陕西)
	财政补助	示范镇补助 1 000 万元(广西);每个镇 50 万元规划设计补助(福建)
	财税返还	新增财政收入上缴省市的部分,前 3 年全部返还,后 2 年返还一半(浙江);地方小税原则上留给示范镇(山东);新增财政收入部分,省财政可考虑给予一定比例返还,规划区内建设项目的基础设施配套费全额返还(海南)

(续表)

政策类别		政策内容
金融政策	金融信贷	住建部与中国农业发展银行、国家开发银行共同推进政策性金融、开发性金融支持小城镇建设(国家层面);搭建政银合作平台,3年内每年安排支持示范小城镇的贷款不低于框架协议金额的10%(贵州);鼓励设立村镇银行、农村资金互助社和小额贷款公司(山东)
	社会资本	以BOT、TOT等PPP项目融资方式吸引社会资本参与小城镇建设(甘肃、河北、四川、贵州等)
	债券贴息	新发行企业债券用于特色小镇公用设施项目建设,按债券当年发行规模给予发债企业1%的贴息(福建)
产业政策	产业培育	优先落户主导产业(上海金山);保障特色产业用地,安排土地利用计划指标(天津)
	发展基金	设立产业发展引导基金(海南)
人才政策	人才流动	安排省、市、县三级部门、单位和高校的规划、建设、财经专业技术人才任职、挂职和交流互派锻炼(山东);规划建设专业技术人才赴省级重点示范镇挂职和任职(陕西)
	人才引进	高端人才实行税收优惠和个税优惠政策(福建);放松特色小镇人才落户限制(重庆)
民生政策	教育医疗	向偏远地区医疗和教育人才给予专项奖励,并完善住房补贴、岗位聘任等相关政策(上海浦东)
	养老服务	养护服务免征营业税;可将闲置公益性用地调整为养老服务用地;支持养老机构发行企业债券融资(上海)
文化旅游政策	文化创意	补贴新引进企业;具有相当国际国内影响力的文化创意产业品牌活动,补贴50万~200万元(上海浦东)
	生态旅游	对农民就业增收带动大、发展前景好的乡村旅游项目,安排适当用地指标;对促进旅游产业发展的相关项目、提升城市形象的相关项目、旅游公益设施项目等给予资金扶持,额度不超过项目总投资或总费用的30%且不超过500万元(上海)
政府权限及改革支持	扩权强镇	特色小镇行政权限下放到县里,项目由县里审批(浙江);将部分县级管理权限和事权下放到试点镇(四川);委托给示范镇的行政许可和审批事项,一律进入镇便民服务中心,"一站式服务"(山东)
	改革支持	优先上报国家相关改革试点;优先实施国家和省相关改革试点政策;改革先行先试(河北、福建)

5.1 创新规划管理

特色小镇的申报、建设和管理,均有赖于规划先行,具体包括镇域总体规划、镇区控制性详细规划、特色小镇专项规划、产业发展布局规划等,以及创建特色小镇评价及考核指标体系等专题研究。实地调研表明,上述部分法定规划和城市设计方案需向市区两级规划、土地、产业部门层层申报审批，流程繁琐、手续复杂且耗时较长，容易贻误发展时机和项目落地。

建议根据部委意见精神，部分规土审批权限下放或设立绿色通道，以加快规划审批及规划调整节奏，适应市场、产业和企业的发展需求，及时落实建设指标，确保相关重点功能性项目和重点社会事业项目落地。同时，充分考虑特色小镇产业特色及从业人员需求，灵活运用规划管理手段，激励产业转型和企业创新，比如工业用地转性、容积率奖励、建筑面宽高度调整等，力争在规划用地和产业空间形成突破，打破千篇一律和"千镇一面"，进一步凸显特色。

5.2 创新治理模式

特色小镇在开发建设中需涉及镇、市（区、县）乃至于省（市）等多层级政府及其职能部门，需建立灵活、高效的管理平台和协调机制。各省市对特色小镇管理主要有联席会议和领导小组等形式，借助联席会议定期对工作中出现的重大事项和问题进行会商，统筹指导、综合协调、全力推进特色小镇规划建设工作。

同时，特色小镇虽不等同于开发区、产业园等，但也属于特定政策区域。一般而言，政策管理区域主要有管委会和开发公司两个参与主体，前者负责行政管理事务，后者偏向市场化运作。部委文件明确提出，"县级人民政府是培育特色小镇的责任主体，镇人民政府负责做好实施工作"。笔者认为，从简政放权和深化改革的角度，镇作为一级行政主体，本身就是基层组织，为减少行政冗余，可不必由县（区）派出管委会，可采取"镇政府＋开发公司"管理开发体制。设计实施一系列特别机制，如"小镇事小镇办，小镇钱小镇用"的政策机制，镇域内统一管理、就地办结机制，收入留用、市区扶持机制，建立行政审批服务中心、土地指标单列和耕地占补平衡区域统筹等。

5.3 创新社会参与

特色小镇所属政府行政层级较低，其吸引的投资企业可能是省市级国企（甚至央企）、大型民企、知名外企等，政企关系上，宜采取"政府主导、企业引领、创业者为主体"的运作方式，有效形成合力，避免"店大欺客"或"客大欺店"。政府通过"腾笼换鸟""筑巢引凤"打造产业空间,集聚产业要素、做优服务体系;企业则充分发挥龙头引领作用,输出核心能力,打造中小微企业创新创业的基础设施;政府和企业共同搭建平台,以创业者的需求和发展为主体,构建充满活力的产业生态圈。

另外,特色小镇政府可采取以地入股、以资源入股等方式和外来企业合资成立联合开发公司,由开发公司来负责小镇运营和建设,并积极激励社会资本进入基础设施、公共服务、主导产业、环境治理等领域参与建设和营运。镇政府做好 PPP 项目的全程服务,包括设立 PPP 项目库,制订"十三五"期间行动计划,配合申报立项工作,在金融、财税、规土等领域给予政策支持,在教育、卫生、环境、文化、信息、养老等民生领域推广政府购买服务等。

6   结语

供给侧结构性改革涉及新型城镇化的各个领域,包括特色小镇的规划建设。特色小镇源于特色资源或区位优势,尚需进一步转化为特色产业优势,后者尤其要围绕供给侧做足文章:拉伸产业链条、夯实产业基础以提高供给质量;以人为核心推进城镇化战略是落实结构性改革的重要抓手之一;而补短板的重点在于完善公共服务,实现供给和需求的空间平衡。此外,深化改革是特色小镇培育的重要动力机制,包括规土审批权限下沉,简政放权思维创新治理结构,激励社会力量参与特色小镇建设。

参 考 文 献

[1] 人民日报独家专访. 七问供给侧结构性改革[M]. 北京:人民出版社,2016.

[2] 汪光焘. 关于供给侧结构性改革与新型城镇化[J]. 城市规划学刊,2017(1):10-18.

[3] 国家新型城镇化规划(2014—2020)[M]. 北京:人民出版社,2014.

[4] 吴一洲,陈前虎,郑晓虹. 特色小镇发展水平指标体系与评估方法[J]. 规划师,2016,32(7):123-127.

[5] 罗翔. 转型发展背景下的产业用地政策创新[J]. 北京规划建设,2014(5):108-111.

［6］沈洁.中国城市的郊区增长［M］.北京:商务印书馆,2016.

［7］林毅夫,等.供给侧结构性改革［M］.北京:民主与建设出版社,2016.

［8］罗翔."十三五"时期城乡体系演进的新趋势——以上海市浦东新区为例［J］.规划师,2016,32(3):29-33.

区域视角下小城镇特色化发展的特征、类型与趋势
——以长三角地区为例[*]

陈博文　岳俞余

（同济大学建筑与城市规划学院）

【摘要】　基于需求-供给视角,构建"区域性需求—小城镇条件—创新性供给—特色化发展"的研究框架,分析长三角地区首批特色小城镇的发展路径。研究认为:小城镇特色化发展的内涵在于瞄准区域需求、优化要素配置、实现有效供给,形成并强化特色的产业、功能、形态和机制;都市功能外溢、高端要素集聚、消费结构升级、"三农"问题改善等是长三角地区转型发展以来的区域性需求,引导区域内的小城镇结合自身条件,针对性地进行创新性供给,发展成为都市一体型、县域经济型、休闲旅游型和服务"三农"型。最后指出,长三角作为区域城镇体系高度发育和改革试点的前沿地区,小城镇的特色化发展耦合供给侧改革的逻辑,其发展路径对国内其他地区小城镇的特色化发展具有借鉴价值。

【关键词】　小城镇　区域　特色　类型　长三角

1　中国经济社会转型与供给侧改革

2008 年世界金融危机以来,西方国家盛行保护主义,阻碍自由贸易的政

＊　国家自然科学基金面上项目"基于生态安全的小城镇群落空间格局优化机制与规划途径研究:以长三角地区为例"(批准号 41771567)。

策纷纷出台,和以出口产品为主的新兴国家(尤其是中国)的贸易纠纷大幅上升(张庭伟,2012),我国的社会经济发展环境也随之发生重大变化。中国经济增长速度从8%以上的高速增长转入6.5%左右的中高速增长(图1)。区域间的增长速度分化明显,处于后增长期、增长期与前增长期的三类区域并存(陈宏胜,王兴平,等,2016)。在增速放缓和结构调整的转型期,产能过剩、库存过量等问题凸显,企业倒闭、工人失业,传统工业受到强烈冲击(谢杰,张海森,2009),其所处的区域也因缺乏核心竞争优势与动态调整能力,陷入发展困境。与此同时,我国常住人口城镇化率持续增长,城市始终是流动人口的高度集聚地(周婕,罗逍,等,2015),而户籍人口城镇化率处于较低水平,2016年两者的差距达16.2%(图2)。城市中2.8亿农民工的城镇化面临严峻挑战,加快推进人口城镇化进程是国家新型城镇化的迫切要求。在经济问题与社会问题交织的背景下,国家提出供给侧结构性改革以应对经济社会转型。供给侧改革旨在通过调整经济结构、扩大有效供给,提高供给体系对需求变化的适应性和灵活性,提高全要素生产率,从而更好地满足广大人民群众需要,促进经济社会持续健康发展。

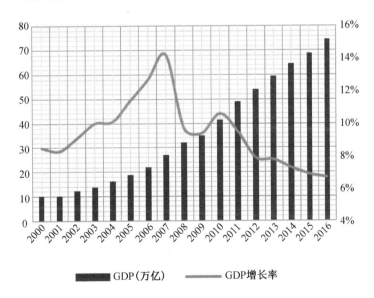

图1 GDP及其增长率变化

图片来源:根据统计年鉴绘制

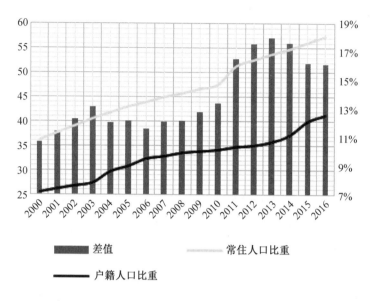

图2 常住人口城镇化与户籍人口城镇化对比

图片来源:根据统计公报绘制

我国的区域城镇体系中,小城镇是联系大中小城市与乡村的中介和纽带(彭震伟,陈秉钊,等,2002),但也日益面临重生产轻生态(朱竑,2001;耿虹,武明妍,2016)、重居住轻配套(汤茂林,2002;于立,彭建东,2014)、重数量轻质量(刘荣增,朱建营,2000)等供需错配的结构性问题,传统的增长模式难以为继。2016 年 7 月,住建部、国家发改委、财政部等三部委联合发布《关于开展特色小镇培育工作的通知》,计划到 2020 年培育 1000 个左右各具特色、富有活力的特色小镇,引领全国的小城镇建设;此后,中央部委相继发出各项指导意见和通知,不断细化特色小镇建设的总体要求和具体措施,指导地方实践。全国各地纷纷积极学习浙江经验,着眼于供给侧培育小镇经济,掀起了一股特色小(城)镇的建设热潮。无论是特色小镇还是特色小城镇,都是推动供给侧改革的战略平台,旨在为更大范围的小城镇发展提供有益借鉴。本文基于经济社会转型与供给侧改革背景,从需求-供给的视角出发,构建基于区域需求的小城镇发展研究框架,以长三角地区为典型案例,分析转型期的区域发展需求,并提出小城镇特色化发展的具体类型与演化趋势,为供给侧改革下的小城镇发展提供理论和实证支撑。

2 综述与研究框架

2.1 研究综述

　　小城镇在我国的快速城镇化进程中始终扮演着重要角色。改革开放初期，乡镇企业是推动小城镇发展的重要力量，走出了中国特色的自下而上的城镇化道路（崔功豪，马润潮，1999）。进入新世纪，全球化不断推进和城市区域快速发展，小城镇所处的环境、发挥的作用也在发生变化，尤其是在东南沿海的经济发达地区。由于小城镇对于中国城镇化的重要意义，关于小城镇的研究一直很丰富，针对小城镇在新时期的发展变化的研究也层出不穷：①从地区差异视角出发，讨论不同地域小城镇发展条件的差异和提出因地制宜的发展思路（李建波，张京祥，2003；李广斌，王勇，等，2005；郑志明，王智勇，2011）；②基于制度和政策视角，强调制度创新对小城镇发展的重要影响，提出小城镇制度改革的方向（赵燕菁，2001；罗小龙，张京祥，等，2011；李兵弟，郭龙彪，等，2014）；③立足产业经济发展视角，从乡镇企业、经济全球化等方面探讨小城镇的发展问题与趋势（彭芃，王雨村，2009；杜宁，赵民，2011；唐伟成，罗震东，等，2013）。

　　小城镇作为区域中的空间单元，从来不是孤立发展，而是根植于区域城乡整体的经济、社会和空间系统之中（罗震东，何鹤鸣，2013），其发展特征、演化趋势受到区域发展态势的直接影响。因此，唯有清晰界定小城镇所在的区域特征、准确把握不同时期的区域发展需求，才能有效引导小城镇的发展。在供给侧改革背景下，从区域发展的需求导向出发，探讨小城镇的创新性供给、特色化发展具有较强的现实意义，然而相关研究还较为缺乏。

2.2 研究框架

　　长期以来，作为需求侧的投资、出口、消费被人们称作拉动经济增长的"三驾马车"。实际上，"三驾马车"是 GDP 的主要组成部分，是经济增长的结果而非原因。需求侧刺激在经济波动、经济危机等特殊时期有积极作用，但不能作为长期拉动经济增长的手段。经济增长的动力还来自作为供给侧的劳动力、创新、制度、资本、土地等要素(贾康,苏京春,2016),供给侧改革通过提高全要素生产率来拉动经济增长,实现健康、可持续的发展。

历史经验显示,推动小城镇成功转型的战略供给是基于特定时期背景下区域需求的识别。以浙江、江苏为代表的东部沿海发达地区,回顾改革开放以来的发展历程就会发现,每一次重大的区域经济转型、自下而上的地方改革几乎都是从小城镇起步的(陈前虎,寿建伟,等,2012):①物质短缺时期,村镇内分散的家庭个体私营经济依靠灵活机制及时补充城市国有企业物质生产供应的不足,快速抢占了国内市场;②生产过剩时期,通过撤乡并镇与空间重组,加快产业集聚与升级步伐,推动出口外贸经济发展,抢占了我国 2001 年加入 WTO 之后迎来的国际市场先机;③启动内需时期,产业集聚带动人口集聚,一系列面向人的发展与需求的公共服务短缺问题凸显,强镇扩权、撤镇设市等举措适应和满足了小城镇日益增长的社会管理与公共服务需求;④消费升级时期,人均收入水平的提高促使人们追求更好的生活方式和更高的生活品质,人们需要更优质的商品、服务和旅游地,特色小镇、美丽乡村等新战略正是在消费升级之际开启的供给侧改革探索。因此,新时期下小城镇的发展仍应回归到区域之中,以区域需求为导向,结合自身资源条件,对供给侧的各个要素进行创新性改革,走特色化发展道路。基于这样的认识,本文从需求—供给的视角出发,构建"区域性需求—小城镇条件—创新性供给—特色化发展"的研究框架来解析小城镇的发展(图3)。在这一框架下,供给侧改革背景下小城镇特色化发展的内涵在于:瞄准区域需求、优化要素配置、实现有效供给,最终形成并强化具有特色的产业、功能、形态和机制。

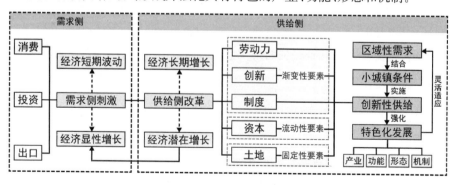

图3 基于供给侧改革的小城镇特色化发展研究框架

3 长三角地区小城镇面临的区域性需求

长三角地区处于我国东部沿海,经济实力强,内部的城镇体系发育较为成熟,也是实施供给侧改革的前沿阵地。本文以 2016 年 5 月国务院批准的《长江三角洲城市群发展规划》确定的 26 市为研究范围,分析长三角地区新时期的发展新需求。

3.1 城市化转型:都市功能外溢的需求

随着区域经济的整合发展,以上海为主核心,杭州、南京、苏州、宁波、合肥为次核心的多中心结构的城市区域基本形成(彭震伟,唐伟成,等,2014),并作为整体参与全球竞争之中,通过各种生产服务活动的聚集获得极强的经济吸引与辐射能力。信息通信与高快速交通基础设施的逐步完善,使得区域内城镇的职能分工与要素重组变得更为剧烈,呈现出"集聚+扩散"并存、"网络+等级"演化的鲜明特征(罗震东,张京祥,2009)。在这种区域发展态势下,城市化转型主要体现在两个方面:一是城市化空间主体的变化,以大城市为核心的都市区成为推动区域发展演化的空间单元,小城镇发展面临着都市区化或非都市区化的身份分化以及由此带来的巨大的发展机会差异;二是城市化发展阶段的变化,上海、杭州、南京等核心城市已经由向心集聚到向外溢扩散发展。在土地高效集约发展的要求下,大城市尤其是中心城区的产业准入门槛不断提高,产业空间的置换升级持续推进,"产业郊区化"成为长三角地区大城市发展的现实选择。许多制造业开始将其生产部分从长三角的大城市向边缘地区转移,而不以消费目的地为指向的产业门类可以依托区域交通体系在长三角任何生产成本更低的地区重新集聚。在大城市的部分非核心功能亟需得到疏解之时,区域中的小城镇得到了新的发展契机。

3.2 工业化转型:高端要素集聚的需求

改革开放以来,长三角地区以乡镇企业为代表的农村工业化是推动小城镇发展的重要力量,但其"村村点火、户户冒烟"的分散化发展模式也导致城镇化严重滞后于工业化；全球化带来的产业转移与劳动分工成为了许多城镇加速发展的外生动力，但其低附加值的生产环节也导致了低端锁定与环境污染等问题。随着经济新常态的到来，倒闭的厂房、萧条的工业园区预示着原来依靠土地、资本等要素的粗放投入实现工业化发展的时代已经终结，传统的块状经济强镇必须尽快转型，大力推动产业结构升级和促进技术创新。

3.3 生活优质化：消费结构升级的需求

2016 年我国人均 GDP 超过 8 000 美元，意味着我国早已从以满足衣食住行为目标的生存型阶段进入以满足人的发展为目标的发展型阶段。从改革开放以来的历史发展来看，我国目前正处于第三次消费结构升级阶段，生存型消费比重不断降低，发展型消费持续增长。对于长三角地区而言，各省市的 GDP、人均 GDP 遥遥领先于全国水平，城乡居民消费的多元化趋势更为显著，具有迫切的社会消费结构升级的需求。大城市中越来越多的中产阶层开始追求生活方式的转变和生活品质的提高：他们期待个性化的产品和定制化的服务；向往在周末或假期逃离城市的喧嚣与繁忙，享受乡村优美的生态环境。于是，体验经济、休闲旅游、智能制造、科技教育、民俗文化等创新性的供给正在区域中悄然兴起。在个人消费升级的同时，集体消费也面临升级的需求，社会对城乡公共服务的需求将全面增长，公共服务的短缺和不均等将成为经济社会可持续发展的突出矛盾。经济结构决定产品的供给结构，需求结构决定人们的消费结构。通过消费结构升级扩大内需，进而推动经济发展，体现了消费需求对生产的决定作用。在这一过程中，小城镇应主动适应消费结构升级的需求，结合自身条件适时地调整产品和服务的供给体系，吸引并释放城市居民的消费潜力。

3.4 农村现代化："三农"问题改善的需求

解决"三农"问题的根本手段在于农民增收、农业增长、农村稳定。农业产出必须从"强调数量、解决温饱"转向"强调质量、满足品位"，适应消费者从小康走向富裕的需要。农村的现代化要求土地规模经营、科技兴农（赵民，孙斌栋，1996）。长三角地区虽然具有较好的乡镇企业基础，但其分散的布局使得农民在从事效益低下的半自给性农业生产的同时兼营非农产业，固化了农业生产的分散化和规模经营的细碎化。同时，"三农"问题相对其他地区缓和，但也同样面临着城乡居民收入差距大、农业生产水平不高、农村基础设施和公共服务不足等问题，农村的现代化是实现区域城乡一体化发展的关键环节。城乡地域结构的转型与城乡人口结构的转折性变迁（城镇人口超过 2/3），使农业的生产供给结构和市场需求结构发生了根本性变化，乡村地区的许多要素相对价格上升，无论是现代农业生产，还是围绕农村地域的生态、休闲和体验经济价值的逐渐凸显，都可能将成为小城镇经济发展新的增长点。小城镇作为直接面向广大农村地区、服务三农的"城乡驿站"，对于本地农民、返乡农民的城镇化具有不可替代的作用。

4　长三角地区小城镇的特色化发展的路径

作为区域城镇化的高级阶段和供给侧改革的前沿地区，长三角地区的高密度特征和一体化态势使得区域内小城镇的发展演化具有一般地区所不具有的动态性和灵活性，其特色化发展对于我国其他区域小城镇的发展演化具有借鉴意义。以 2016 年 5 月国务院批准的《长江三角洲城市群发展规划》确定的苏浙皖沪 26 市为作为长三角地区范围；根据 2016 年 10 月住建部《关于公布第一批中国特色小镇名单的通知》认定的 127 个特色小城镇，长三角地区共入选 17 个特色小镇，可以视为目前区域中实现了小城镇特色化发展的标杆（图 4）。该 17 个特色小城镇基本符合供给侧改革下的特色化发展

(a) 2015年镇GDP　　　(b) 2015年镇域常住人口　　　(c) 2015年镇公共财政收入

图 4　长三角地区首批 17 个特色小城镇的基本特征

思路,可进一步将其路径选择划分为 4 种类型:都市一体化型、专业经济型、生态文化型和服务中心型。其中,一个特色小城镇可以兼具多种发展路径的特征。

4.1 "都市一体型"特色化发展

长三角地区都市一体型发展的特色小城镇创新发展、功能提升、人口集聚,小城镇发展的规模效应和集聚效应日益凸显。截至 2015 年底,都市一体型发展路径下的典型小城镇,如枫泾镇、车墩镇、朱家角镇、甪直镇、震泽镇、濮院镇等的镇区常住人口均远远超过户籍人口,其中车墩镇的镇区常住人口是户籍人口的 6.73 倍,具有极强的人口集聚能力,一定程度上缓解了上海的人口压力(图 5)。与此同时,都市一体型发展的特色小城镇充分利用区位优势,围绕产业升级和创新发展的需要,以高素质、高层次、高技能人才队伍建设为重点,引进各类人才。位于上海郊区的车墩镇、枫泾镇对人才引进的效果最为显著,2013—2015 年间保持稳定增长(图 6),2015 年龙头企业中大专以上学历的劳动力占全部就业人口的比重分别达 24.33%和 14.30%,在人才要素上相对其他特色小城镇具有较强的比较优势。

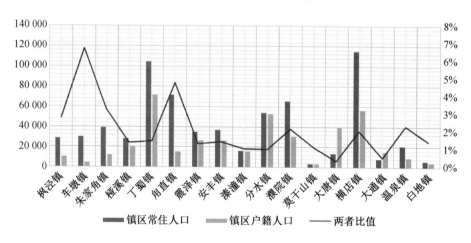

图 5 2015 年长三角地区特色小城镇的镇区常住人口与户籍人口

图片来源:笔者根据第一批中国特色小镇申报材料绘制

都市一体型的发展路径不仅在于人口、创新要素的集聚,还在于通过要素整合形成具有特色而又相对独立完整的都市功能,真正成为疏解中心城

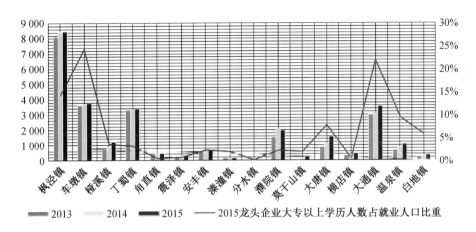

图6 2013—2015年长三角地区特色小城镇的高素质人才数量及比重

图片来源：笔者根据第一批中国特色小镇申报材料绘制

市人口、产业、功能的重要载体。长三角地区都市一体型发展的特色小城镇初步实现了这一目标，较为典型的有：枫泾镇坚持"二、三、一"的产业发展方针，形成了以智能制造装备、新能源与新能源汽车、时尚服饰服装产业为主导的特色产业体系，并将创新、金融、古镇等要素创造性地融合在一起，发展为科创、文创、农创的"三创"小镇，近期还进一步向众创、体验、共享的美丽小镇推进；车墩镇同样利用上海中心城区的辐射和影响，发展先进制造业的同时，培育以上海影视乐园为代表的影视拍摄及后期制作为特色的文化创意产业，兴建上海淞南郊野公园、松江南站大型居住社区等，主动承担中心城区的外溢功能，强化与中心城区的关联发展；朱家角镇经历了集市贸易、兴办工业、"门票经济"等发展时期，通过吸引高新、高质、高端的创意要素进入，整合水乡环境要素与区域的创新、资本要素，现已发展成为集休闲旅游、文化创意为一体的"文创＋基金"小镇，近期还将继续向"水乡古镇、不夜江南"的发展目标前进。

4.2 "专业经济型"特色化发展

长三角地区专业经济型发展的小城镇依托特色产业引领地区发展，带动农村人口的转移与就业。截至2015年底，长三角地区的特色小城镇就业总人口中来自周边农村的达51.48%，专业经济型发展的特色小城镇更是高达 59％。其中,大唐镇对农民就业的带动最为显著,接近 100％;其次是濮院镇,超过 75％(图 7)。可以判断,这些特色小城镇迅猛发展,"截留"大量的进城农民,是长三角地区县域城镇化的重要载体。此外,专业经济型发展的特色小城镇具有特色鲜明的、绝对优势的主导产业:大唐镇主导产业吸纳就业人口近 100％,几乎全民从事袜业,是长三角地区最典型的特色产业带动下的富民经济;濮院镇的时尚毛衫生产吸纳的就业人口近 85％;横店镇的影视文化产业也吸纳了近 25％的就业人口(图 8)。

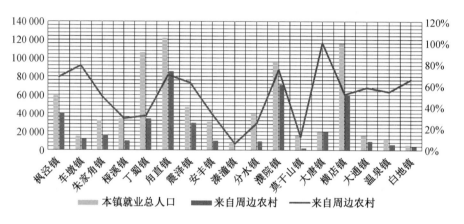

图 7 2015 年长三角地区特色小城镇对周边农村就业的带动情况

图片来源:笔者根据第一批中国特色小镇申报材料绘制

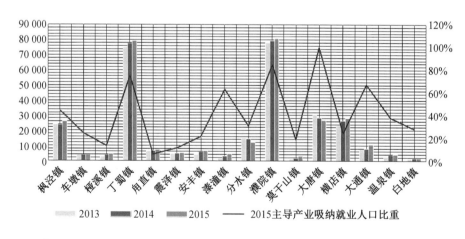

图 8 2013—2015 年长三角地区特色小城镇主导产业对就业人口的吸纳情况

图片来源:笔者根据第一批中国特色小镇申报材料绘制

专业经济型发展的特色小城镇引领区域发展的作用还在于通过传统的、新兴的特色产业发展推动区域产业结构的优化升级。较为典型的有：丁蜀镇依托历史悠久的陶文化发展陶产业，产业门类齐全、企业数量众多、富民效果明显，下一步还将尝试将产业发展引导向通用航空、健康养老等新兴领域，促进镇域经济的多元化、可持续发展；震泽镇利用其得天独厚的自然条件和千年历史的养蚕缫丝积淀，已形成丝绸家纺的全产业链，以桑蚕养殖和蚕丝产业为核心的文化内涵渗透进震泽镇的方方面面，不仅夯实了城镇的经济基础，更以其"特"和"专"产生强劲的带动作用，文化、休闲、旅游等产业日益兴起；大唐镇袜业的配套设备和关键技术已达到国际先进水平，近期还将进一步吸收外来新兴要素、结合本地袜业文化，朝着智能制造、"互联网＋"、时尚旅游等新领域开拓，实现产业结构的高端化、多元化。

4.3 "生态文化型"特色化发展

长三角地区的17个首批特色小城镇中，4个小城镇拥有传统村落、14个拥有美丽乡村。最为典型的生态文化型发展的小城镇当属"国际慢城"（slow city）桠溪镇。桠溪镇本身具有一定工业基础，但相对长三角地区的其他专业强镇而言不具有明显优势。桠溪镇充分利用其生态特色、资源优势以及作为高淳县东大门的区位条件，构建"生态之旅"。一条全长48公里的生态观光带，盘旋于当地6个行政村之间，区域面积约50平方公里，是整合了丘陵生态资源的集观光休闲、娱乐度假、生态农业为一体的综合旅游观光区。围绕生态旅游的主题，高塍镇在"生态之旅"区域内重点建设"长江之滨最美丽乡村"，发展观光农业，已经形成大棚葡萄、早园竹、吊瓜子、草莓、有机茶、经济林果等生态示范基地。2010年11月，在苏格兰召开的国际慢城会议，正式授予桠溪"国际慢城"的称号，成为国内首个"慢城"。这一称号的获得大大提升了桠溪镇及其所处高淳县的区域知名度，成为长三角地区具有区域品牌优势的自驾游目的地。此外，生态旅游的发展也带动了桠溪镇地方特产、本地农产品的对外销售，为桠溪镇农业服务职能的提升提供了持续动力。桠溪镇的"慢城"建设，一定程度上代表了长三角地区众多生态文化型特色小城镇的突围和崛起，新的区域消费时尚在逐渐形成。

4.4 "服务三农型"特色化发展

长三角地区的 17 个特色小城镇在促进经济、产业发展壮大的同时,也注重要素资源的优化配置,不断推进体制机制的改革与完善,保证对乡村地区的就业机会、公共服务供给,向区域输出有效的社会价值。截至 2015 年底,17 个特色小城镇平均配置了近 5 所小学、2 所初中、1 所高中、1 所职业学校、8 处养老服务设施、18 个文化活动中心、6 个超市(图 9);17 个小城镇均已实现了政府购买公共服务,采用过公开招标、定向委托等形式将原本由自身承担的公共服务转交给社会组织、企事业单位,提高公共服务的供给质量和改善社会治理结构;7 个小城镇尝试采用了 PPP(Public-Private Partnership)模式,积极推进政府与社会资本的合作,共同参与公共基础设施建设。

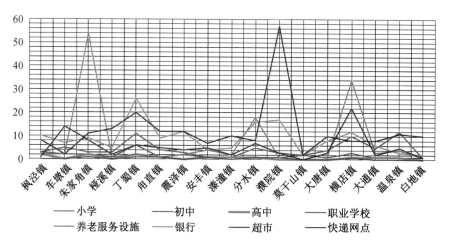

图 9   2015 年长三角地区特色小城镇的公共服务设施配置情况

图片来源:笔者根据第一批中国特色小镇申报材料绘制

从发展现状看,丁蜀镇、甪直镇、震泽镇、安丰镇、分水镇、濮院镇、大唐镇、温泉镇等特色小城镇的公共服务设施配置水平更高,承担着为当地农村居民直接提供绝大部分基本公共服务的重要责任。同时,这些小城镇也大多兼具其他特色化发展路径的特征。较为典型的有:濮院镇不断深化扩权改革,围绕城乡居民的生活品质,全面提升公共服务设施承载力,实现了村(社区)便民服务中心、文化活动中心的全覆盖,城乡居民养老保险 99%,同时还推进社会治理创新,是全省创新基层社会治理的示范点;甪直镇收紧开发边界、挖掘存量土地,对接上级存量用地更新改造政策,统筹镇村资源,由镇集体经济公司统一规划建设产业载体,并成立了澄湖农业园管委会、古镇管委会、新区管委会等机构,形成镇级、板块和条线部门"统分结合、条块结合"的社会管理框架;分水镇积极开展用地存量盘活、农村土地流转、农村宅基地确权等工作,尽可能保障小城镇的建设用地,并创新性的构建"中心镇—中心村—精品村—培育村"的层次分明、功能完善的镇村格局,整体提升城乡公共服务供给能力;白地镇采用政企共建的模式建设特色小城镇,通过设立规划管理办公室、市容管理中队等机构推动行政机构和职能改革,加强小城镇的建设管理和社会管理;温泉镇通过政府购买服务对镇区、村周边的主干道、重点河道、美丽乡村和旅游景区等进行全天候的保洁,同时实施"干部进网格、服务零距离"的"四五六工作法",大力推进特色小城镇的社会管理工作。

5 结语

供给侧改革是我国进入新常态以来推动经济持续发展的重要顶层设计,在惠及我国经济社会发展改革的同时,也为小城镇的特色化发展提供了新的思路。本文从供给侧改革的视角出发,重新审视区域中的小城镇的特色化发展,解析特色化发展的特征、类型与趋势,并以长三角地区的首批特色小城镇为案例进行了实证。实际上,供给侧改革本身是经济学领域的术语,也主要用以解决经济发展的问题。然而对小城镇而言,特色化发展并非完全是一个经济维度的议题,还应有社会维度。如果单纯以经济视角来审视小城镇的发展,那么就是"增长主义"从大城市向小城镇的蔓延。从国家新型城镇化战略的角度来看,小城镇应加快促进人口城镇化,其特色化发展的意义和价值是更为多元的,甚至一定程度上社会价值可能大于经济价值。这就需要我们对当下全国各地兴起的运动式的特色小镇、小城镇建设热潮进行理性的反思,避免在政策红利逐渐消失殆尽之后,留下一些"空镇""鬼镇",重新使小城镇及其所处的区域陷入发展的困境之中。

参 考 文 献

[1] 陈宏胜,王兴平,夏菁.供给侧改革背景下传统开发区社会化转型的理念、内涵与路径[J].城市规划学刊,2016(5):66-72.

[2] 谢杰,张海森.全球金融危机爆发的原因及其对中国经济的影响[J].国际贸易问题,2009(7):3-10.

[3] 彭震伟,陈秉钊,李京生.中国小城镇发展与规划回顾[J].时代建筑,2002(4):21-23.

[4] 耿虹,武明妍.区域统筹下中部城镇群小城镇非均衡发展策略——以武汉"1+8"城市圈小城镇为例[J].小城镇建设,2016(1):40-45.

[5] 朱竑.广东小城镇发展及规划思考[J].经济地理,2001(3):332-336.

[6] 汤茂林.对苏锡常地区小城镇发展的思考[J].经济地理,2002(S1):147-151.

[7] 于立,彭建东.中国小城镇发展和管理中的现存问题及对策探讨[J].国际城市规划,2014(1):62-67.

[8] 刘荣增,朱建营.苏南地区小城镇建设的主要问题与对策探讨[J].小城镇建设,2000(9):54-55.

[9] 崔功豪,马润潮.中国自下而上城市化的发展及其机制[J].地理学报,1999(2):12-21.

[10] 李广斌,王勇,谷人旭.我国中西部地区小城镇发展滞后原因探析[J].城市规划,2005(10):40-44.

[11] 郑志明,王智勇.差异化小城镇发展战略思考[J].小城镇建设,2011(6):51-54.

[12] 李建波,张京祥.基于地域人文环境思考苏南小城镇的发展演化[J].城市发展研究,2003(1):40-46.

[13] 赵燕菁.制度变迁·小城镇发展·中国城市化[J].城市规划,2001(8):47-57.

[14] 罗小龙,张京祥,殷洁.制度创新:苏南城镇化的"第三次突围"[J].城市规划,2011(5):51-55,68.

[15] 李兵弟,郭龙彪,徐素君,等.走新型城镇化道路,给小城镇十五年发展培育期[J].城市规划,2014(3):9-13.

[16] 彭芃,王雨村.经济全球化对江苏小城镇规划建设的影响及对策研究[J].小城镇建设,2009(9):40-44.

[17] 杜宁,赵民.发达地区乡镇产业集群与小城镇互动发展研究[J].国际城市规划,

2011(1):28-36.

[18] 唐伟成,罗震东,耿磊. 重启内生发展道路:乡镇企业在苏南小城镇发展演化中的作用与机制再思考[J]. 城市规划学刊,2013(2):95-101.

[19] 罗震东,何鹤鸣. 全球城市区域中的小城镇发展特征与趋势研究——以长江三角洲为例[J]. 城市规划,2013(1):9-16.

[20] 贾康,苏京春. 论供给侧改革[J]. 管理世界,2016(3):1-24.

[21] 陈前虎,寿建伟,潘聪林. 浙江省小城镇发展历程、态势及转型策略研究[J]. 规划师,2012,28(12):86-90.

[22] 彭震伟,唐伟成,张立,等. 长江三角洲城市群发展演变及其总体发展思路[J]. 上海城市规划,2014(1):7-12.

[23] 罗震东,张京祥. 全球城市区域视角下的长江三角洲演化特征与趋势[J]. 城市发展研究,2009(9):65-72.

[24] 赵民,孙斌栋. 经济发达地区的乡镇企业布局与小城镇发展[J]. 城市规划,1996(5):18-21, 60.

中国小城镇发展协调度研究*

陈　春　苗梦恬　刘兴月

（重庆交通大学建筑与城市规划学院）

【摘要】　小城镇是连接城乡的重要空间，小城镇的协调发展是实现中国城镇化战略的关键。本文以建制镇为例，建立小城镇协调发展指标体系，运用TOPSIS法对小城镇综合发展水平进行评价，再通过耦合协调模型对中国各省区小城镇发展的协调度进行分析。研究表明，中国小城镇发展协调度总体不高，且具有明显的区域差异；西部和东北地区小城镇综合发展水平和协调度低，对劳动人口的吸引力度不够；提升居民生活质量水平是促进小城镇协调发展、增加人口吸引力的关键。

【关键词】　小城镇　建制镇　协调度　特色　新型城镇化

1　引言

新型城镇化作为中国城镇化发展到一定阶段后的新发展方式，提倡构建合理完善的城镇体系，不仅要求大城市的优化发展，更加关注中小城镇的积极推进。小城镇是国家层面"三个一个亿"中就地城镇化的主要空间载体（李克强，2016）。作为介于城市与乡村之间的过渡带，小城镇的发展能够实现城乡之间生产要素交换与流通，有效吸纳大量农村人口，防止农村人口过

*　基金项目：重庆市教委科技项目（KJ1705114）；重庆市大学生创新创业计划训练项目（201710618018）；国家自然科学基金（41201178）。

多地进入中心城市带来的一系列矛盾,且对农村地区的社会经济文化水准有着一定程度的带动作用。从总体上看,中国小城镇的实际人口集聚程度不高,特色经济不突出,公共服务水平低,基础设施建设落后。小城镇没有充分发挥在城镇化进程中人口和产业发展的作用(彭震伟,2017)。小城镇的发展不仅仅是经济问题,也不仅仅是资源、环境问题,而是一个综合全面协调发展的过程。小城镇能否协调发展是完成城乡统筹发展的关键一步,将影响城镇未来的持续发展。

国外对小城镇协调发展的研究,主要关注人口、空间布局、动态变化和可持续性等方面。小城镇人口对于国家的人口和经济潜力具有重大影响,其构成情况则决定了小城镇能否实现可持续发展(Kamińska & Mularczyk,2014);小城镇的劳动人口在地区的经济建设中起着重要的作用,它不仅能促进小城镇自身的经济发展,也能促进周围乡村社区以及以这些城镇为中心的市场和非市场服务、社会基础设施的发展,更能够为整体经济发展提供地方创新力和生产潜力(Knox et al.,2009)。作为国家和区域城镇体系的重要组成部分,小城镇促进了多中心的空间发展和城乡统筹发展格局,从寻求更加平衡的城镇空间体系方面为国家竞争力做出贡献。因此,小城镇的区位与布局应考虑其是否能为城镇周边乡村提供就业与服务,以成为乡村地区与城市连接的重要枢纽。而小城镇提供的基础设施和就业机会则被视为解决乡村人口就业并保证其生活质量的关键(Czapiewski et al.,2016)。小城镇的经济、环境、城市规划和发展、公共基础设施、政治和体制与城市有所不同。因为小城镇处于城市与农村之间,与农村腹地有着密切的联系,通常在农村和大都市地区之间发挥中介作用,如何在有效发挥小城镇连接作用的同时保护其生态环境的研究也受到关注(Bola,2004)。

国内对小城镇协调发展的研究,主要集中在空间布局、产业、人口与环境方面。小城镇的发展不能局限于城镇的总数及规模,需要更多地关注空间布局(俞燕山,2000;张建,刘琛,郭玉梅,2011)。以大城市为中心,以小城镇为城市与乡村间的联系点,带动乡村地区发展,促进城乡地区的社会经济协调发展(毛峰,2010)。小城镇发展过程中强调以人为本(曹霖,金涛,2004),解决农业剩余劳动力的就业,满足其对于居住环境的要求,发展居住、产业、教育(张素瑜、杨安宝,2001)。并且正确处理人口与土地之间的关系,缓解土地承受的压力,在发展的同时保护自然生态环境(周百灵,2003),向着基础设施完善、职能明确、用地结构分区合理、规划有重点、政府要求与民众需求协调的人性化健康城镇方向发展(唐春根,2012)。国内对于小城镇发展协调性评价的研究较少(李崇明,丁烈云,2004;2009)。对城镇发展协调性的评价,通常可分为单指标和多指标。单指标多从城镇发展规模、城镇经济水平两方面进行对比评价,由于指标的单一性,单指标可以更为精确地反映某一特征。但小城镇的协调发展受到多种因素共同影响,更适合采用多指标进行综合评价。在研究方法上,多指标主要通过层次分析法、主成分分析法、熵值法等对指标进行筛选或综合分析,并运用协调度模型、耦合发展度模型等进行协调性计算。

本文通过建立小城镇协调发展指标体系,运用 TOPSIS 法评价小城镇综合发展水平指数,并进一步通过耦合协调度模型,对小城镇发展的协调度和区域差异进行了研究。本文研究范围为中国大陆地区 31 个省、自治区和直辖市(港澳台地区由于数据原因,没有纳入研究范围)的建制镇[①],研究数据主要源于《2012 年中国建制镇统计资料》,另外,农民纯收入部分数据来自《中国区域经济年鉴 2012》。

2　小城镇协调发展指标体系

本文拟运用耦合协调度模型分析小城镇发展的协调性。耦合表示所选系统之间的关系密切程度,耦合度则是系统结构中各个要素之间关系紧密程度的度量(孙强等,2016)。耦合协调度位于 0~1 之间,当耦合协调度越接近于 1 时表明系统内各要素的关联性越强,当耦合协调度越接近于 0 时表明系统内的各要素的关联系越弱。耦合协调度模型的关键在于选择耦合系统要素及指标。本文将小城镇综合发展水平作为耦合系统,以综合发展水平各要素作为耦合系统要素,计算各要素间的耦合程度,求得其要素间协调

---

① 建制镇即"设镇",是指经省、自治区、直辖市人民政府批准设立的镇。

度,反映整体的耦合协调性,以此分析小城镇各方面发展是否均衡,要素之间配置是否协调合理。为使作为耦合系统的小城镇综合发展水平的结果更为准确全面,选取发展规模、经济水平、生活质量、发展潜力作为准则层,准则层下选取相应的指标层,涵盖人口、经济、产业、交通、教育、医疗、环境等方面,同时在指标层选取的过程中注意了数据的可获得性(表1)。

表 1　小城镇耦合协调系统指标构成

系统目标层	系统准则层	指标层
综合发展水平	发展规模	X_1小城镇分布密度、X_2小城镇人口密度
	经济水平	X_3农民人均纯收入、X_4镇均企业数、X_5镇均固定资产投资完成额、X_6农业投资完成额
	生活质量	X_7每万人医院/卫生院数、X_8每千人病床数、X_9每万人公园数、X_{10}每万人市场数
	发展潜力	X_{11}绿化覆盖率、X_{12}镇均中小学数、X_{13}路网密度

(1) 发展规模:选取小城镇分布密度(个/万公顷)与小城镇人口密度(人/公顷)来表征发展规模。由于西藏、内蒙古、新疆等省份小城镇占地面积远大于其他省市,对后续评分影响较大,为了消除面积的影响,没有采用小城镇占地面积而是采用密度指标来衡量发展规模。

(2) 经济水平:选取镇均企业个数(个)、镇均固定资产投资完成额(亿元)、农业投资完成额(亿元)、农民人均纯收入(元)来表征经济水平。镇均企业个数则反映了当地的产业发展状况,涵盖了当年年末镇域经工商部门登记的所有企业;镇均固定资产投资完成额与农业投资完成额反映了小城镇的投入情况;农民人均纯收入代表了镇域农民当年除去其他开支的总收入,能反映出小城镇农民的经济状况,在一定程度上代表该地的经济水平。

(3) 生活质量:选取每万人医院/卫生院数(所)、每千人病床数(床)与每万人公园数(个)来表征生活质量。城镇化的核心是人的城镇化,便捷可达的医疗设施和公园能够给人带来幸福感与归属感。将医院、卫生院数量与镇域总人口相除,得到的每万人医院/卫生院数,可反映出当地医疗设施情况;每千人病床数则从医院/卫生院的规模上反映出小城镇的医疗水准;每万人拥有公园数反映小城镇居民日常休闲设施情况;每万人市场数反映小城镇居民生活的便利度。

（4）发展潜力：选取绿化覆盖率（％）、镇均学校个数（所）与路网密度（千米/平方千米）来表征发展潜力。小城镇绿化覆盖率反映了小城镇的生态环境是否具有可持续发展潜力；中小学个数则表示当地的教育水平，反映未来小城镇发展的人才潜力；路网密度则在一定程度反映小城镇的交通发展潜力。

3　运算模型

运用 TOPSIS 法计算各耦合协调系统综合发展水平得分，再选取各准则层的得分作为发展指数，运用耦合协调模型，对小城镇的发展规模、经济水平、生活质量与发展潜力四项准则层进行综合协调度计算。

（1）运用 TOPSIS 法（又称逼近理想解排序法）计算各准则层综合发展水平得分。该方法是一种多目标的决策方法，适用于小样本的评价（孙振球，2002），其原理为：用已经处理过的原始数据得到一个数据矩阵，再在矩阵中选取每个指标的最大值与最小值构成最佳指标与最劣指标，然后计算各个对象与最佳指标和最低指标之间的距离，以此距离作为评判对象发展水平高低的依据（郭相兴等，2014）。

① 处理数据，处理包括同趋势化与无量纲化。所选取的指标因其含义不同，存在着正相关与负相关的区别，可将其具体分为适度指标、低优指标与高优指标。低优指标表示数值越大越差，反之高优指标表示数值越大越好。在本次的计算中，我们将适度指标与低优指标都转化为高优指标。低优指标转高优指标公式：$X = - x$；适度指标转高优指标公式：$X = -|x - \bar{x}|$。在进行同趋势化处理之后，数据矩阵中还存在着计量单位差异所带来的影响，因此，对各指标进行无量纲化处理，即归一化。

$$Z_{ij} = X_{ij}/\bar{X}_j \quad (j = 1, 2, 3, \cdots, m) \tag{1}$$

式中，$(Z_{ij})_{n \times m}$ 为归一化后的指标矩阵；$(X_{ij})_{n \times m}$ 为同趋势化后的指标矩阵；$\bar{X}_j$ 为指标的均值。

② 找寻各指标中的最大值与最小值,将其组合为最佳指标 Z^+ 与最劣指标 Z^-。

$$Z^- = (Z_1^-, Z_2^-, \cdots, Z_m^-,) \tag{2}$$

③ 权重计算。本研究利用熵值法确定权重,首先,计算第 j 项指标下第 i 个对象的指标值在该指标中所占的比重 P_{ij}。

$$P_{ij} = Z_{ij} / \sum_{i=1}^{n} Z_{ij} \tag{3}$$

其次,计算第 j 项指标熵值。

$$E_j = -(\ln n)^{-1} \sum_{i=1}^{n} P_{ij} \ln P_{ij} \tag{4}$$

最后,分别计算各项指标的变异度 G_j,再根据变异度计算指标的客观权重 W_j。

$$G_j = (1 - E_j) / \left(m - \sum_{j=1}^{m} E_j \right) \tag{5}$$

$$W_j = G_j / \sum_{j=1}^{m} G_j \tag{6}$$

④ 计算各对象与最佳指标 Z^+ 与最劣指标 Z^- 之间的距离,得到距离与最佳指标的距离 D_i^+ 和 以及与最劣指标的距离 D_i^-。

$$D_i^+ = \sqrt{\sum_{j=1}^{m} [W_j (Z_{ij} - Z_{ij}^+)]^2} \tag{7}$$

$$D_i^- = \sqrt{\sum_{j=1}^{m} [W_j (Z_{ij} - Z_{ij}^-)]^2} \tag{8}$$

⑤ 计算评价目标与最佳指标的接近程度 C_i,C_i 值位于 $0 \sim 1$ 之间。当 C_i 值越接近 1 时,代表该评价对象越接近最佳指标,其值越接近 0 时,代表该评价对象越接近最劣指标。

$$C_i = D_i^- / (D_i^+ + D_i^-) \tag{9}$$

⑥ 得到各评价对象的 C_i 值，C_i 值越大表示该地区小城镇综合发展水平越高。

（2）运用耦合协调模型进行协调度计算，主要计算步骤如下：

$$C_{i4} = \sqrt[4]{\frac{C_1 \times C_2 \times C_3 \times C_4}{(C_1+C_2) \times (C_1+C_3) \times (C_1+C_4) \times (C_2+C_3) \times (C_2+C_4) \times (C_3+C_4)}}$$

$$\tag{10}$$

$$T_{i4} = \alpha C_1 + \beta C_2 + \chi C_3 + \delta C_4 \tag{11}$$

$$D_{i4} = \sqrt{C_{i4} \times T_{i4}} \tag{12}$$

式中，C_{i4} 代表四系统耦合指数；$C_i (i = 1, 2, 3, 4)$ 为各准则层的发展水平得分；T_{i4} 为综合协调指数；$\alpha, \beta, \chi, \delta$ 为待定系数。由于无法精确确定各项系数的数值，本文采取了通用做法，即认为小城镇的发展规模、经济水平、生活质量与发展潜力同等重要，对 $\alpha, \beta, \chi, \delta$ 取均值 0.25；D_{i4} 为四项准则的耦合协调度，即最终求得的小城镇发展协调度，耦合协调度值越接近于 1，表示耦合协调性越高，系统内部越协调、越稳定（朱海英，张琰飞，2017）。

4   结果分析

4.1   小城镇综合发展水平

根据 TOPSIS 模型计算得出耦合系统综合发展水平得分，可将中国小城镇综合发展水平分为 5 个等级：第 1 级包括上海、江苏、浙江、山东、天津 5 个东部省（市），其中上海的小城镇综合发展水平最高；第 2 级包括东部地区的北京、广东、河北、福建，中部地区的河南、湖北和西部地区的重庆；第 3 级包括中部地区的安徽、湖南、江西和西部地区的四川、广西；第 4 级包括东部地区的海南，中部地区的山西、西部地区的内蒙古、云南、贵州、陕西、宁夏，东北地区的黑龙江；第 5 级包括西部地区的新疆、甘肃、西藏、青海和东北地区的辽宁、吉林（表 2）。在规模水平、经济水平、生活质量、发展潜力方面，各省小城镇发展情况也不同。

表2　中国各省(市)小城镇综合发展水平

等级	省(市)	综合评价	规模水平	经济水平	生活质量	发展潜力
第1级	上海	0.689 8	1.000 0	0.451 8	0.097 4	0.802 6
	江苏	0.552 8	0.369 6	0.895 7	0.203 1	0.895 0
	浙江	0.506 6	0.216 6	0.751 7	0.932 9	0.864 0
	山东	0.497 4	0.277 9	0.809 1	0.241 2	0.650 5
	天津	0.406 5	0.282 8	0.339 2	0.163 9	0.331 9
第2级	河南	0.391 5	0.273 2	0.633 1	0.340 3	0.583 0
	北京	0.336 8	0.229 6	0.276 2	0.442 8	0.545 7
	湖北	0.306 1	0.142 1	0.527 1	0.063 7	0.522 7
	广东	0.294 9	0.211 5	0.296 6	0.437 7	0.419 4
	河北	0.292 8	0.218 7	0.367 7	0.258 9	0.327 7
	重庆	0.291 4	0.215 9	0.324 1	0.082 8	0.555 2
	福建	0.245 6	0.170 9	0.235 0	0.311 2	0.290 0
第3级	安徽	0.238 3	0.221 3	0.307 5	0.094 8	0.477 4
	四川	0.231 7	0.233 2	0.289 5	0.080 4	0.575 9
	广西	0.207 8	0.138 0	0.269 9	0.042 7	0.244 2
	湖南	0.192 5	0.184 0	0.241 2	0.046 4	0.420 4
	江西	0.184 2	0.152 5	0.180 9	0.113 5	0.379 9
第4级	山西	0.166 5	0.124 0	0.106 9	0.318 7	0.360 1
	内蒙古	0.159 5	0.008 3	0.213 2	0.129 7	0.122 4
	云南	0.146 7	0.069 1	0.176 4	0.124 9	0.270 9
	贵州	0.140 5	0.136 0	0.111 1	0.035 6	0.347 0
	宁夏	0.134 2	0.059 7	0.088 9	0.152 1	0.313 5
	海南	0.133 2	0.134 0	0.039 3	0.043 0	0.384 8
	陕西	0.132 8	0.091 6	0.160 7	0.081 9	0.341 6
	黑龙江	0.101 9	0.039 1	0.110 9	0.119 9	0.146 2
第5级	辽宁	0.096 9	0.102 3	0.056 0	0.089 8	0.189 7
	新疆	0.084 6	0.013 2	0.042 1	0.209 3	0.154 6
	甘肃	0.071 0	0.034 2	0.065 9	0.100 1	0.131 4
	吉林	0.068 7	0.051 6	0.057 4	0.034 9	0.159 9
	西藏	0.066 5	0.003 5	0.003 3	0.223 9	0.012 6
	青海	0.051 4	0.002 4	0.051 6	0.058 6	0.052 1

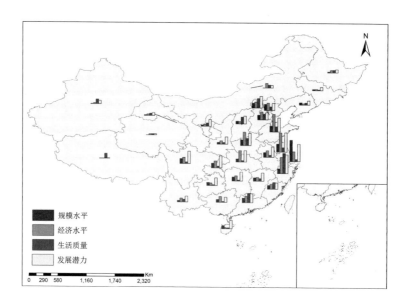

图1　中国小城镇发展水平准则层评价

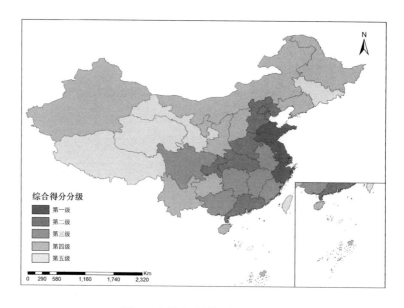

图2　中国小城镇综合发展水平

（1）规模水平：在以小城镇分布密度和小城镇人口密度表征的规模水平方面，上海的发展规模水平最高。内蒙古、云南、陕西、黑龙江、新疆、甘肃、吉林、西藏、青海等西南和东北省份的小城镇规模水平值均在0.1以下。

(2)经济水平:在以镇均企业数、镇均固定资产投资完成额、农业投资完成额、农民人均纯收入表征的经济水平方面,江苏的小城镇经济水平最高,其次为山东、浙江。经济水平得分高于0.3的还有河南、湖北、上海、河北、天津、重庆、安徽,而海南、宁夏、辽宁、新疆、甘肃、吉林、西藏、青海的经济水平得分均在0.1以下。

(3)生活质量:在以每万人医院/卫生院数、每千人病床数、每万人公园数、每万人市场数表征的生活质量水平方面,浙江的小城镇生活质量指数最高,其次为北京、广东、福建、山西和河南(高于0.3以上)。

(4)发展潜力:在以绿化覆盖率、镇均中小学数、路网密度表征的发展潜力方面,江苏小城镇的发展潜力最高,其次是浙江、上海、山东。

分区域来看,小城镇综合发展水平呈现东部>中部>西部>东北的规律。东部地区在综合发展水平和各准则层得分均高于其他地区。西部地区规模水平得分低,表明西部地区小城镇密度和小城镇人口密度都较低。中部地区在发展潜力方面得分较高,未来具有一定的发展潜力(表3)。

表3　分区域小城镇发展水平准则层得分

地区	规模水平	经济水平	生活质量	发展潜力
东部	1.000 0	0.878 0	0.972 4	0.996 8
中部	0.477 0	0.471 9	0.355 9	0.844 5
西部	0.084 6	0.178 4	0.152 3	0.236 7
东北	0.000 0	0.017 9	0.001 9	0.000 0

4.2　小城镇发展协调度

在耦合系统综合发展水平得分和各准则层得分的基础上,根据耦合协调模型,计算各省小城镇的协调度。按协调度评价标准(表4),发现中国31个省市小城镇发展协调度总体不高,均没有进入耦合协调阶段。小城镇发展协调度最高的江苏省也仅处于过渡阶段中的基本协调,山西、江西、湖南、陕西、云南、广西、宁夏、贵州、海南、辽宁、黑龙江、甘肃、吉林等省小城镇处于轻度失调阶段,而新疆、内蒙、西藏、青海等省小城镇则属于中度失调(表5)。

表4 协调度等级划分标准

耦合阶段	耦合协调度	耦合协调类型	耦合特征
失调阶段	0～0.1	重度失调	完全无耦合协调作用
	0.1～0.3	中度失调	基本无耦合协调作用
	0.3～0.4	轻度失调	耦合协调作用不明显
过渡阶段	0.4～0.5	勉强协调	存在一定耦合协调作用
	0.5～0.6	基本协调	存在较强耦合协调作用
耦合协调阶段	0.6～0.8	良性协调	存在很好的耦合协调性
	0.8～1.0	高度协调	耦合协调作用极强

表5 各省市小城镇发展耦合协调度

耦合阶段	耦合类型	省（市）
过渡阶段	基本协调	江苏（0.596 7）、山东（0.582 8）、浙江（0.516 9）
	勉强协调	河南（0.481 4）、上海（0.469 7）、北京（0.458 1）、广东（0.449 5）、河北（0.435 3）、天津（0.427 4）、福建（0.418 3）、重庆（0.413 4）、四川（0.413 0）、安徽（0.412 5）、湖北（0.405 2）
失调阶段	轻度失调	山西（0.396 4）、江西（0.392 6）、湖南（0.376 9）、陕西（0.368 9）、云南（0.365 0）、广西（0.358 4）、宁夏（0.357 2）、贵州（0.348 5）、海南（0.342 0）、辽宁（0.334 7）、黑龙江（0.326 0）、甘肃（0.308 9）、吉林（0.302 6）
	中度失调	新疆（0.295 6）、内蒙古（0.288 2）、西藏（0.259 6）、青海（0.215 8）

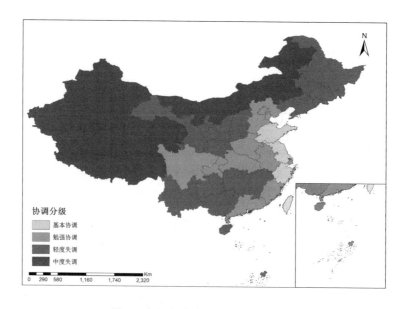

图4 中国小城镇发展协调度分级图

多数情况下,小城镇的综合发展水平与协调度保持一致,综合发展水平高的省份大多有着较高协调度,反之,小城镇综合发展水平低的省份,其协调度也较低。但也存在综合发展水平较高,而协调度滞后的现象,如上海、天津。在综合发展水平为第 1 级的省(市)中,江苏、山东、浙江的耦合类型为基本协调,而上海、天津的耦合类型为勉强协调;在综合发展水平为第 2 级的省份中,大多数省(市)(包括河南、北京、广东、河北、福建、重庆、湖北)的耦合类型为勉强协调;在综合发展水平为第 3 级的省份中,除了四川、安徽的耦合类型为勉强协调,其余的江西、湖南、广西均为轻度失调;在综合发展水平为第 4、第 5 级的省市,其耦合类型均为轻度失调和中度失调。

5 结论、建议与展望

5.1 研究结论

(1) 中国小城镇发展协调度总体不高,综合发展水平和协调度具有明显的区域差异

小城镇综合发展水平表现为东部>中部>西部>东北的规律。东部地区小城镇的综合发展水平明显好于其他 3 个地区,其次为中部地区,东北地区综合发展水平最低。中国小城镇发展还不足以称为协调,55%的省份小城镇发展失调。在三个耦合阶段(耦合协调阶段、过渡阶段、失调阶段)中,31 个省市均没有进入耦合协调阶段。小城镇发展协调度区域差异明显,东部沿海的省份大多耦合协调度较高,中部的大部分省份与西部的少数省份已经进入了勉强协调,余下的西部大多数省份与东北省份都还属于失调阶段。

(2) 西部和东北地区小城镇发展的协调度不高,对劳动人口的吸引力度不够

根据协调度的结果,进一步分析已有原始数据,发现西部地区的小城镇数量虽然多,但对劳动人口的吸引力有限。西部地区尽管有 6 942 个建制镇,超过东部(4 776 个)、中部(5 142 个)和东北(1 472 个),但镇均二三产业从业人员数为 7 571 人,却远低于东部(19 067 人)和中部地区(12 279 人)。

东北地区的镇均二三产业从业人口则更低,仅为 6 625 人。

(3) 提升居民生活质量水平是促进西部小城镇协调发展的关键

小城镇发展规模、经济水平、生活质量、发展潜力方面,均表现为东部>中部>西部>东北的规律。除东部地区在 4 个方面均好于其他地区外,中部地区与东部地区相比,在发展潜力方面的差距较小,中部地区未来小城镇的发展潜力大。西部地区小城镇在各方面与中部、东部地区均有较大差异,尤其是在规模水平和生活质量方面与东部地区差距大。提升居民生活质量水平是促进小城镇发展、吸引人口的重要途径。

5.2 建议

(1) 以大城市作为经济核心,进一步发展大城市,但同时重视其对小城镇在经济和公共服务方面的辐射作用。完善的公共服务是增强小城镇人口集聚能力的重要因素,应推动公共服务从行政等级配置向按常住人口规模配置转变,根据小城镇人口变化趋势和空间分布,建设学校、医疗卫生机构、公园、体育场所等公共服务设施,大力提升小城镇的生活水平,使居民在小城镇能够享受更有质量的公共服务。

(2) 加强基础设施建设,提升小城镇发展潜力。便捷完善的基础设施是小城镇集聚产业的基础条件。西部地区小城镇交通通达度偏低,应加强小城镇对外对内交通的建设,使得大中城市和小城镇能够高效连接起来,增强小城镇的发展潜力。

(3) 一定的人口规模是经济社会发展的前提,目前西部小城镇的数量虽然多,但小城镇分布密度和小城镇人口密度低,大多数没有达到产生集聚效应所需要的人口规模。建议根据服务半径,选择有一定实力的小城镇为重点镇,给予扶持;同时通过市场的力量和公共服务设施供给的减少,逐步消除那些经济实力弱的小城镇,实现资源相对集中供给,也便于更加高效的行政管理。

(4) 在财政和土地政策方面,对小城镇的发展给予一定的倾斜。许多小城镇发展慢的直接原因就是缺乏资金,由于政府在财政分配方面倾向于大城市,用于小城镇建设的资金有限,因此小城镇发展过程中应争取上级资金支持,并引入信贷保险资金和吸引外资、民营资金。中央政府通过土地利用总体规划和土地利用年度计划对地方的建设用地指标进行管控,在建设用地指标有限的情况下,各地的指标用于满足大城市的建设用地需求,而小城镇的发展用地指标不足。在此情况下,可借鉴城乡建设用地置换的地方经验(陈春,张维,2017),允许农民将闲置或废弃的宅基地进行复垦,产生的建设用地指标优先用于本地小城镇的建设。

5.3 展望

(1)本研究缺乏对小城镇空间布局与城市关系的分析,也没有分析小城镇与城市、乡村之间的经济联系,在今后的研究中应将这一点纳入小城镇协调度分析的指标范畴。

(2)在数据方面,能够获得的小城镇相关年鉴仅有《2012年建制镇统计资料》,因而研究数据均采用2012年相关数据,没有最新的小城镇数据,且对部分指标进行了舍弃,导致评价指标体系中的指标量不够丰富。为了获得更有价值的研究结果,未来应找寻更全面更具有时效性的数据进行研究。

(3)在协调度的计算过程中,采取了通用的方法选取权重,但该方法所确定的权重不够精确。在后续的研究中,应更合理地确定各项指标权重关系,以达到最优的计算效果。

参考文献

[1] Bolay, J. & A. Rabinovich, Intermediate cities in Latin America: Risk and opportunities of coherent urban development[J]. Cities, 2004, 21:407-421.

[2] Czapiewski K., Banski J., Górczyńska M., The Impact Of Location On The Role Of Small Towns In Regional Development: Mazovia, Poland[J]. European Countryside, 2016, 4,413-426.

[3] Kaminska A. W. & M. Mularczyk, Demographic types of small cities in Poland [J]. Miscellanea Geographica, 2014,18(4):24-33.

[4] Knox, P. & H. Mayer, Small town sustainability: economic, social, and environmental innovation[M]. Birkhäuser, Basel, Switzerland,2009.

[5] 曹霖,金涛.小城镇的规划建设[J].城乡建设,2004(9):41-41.

[6] 陈春,张维.城乡建设用地置换机理与风险研究[M].北京:科学出版社,2017.

[7] 郭相兴,夏显力,张小力,等.中国不同区域小城镇发展水平综合评价分析[J].地域

研究与开发,2014,33(5):50-54.

[8] 李崇明,丁烈云.小城镇资源环境与社会经济协调发展评价模型及应用研究[J].系统工程理论与实践,2004,24(11):134-139.

[9] 李崇明,丁烈云.基于 GM(1,N)的小城镇协调发展综合评价模型及其应用[J].资源科学,2009,31(7):1181-1187.

[10] 李克强.以改革创新为动力 加快推进农业现代化[J].求是,2015(4):3-10.

[11] 毛峰.小城镇建设与"三元结构"发展模式[J].杭州:我们,2010(8):19-21.

[12] 彭震伟.小城镇发展需要明确方向[J].小城镇建设,2017(11):110-111.

[13] 孙强,沈玉志,李士金,等.新型城镇化与区域可持续发展耦合协调度实证研究[J].农林经济管理学报,2016,15(3):235-246.

[14] 唐春根.中英小城镇模式比较研究[J].中外企业家,2012(1):75-77.

[15] 俞燕山.中国小城镇改革与发展政策研究[J].改革,2000(1):100-106.

[16] 张建,刘琛,郭玉梅.城乡一体化背景下的小城镇空间布局初探[J].小城镇建设,2011(7):84-87.

[17] 张素瑜,杨安宝.小城镇发展模式的思考[J].理论月刊,2001(10):75-76.

[18] 周百灵.小城镇发展模式的设想[J].长江建设,2003(5):43-44.

[19] 孙强,沈玉志,李士金,等.新型城镇化与区域可持续发展耦合协调度实证研究[J].农林经济管理学报,2016,15(3):235-246.

二、小城镇特色化产业发展与建设管理

武汉远郊型小城镇产业发展的困境和出路

耿　虹[1]　高永波[2]　乔　晶[3]

（1.3. 华中科技大学建筑与城市规划学院

2. 青岛市城市规划设计研究院）

【摘要】　随着 2012 年我国城镇化率超过 50％,城市的人口逐渐超过农村,而以农村为基础的小城镇则不可避免地走向衰落。但是,由于区域发展不均衡导致小城镇的高度分化,产生了大量依托大都市产业迅速发展的小城镇,大都市远郊型小城镇既有大都市卫星城的属性,又具有较多的农村服务功能,处在一个十分微妙的位置。在新常态下,武汉远郊型小城镇面临着一系列问题,只有通过产业升级、路径创新和制度改革才能为其创造新的发展动力。

【关键词】　大都市区　远郊型小城镇　产业发展

1　背景

1.1　小城镇发展的区域分化

我国有 1.9 万个建制镇,平均镇区人口不超过 1 万人,相当多的镇(尤其是中西部地区的小城镇)不足 5 000 人[1]。总体呈现数量多、规模小和分布分散的特征,产业发展和人口集聚能力十分有限。但由于我国幅员辽阔,不同地区自然、经济、社会等因素差异巨大,各地的小城镇发展也呈现出非均衡的态势,小城镇总体发展也相对滞后。东部沿海地区小城镇经济发展明显快于中西部,且人口规模和经济发展水平都远强于中西部,每年的全国百强镇绝大多数位于长三角和珠三角地区。东中西部和东北地区小城镇的公共产品的供给也存在巨大差异,其中交通、教育和文化差距最大,东部地区的公共服务和基础设施建设水平远远高于中西部和东北地区。[2]

1.2 小城镇的产业发展分类

随着乡镇产业的发展分化,小城镇产生了若干类型。从产业功能来看,我国小城镇主要有工业型小城镇、商贸型小城镇、农业型小城镇、旅游型小城镇、科技型小城镇和矿业型小城镇等类型。[3]

1.3 大都市远郊型小城镇

从地域分布和发展特征来看,大城市远郊型小城镇也是我国小城镇中的一种特殊类型。大都市远郊型小城镇一般是指位于大城市经济辐射区以内、城市核心区以外的小城镇,此类小城镇与中心城市联系密切,同时受到城市核心区和周边城市的辐射,但农业属性更强,发展条件远不如近郊型小城镇。武汉远郊型小城镇主要指武汉市域以内、都市发展区以外的建制镇和街道。

2 大都市远郊小城镇产业发展面临的问题

2.1 都市区扩张过程中远郊型小城镇的产业功能分化明显

随着都市区的扩张,大都市产业逐渐向郊区小城镇转移,但是由于郊区小城镇区位条件和发展基础的不同,产生了不同功能分化。以武汉市为例,武汉市域内共有小城镇 58 个,以都市发展区为界,近郊型小城镇 13 个,远郊型小城镇 45 个。小城镇人口规模呈现由内向外圈层递减的分化格局。近郊小城镇平均镇区人口为 4.6 万人,是远郊小城镇的 4 倍左右。小城镇的经济规模圈层差异更为显著,近郊小城镇平均财政收入为 2.43 亿元,是远郊小城镇的 5 倍左右。造成近、远郊小城镇人口经济规模差异的根本原因是产业功能的分化。武汉上版总规划划定都市发展区,工业布局主要位于都市发展区以内,导致近郊型小城镇迅速扩张为工业卫星镇,而远郊型小城镇则得不到更多的发展机会。2002—2014 年,武汉市城镇建设用地增加 547.9 平方

公里,其中都市发展区外城镇建设用地仅增加 22.58 平方公里,占全市
4.12%,镇均年增加城镇建设用地不足 4 公顷。从图 1 可以看出,武汉近十
几年新增城镇建设用地主要集中在都市发展区内,尤其是近郊乡镇。

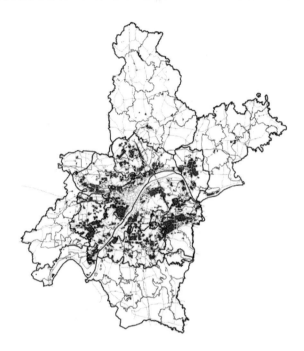

图 1　2002—2014 年武汉市城镇建设用地增加分布图
图片来源:武汉小城镇发展研究专题

2.2　人口的趋利越级流动导致小城镇产业发展劳动力要素的缺乏

　　大都市远郊型小城镇人口的流动呈现以家庭为单位的代际兼业的特
征,武汉小城镇第五次人口普查常住人口为 175 万人,第六次人口普查为
120 万人,十年内减少了 23%。农村人口为了获得更高的收入越过小城镇直
接进入中心城区打工是大都市远郊地区的普遍现象,人口外流导致的劳动
力匮乏进一步限制了远郊型小城镇中劳动密集型产业的发展。低收入是远
郊型小城镇缺乏人口吸引力的重要原因。调查发现,86%的武汉远郊小城
镇居民人均年收入在 3 万元以下,低于武汉城镇居民平均年收入水平 3.7 万
元。人口外流还会对远郊型小城镇重要的日常服务型零售业造成不利影
响,对武汉祁家湾、六指、侏儒山等远郊乡镇的调查发展,人口外流和电商下

乡的双重冲击导致了镇区传统零售业的衰退,服务业的发展仅能依靠过境交通带来的人流量来支撑。

2.3 公共政策对乡村的重点关注导致小城镇产业发展被遗忘

2004年至2016年,国务院连续13年发布的一号文件都是以"三农"(农业、农村、农民)为主题,很多小城镇的问题都是附属在"三农"范畴内进行研究和解决的,新农村建设、家园行动计划、美丽乡村等一系列乡村建设行为,大大改善了乡村发展面貌,小城镇建设面貌依然未能改善,使小城镇失去了宜居性优势。直到近两年国家推动"特色小镇"试点建设之前,大都市远郊型小城镇的产业发展一直缺少相关专项政策支持。自2005年武汉市施行家园行动计划以来,利好乡村的公共政策不断推行,武汉远郊型小城镇成为政策洼地,其产业发展更加受到冷落。

另外,远郊小城镇人口转移成本大,公共政策支出对乡村及中心城区的偏向导致小城镇公共服务设施投入少、配套落后。据相关研究,武汉远郊型小城镇的人均公共成本是1.3万~2万元/人。若转化到武汉都市区以内,每增加一个城镇人口,公共成本约为3.6万元/人,是远郊小城镇的2~3倍。

层级性的公共服务配置被网络化需求打破,农民越过小城镇直接到城市中接受医疗、教育服务,小城镇的公共服务设施无法满足农民工日益增长的公共服务需求,也就无法留住乡镇企业所亟需的劳动力。在武汉市侏儒山街调研发现,该镇承接了多家从武汉市区转移出来的服装企业,月薪5 000元却招不到足够的工人,足以说明层级性公共服务配置策略已经不再适合大都市郊区小城镇,低级别的公共服务设施难以满足小城镇产业发展的需要。

2.4 基础设施的相对劣势导致远郊小城镇发展成本过高

武汉大多远郊小城镇的城镇体系规划有扁平化的特点,村镇公共服务设施小而全,但镇区公共服务品质一般,许多基础设施日常运营困难,导致远郊小城镇的发展成本普遍偏高。

远郊小城镇的交通设施发展水平参差不齐,交通成本较高。大都市的远郊型小城镇大多依靠国道或省道与中心城区相连,少数靠近高速公路出入口的远郊镇发展相对较快。但郊区小城镇大多缺少轨道交通,特别是高铁普及后,普通铁路地位下降,原有的一些铁路客货运站被废弃。例如,武汉市域内 45 个远郊型小城镇中仅有 3 个小城镇拥有轨道交通站点,且以客运为主,对镇区工业发展的促进作用较弱。祁家湾街道原有铁路货运站点的废弃直接导致了小城镇的衰落。

2.5 产业类型低端,对高层次人才缺乏吸纳力

武汉远郊型小城镇的主导产业大多是建筑建材、农产品加工、金属、化工和纺织服装等劳动力型产业和资源密集型产业,同质化竞争严重,农民工就业收益较低;缺少以高科技产业和绿色产业为主的新兴产业,对高端人才缺乏吸引力。例如乌龙泉、新铺、肖港三镇的主导产业中都有建筑建材和食品加工,未能通过错位发展避免同质化竞争。

被选为特色小镇的浙江都市远郊镇以文化创意、电子信息、健康养生、金融和高端装备制造为主导产业,不仅发展潜力大,而且具有良好的生态环境,吸引了大都市区的高层次人才前来就业定居,可以看出区域经济基础对大都市远郊型小城镇的产业选择有着重要影响。武汉、鄂州、孝感等城市以钢铁、制造业、建筑业和矿业等重工业为主,农业发达、劳动力丰富,因此建材、纺织、农副产品加工和矿产开采与加工是武汉远郊型小城镇的常见经济支柱;而杭州、宁波的互联网信息产业发达,是我国重要的装备制造基地,因此都市远郊小城镇的主导产业也多是信息服务、文化创意、休闲旅游和高端装备制造等,对高层人才具有较强的吸引力(表 1)。

表 1 武汉远郊型小城镇与浙江特色小镇的产业对比

武汉远郊型小城镇	主要产业类型	浙江特色小镇	主导产业类型
江夏区乌龙泉街	建材、冶炼、炉料、铸造	云栖小镇(西湖区转塘镇)	云生态、信息服务业
江夏区湖泗街	膨润土开采	西湖区龙坞茶镇	旅游休闲、文化创意
黄陂区祁家湾街	商贸、蔬菜加工	梦想小镇(余杭区仓前街)	互联网创业、科技金融
黄陂区姚家集街	旅游、农产品加工	梦栖小镇(余杭区良渚街)	创新设计产业
蔡甸区索河街	纺织、劳动用品、旅游	桐庐智慧安防小镇	安防产业
蔡甸区侏儒山街	纺织服装、建材	江北动力小镇(慈城镇)	高端装备制造
蔡甸区永安街	商贸、农产品加工	梅山海洋金融小镇	金融产业
新洲区辛冲街	建筑建材	奉化滨海养生小镇	健康养生养老
新洲区汪集街	餐饮业、食品、机械	模客小镇(余姚朗霞街)	塑料模具、高端装备制造
新洲区旧街街	农产品加工、物流业	宁海智能汽车小镇	智能汽车展览、旅游

2.6　过度依赖武汉工业外溢和政府投资，内生动力不强

武汉远郊型小城镇与中心城区有着很强的经济联系，尤其是交通干道沿线的小城镇，都在积极承接武汉的产业转移，大部分远郊型小城镇都依赖武汉城区这个巨大的市场，劳动力主要的打工地点也是武汉城区。例如汉川市新河镇紧靠东西湖区，位居汉江上游，承接来自武汉的纺织和环保产业，发展成为汉川经济技术开发区；汉川市马口镇号称中国纺织第一镇，依靠105省道与蔡甸相连，以武汉为主要市场和转运基地，承接了武汉中心城区淘汰并转移出来的纺织服装业，镇区常住人口在近5年从3万多人增加到10万人左右。另外，武汉远郊型小城镇对市、区政府的转移支付依赖较大，镇（街道）政府主要是向上负责，重点镇获得的政府投资也多，经济发展水平也高于一般镇。

3　发展出路

3.1　引导远郊小城镇相互联动，发展产业集群

小城镇个体不具有规模经济效应，如果能将一定区域内多个小城镇进行产业分工，形成集群产业链，就可以通过镇镇产业联动发挥规模效应。武汉远郊区是中心城区重要的农副产品供应地，其远郊型小城镇还可以与特色农业区相互依托，发展特色农产品加工和乡村旅游等特色产业，打造地方名片，创造品牌效应。

3.2　由"工业规模集聚"向"健康可持续"发展转变

远郊型小城镇应该适应大都市区产业发展新趋势，转变发展理念，由传统的"工业规模集聚"向"健康可持续"的发展模式转变。靠近大都市的区位优势为远郊小城镇发展短途自驾旅游等新型旅游业提供了基础。到乡村、小城镇去已经成为中产阶级周末度假的重要选择。交通条件的改善和互联网的普及使得小城镇远离经济中心的空间距离已经不是工作、生活的障碍。亲近自然的绿色、低碳、生态小城镇已经成为各类城镇当中最为稀缺的资源。小城镇如果能利用信息技术的发展成果，越过传统产业发展的阶段，直

接发展农民网购、文化创意、旅游、养老养生、经过现代设计的传统手工业、乡村酒店,形成新的绿色产业、新的三产融合型业态、轻资产发展模式,就可以实现跨越式发展。

3.3 顺应小城镇网络化发展趋势,提高公共政策效率

打破行政区划单元上的"镇"的思维模式,对不同的产业园区、风景区的"区"在空间上跨界融合形成了一个个开放、共享的生活、生产、生态空间。建立全新的协同发展机制。构筑成一个新的生态群落,体现出小而特,小而绿的多要素集成来保持小镇的繁荣活力。

武汉远郊型小城镇需要差别化的区域政策,高度分化的小城镇挑战"大一统"的政策,需要更加精准的政策来扶持小城镇的健康活力发展。

3.4 加大基础设施投入,降低小城镇的生产成本

2016 年中央提出深化供给侧结构性改革,优化资源配置效率。政府持续的公共服务投入是维持中小城镇良性发展的重要支撑,政府应该制定财税金融政策,完善有条件小城镇的基础设施。交通和基础设施不完善一直是限制大都市远郊型小城镇产业发展的一个重要原因,只有通过公共产品的供给侧结构性改革,改善小城镇的公共服务设施和基础设施,降低企业生产成本才能使乡镇企业具备竞争力。[4]

另外,市、区、镇三级政府都应加大对远郊型小城镇基础设施建设的财政投入力度,运用 PPP 等金融模式鼓励民间资本进入。地方政府可以专门设立由镇区居民和政府代表共同组成的委员会,监督基础设施的运行状况,提高基础设施的利用效率。旅游型小城镇应该推动无线网络覆盖,优先进行交通升级改造,大力发展乡村旅游,吸引各类人才到小城镇创业。

4 结论

武汉远郊型小城镇既有其独特性,也有普遍性,它反映出了中西部地区大都市远郊小城镇规模小、产业弱和发展慢的普遍问题。针对这些问题,只有通过产业升级、路径创新和制度改革,才能彻底打破大都市远郊小城镇发

展屏弱、缺乏动力的局面,使其在未来激烈的城镇竞争中找到一条出路。

参 考 文 献

[1] 中国共产党新闻网. http://theory. people. com. cn/n/2013/0219/c352499－20529750. html

[2] 孔祥智,郑力文,何安华. 城乡统筹下的小城镇公共产品供给问题与对策探讨[J]. 林业经济,2012(1):77-81.

[3] 石忆邵. 中国新型城镇化与小城镇发展[J]. 经济地理,2013(7):47-52.

[4] 汪光焘. 关于供给侧结构性改革与新型城镇化[J]. 城市规划学刊,2017(1):10-18.

小城镇产业发展机制探析

——以第一批 127 个特色小镇为例

李昭旭[1]　贾亚鑫[2]　尹　君[1]

（1. 河北农业大学城乡建设学院

2. 华中科技大学建筑与城市规划学院）

【摘要】　首批的 127 个特色小镇作为全国小城镇探索发展的先行者对于推动小城镇建设有重大的借鉴意义。本文以住建部 2016 年颁布的 127 个特色小镇为研究对象,采用定量和定性分析相结合的方式,对特色小镇的产业发展状况进行研究,在深刻剖析其产业发展机制的基础上,概括总结出特色小镇产业发展的三种动力和四种产业发展模式,并对各个产业发展模式下的产业发展路径进行解析,同时在小城镇的特色产业选择、产业转型升级、产业集聚和产业融合方面提出了相关建议,以期为小城镇产业发展和经济复兴提供参考。

【关键词】　定量　定性　产业发展机制　发展模式　发展路径

1　引言

特色小镇概念开始于浙江的"特色小镇",而培育特色小镇是国家面对经济发展进入新常态为更好的推动小城镇发展,主张借鉴浙江小城镇发展模式而将其作为推动城镇发展和供给侧结构改革的一项策略。2016 年,国家高层领导对于"特色小镇"给予了关注和肯定。为深入贯彻落实习近平总书记、李克强总理关于"特色小镇"发展的重要批示精神,国家发改委明确提出,2016 年将选择 1 000 个左右条件较好的小城镇,积极引导扶持发展为专业特色镇,推广浙江"特色小镇"的发展模式[1]。特色小镇创新实践最初是为解决浙江经济发展的三大难题——空间资源瓶颈、有效供给不足、高端要素聚合度不够而展开的,浙江省基于国家战略、浙江省情和国外特色小城镇经验,启动了创建特色小镇的战略实践,旨在通过打造一批产业"特而强"、功能"聚而合"、形态"精而美"、制度"活而新"的创新型平台[2]。由于建设成效突出,可借鉴性强,因此特色小镇逐渐成为产业转型升级、经济发展和供给侧结构性改革的重要推手,同时也成为当前新的战略选择。

2 特色小镇产业研究

2.1 特色小镇与产业的关系

特色小镇并非传统行政区划意义上的乡镇概念,也不同于特色旅游镇或是产业园区,而是一个具有明确产业定位、特色鲜明形象、兼顾文化旅游的功能承载空间,也是一个聚集高端发展要素创新创业平台[3]。这也就要求特色小镇的产业类型选择与传统意义上产业类型有所区别,所以应当避免产业的低端化或产业选择的被动性,注重产业转型,利用现代高端技术与创新要素,同时融入历史文化特色,实现产业向高精尖模式转化。特色小镇建设从本质上来讲也是一个产业选择问题,每个特色小镇都要以独特的产业定位为核心。任何一个城镇发展离不开产业的支撑,产业是推动城镇发展的主要推动力,也是小城镇发展特色化的重要载体和展示平台,特色小镇的产业发展强调"特而强",其中"特"指的就是产业功能特色,也是特色小镇的主要评价指标之一。因此,对于特色小镇产业的研究无论是在特色小镇培育建设方面,或是城镇经济发展方面都具有特殊的意义。

2.2 产业现状

第一批特色小镇的特色产业选取立足社会发展眼光,不但把握了现代产业发展的新趋势,还考虑到传统产业的转型升级可能,以期实现产业过去式、现代式、未来式的统筹兼顾,为城镇发展建立可借鉴模板。这种模式与浙江特色小镇的产业打造有所区别,浙江省特色小镇主要采用创建制的方式发展培育特色小镇,产业定位着力聚焦信息经济、环保、健康、旅游、时尚、金融、高端装配制造等七大产业,兼顾茶叶、丝绸、黄酒等历史经典产业[4]。确切来讲是从无到有的目标导向下的一种产业创建模式,而国家层面特色小镇则从已有产业的城镇入手,不但包容了现代新兴的产业类型和历史经典产业,还将可通过高端技术要素实现转型升级的加工制造产业纳入特色小镇的名单中,对 127 个特色小镇的产业分类见表 1。

表 1　特色小镇产业分类

产业分类	主导产业类型名称	产业功能分类	特色小镇名称	依托基础
新兴产业 (70)	休闲旅游型(58)	文化旅游(33)	古堡重镇、红色小镇、神州水乡、太极文化小镇、红色圣地、喀斯特小镇、客家小镇、侨乡小镇、古韵文化小镇、朝鲜族风情、道教第一古镇、画里婺源、书里的小镇、国藩故里、红色荆楚、红色"小延安"、太极圣地、长江古镇、文博小镇、土家小镇、三峡移民小镇、西北风情小镇、避暑小镇、黄河千年古镇、传奇古镇、红色旅游小镇、温泉小镇、中华诗词之乡、屯堡(石板)小镇、苗寨风情小镇、白族第一镇、藏原之乡	文化
		资源旅游(25)	汤泉古镇、京北水镇、国际慢城、湿地古镇、乐活小镇、北海银滩小镇、文化艺术之乡、广府文化小镇、民国风情小镇、古堰画乡、温泉小镇、红海滩小镇、北极之光、画里乡村、江豚小镇、养生温泉乡、天然氧吧、氡泉小镇、养生天堂、"全域"特色旅游小镇、山-水-田-城、天空之境、稀有金属小镇、秦岭小镇、文创旅游小镇	生物、景观、生态资源
	高端服务型(9)	金融服务(3)	基金小镇、文创+基金小镇、电子商务小镇	技术、资金、人才
		康体养生(2)	休闲养老小镇、康养小镇	技术、环境资源
		信息技术(2)	创客小镇、水乡科创	技术、人才
		影视时尚(2)	影视小镇、东方好莱坞	文化、人才、技术

(续表)

产业分类	主导产业类型名称	产业功能分类	特色小镇名称	依托基础
历史传统产业(14)	传统工艺型(17)	酒酿(5)	酒都小镇、塞外酒香、白酒小镇、泸州酒镇、国酒之心	文化、技术
		丝绸(1)	丝绸小镇	文化、技术、资源
		瓷器(4)	陶都明珠、中国青瓷小镇、陶瓷小镇、钧瓷之都	文化、技术
		文砚(4)	音乐小镇、人文制笔小镇、宣砚小镇、毛笔之乡	文化、技术
		茶(1)	六安茶谷	资源、文化、技术
		中药(2)	南国药都、天然中药库	资源、文化、技术
现代发展产业(43)	商贸发展型(4)		空港小镇、川东商贸名镇、南疆第一巴扎、边贸小镇	区位
	工业生产型(18)	专业制造(9)	农机商贸小镇、五金之乡、灯饰小镇、袜艺小镇、电器之都、毛衫时尚小镇、多彩毛呢小镇、烟花小镇、藏香之都	技术
		高端制造(8)	智造小镇、光电小镇、岭南制造小镇、中国海盐之都、生态宜居的幸福小镇、古帝之乡、爱飞客镇、橡塑小镇	技术、人才
		食品加工(1)	长江古镇	技术
	现代农业型(21)	农业示范(8)	新型工业小镇、方便面小镇、黄牛小镇、黑土明珠、生态农业、休闲小镇、军垦小镇、生态农科小镇	技术、土地资源、人才
		农业生产(9)	北国璞玉、月柿之乡、葡萄酒小镇、柏林木业小镇、中华第一米城、中国波尔多、拉面风情小镇、果蔬小镇、彝族小镇	技术、土地资源
		农业观光(4)	宗祠小镇、南越风情小镇、长白山小镇、黔西农旅小镇	技术、土地资源

对上表数据进行绘图,见图1—图3。

2.3 小结

根据上述数据整理比较得出,以新兴产业为主导的特色小镇占据特色小镇总数量的一半以上,在较短时间内发展迅猛,具有后备军突起的巨大潜力,具备高科技、高附加值、高成长性的商业形态,蕴藏着巨大的市场空

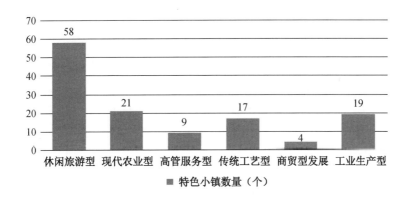

图 1　按特色小镇产业分类的数量统计

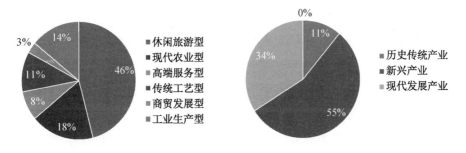

图 2　产业类型占比　　　　图 3　产业门类占比

间。在新兴产业中以蓬勃发展的旅游业和高端服务业为代表,其中旅游目前发展优势突出,但限于旅游业发展成长的资源依赖性,如土地、生态、景观、文化资源,这些资源要素本身的局限性会影响旅游产业的基数发展状况,因此考虑到现代科技发展趋势和人类生活消费需求,在未来时期内高端服务产业将会在发展中逐渐崛起并占据未来市场的上层空间位置。由于新型产业占据现代科学技术的先天优势,经济收益可观,发展推动力强劲,例如文化创意产业、电子商务和金融信息产业等,其发展模式更多显示出"内涵式"特征,将成为助推经济增长结构的转换动力。相较于新兴产业来说,现代发展产业是在原有的城镇优势产业发展基础上形成的,但属于传统工业和农业的转型升级版,所以有较大发展潜力,能够为后期的产业集聚和产业融合提供发展基础,如工业生产、现代农业类型的产业,均可通过现代高端要素的集聚打造成为集产学研、电子商务、休闲观光、科创文创为一体的全面化、综合型的产业门类。现代发展类的产业与传统意义上的小城镇发展产业具有较高的相似性,对其产业转型升级具有较强的可借鉴性。而历史传统产业作为城市历史发展方式的一种特殊记载形式,人文气息深厚,发展稳定性强,在产业链延伸和扩展方面可塑性强,通过提取和整合历史文化要素,培育休闲体验旅游、文创等新兴产业,实现产业内涵提升优化,从而丰富城镇产业发展门类。

3 产业发展机制研究

3.1 产业发展动力要素及类型

特色小镇产业发展的动力基础与传统小城镇产业发展既有重叠性,也有其各异性。结合小城镇产业数据判断,从动力要素类别来看,由区位、资源、技术、文化、人才、资金六大动力要素构成,其中区位与资源要素作为产业形成的保障动力,技术和文化要素作为产业提升的催化动力,人才和资金要素是产业发展的后备动力,各动力的作用机制具有较大的特殊性(图4)。

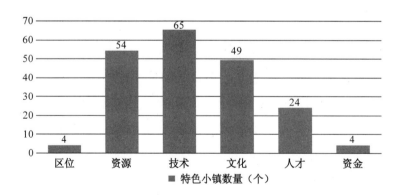

图 4 特色小镇产业发展依托基础统计

保障动力为产业形成和发展提供了基础条件,对资源依赖型和区位导向型的城镇有较大的影响性,使产业发展具备了先天优势,同时也是传统城镇产业发展的一个根本动力。特色小镇产业发展的保障动力主要作用于资源旅游型和商贸发展型产业的小镇,利用先天的资源条件和区位优势,发展生态、观光、体验旅游产业和商贸交易,并为后期的电子商务与物流等服务产业提供可能。如空港小镇利用自身的区位优势发展临港经济,以产品制造为主导,发展对外贸易和物流服务产业。

催化动力是产业转型升级的助推剂,利用技术要素,提升产业功能定位,开发创新和服务环节,完善原有产业链,调整产业结构,从而实现产业发展向专业化、规模化、科技化转变。此类动力主要作用于传统生产类型的产业,包括传统工艺型、工业生产型、现代农业型。基于已有优势产业,进行上下游延伸和多元复合,注重生产研发和技术创新,发展网络销售和物流服务,同时将旅游可行性并入未来发展考虑,将小镇打造为集旅游、科教、示范等多功能为一体的展示平台,走高端化产业发展模式。例如橡胶小镇在原有汽车橡胶制造产业基础上,依靠现代科学技术,横向发展了胶管制造产业,成为集产学研为一体的橡胶研发基地。文化作为城镇发展的根基,是城镇宝贵的无形资源,也是当前城镇软实力竞争的主要依靠。文化的独特性和不可复制性对于推动产业发展来讲具有不可替代性,甚至对特色小镇的整体发展有不可忽视的作用。文化作为产业发展的触媒,催生了一系列围绕着"文化＋"展开的城镇新兴产业业态的形成,如文化旅游业、文化创意产业,还促使历史经典产业以文化要素进行升级,发展休闲旅游,促进了产业融合。

后备动力相对于新兴产业发展来说是其主要动力资源,其中人才要素对其发展有至关重要的作用。人才竞争是现代社会竞争乃至国家间竞争的主要内容,人才的创新能力是推动产业和社会发展的主要动力,在新兴产业方面作用尤为突出。信息经济产业作为新兴产业的代表,对人才的极大需求性是一般产业无法比拟的,是人才高度集聚的发展平台,为其提供了发展空间。与之相似的是高端制造产业,人才是研发制造的主体,能够有效地推动技术创新,提高生产要素的产出效率,保障产业生产绩效。资金作为产业发展的后备力量主要表现在两个方面,一是任何产业发展都需要资金的扶持,二是金融服务产业要有足够集聚资金。金融服务产业与其他产业不同之处在于完全依赖于资金,资金的筹备与集聚程度决定其生存和发展。由于发展条件的限制,金融服务产业要求地方强大的经济发展能力和足够吸引力,在利益的驱动下促使企业入驻和注资,以使金融企业集聚而形成规模,推动产业发展。例如北京的基金小镇,依靠北京这一拥有众多金融企业和雄厚的经济能力的地域优势,打造金融企业集聚的办公平台,营造集中的金融服务功能区,从而促进金融服务行业的发展。

3.2 产业发展模式

基于上述产业的定性分类以及产业发展动力要素的考虑,同时兼顾产业发展的集聚程度、级别定位、技术水平以及目标针对性方面发展变化的影响,并根据产业发展之间的共通性和关联性,将产业发展模式主要划分为三种类型,包括专业化延伸模式、高端化集聚模式和多样化联动模式。

3.2.1 专业化延伸模式

专业化延伸发展模式是利用原有优势产业,通过专业服务提升和产业升级实现产业高精尖发展,成为具有竞争力的产业专业化中心;同时可以通过服务全国企业介入全国生产网络结构中。这种模式下的产业多以生产制造类为主,包括现代农业型产业(生态农业小镇、休闲旅游小镇)和工业生产型产业(农机商贸小镇、五金之乡、灯饰小镇)。一般在原有产业基础上采取做大做强的手段,目的在于打造大区域范围内的产业优势性,从而占据行业高地,引领其他地区的产业发展,起示范带头作用,具有远瞻性和战略性。具体的产业发展方式是以当地特定产业进行产业链的上下游延伸,上游主要进行产品研发和产品市场研究,下游进行产品销售和产品包装设计,利用互联网技术引入电子商务和现代物流,兼顾产品生产、研发技术示范和教育功能,打造集产学研、电子商务、休闲观光、科创文创为一体的功能完善的服务和发展平台,形成培育链、生产链、服务链、创新链有机复合的完整产业链条。专业化延伸模式实现了产品单一化生产到生产链专业化引发的产业集群,做大自身优势产业的同时还推动了特色小镇其他产业的形成和发展(图5)。

3.2.2 高端化集聚模式

此类发展模式主要包含两种聚集形式,一种是通过集聚相关企业提升产品竞争力增强有效供给能力,主要以金融服务、康体养生等高端服务业为

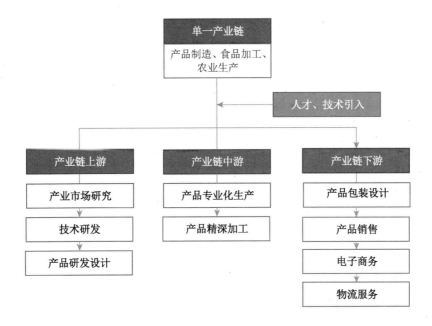

图5 专业化延伸模式

主,例如基金小镇、影视小镇、生态养生小镇。这种形式下产业发展对环境和配套设施条件要求较高,大多位于环境条件优越或经济发展水平较高的生产生活区域,主要采取完善配套设施配套和优化环境,提供企业可集聚的空间载体,吸引同类高端服务行业企业入驻,以保证高端产业发展的企业集群基础,实现高端服务业的集群化、规模化发展。后期发展承接会务会议、商务交易功能,并为其提供高级商务休闲场所,带动房地产产业和高端休闲旅游的发展。而另一种是通过集聚高端要素(技术、人才)提升创新能力孕育提升特色产业,主要以信息技术和文化创意产业为主,例如创客小镇、水乡科创。这类产业对于区位要求较低,但对环境条件有较高的要求,主要采用较为经济的手段,即选取土地成本价低、环境景观较好的区域,营建相对充足的空间场所,吸引不同类型的高端企业和人才进驻,从而为企业发展、人才创业和技术创新提供实践平台,也可有针对性地吸引同一类产业技术研发企业入驻,目的在于打造产业技术创新研发高地。同时与高水平的科技园区或研究机构建立积极的战略关系,也作为创业园区科研成果的生产基地,保障科研成果的可实现性,发展成果共享,实现知识的外溢效应。这两种产业发展形式前期发展都需要政策的支持,给予企业入驻和投资优惠,以吸引入驻主体,属于新兴产业中产业发展的一种模式(图6)。

图6　高端化集聚模式

3.2.3　多样化联动模式

多样化联动模式是基于文化这一要素,通过整合历史人文因素提升产业内涵优化区域发展动能,即依托地域文化或旅游资源,将当地文化与旅游结合,传统工艺产品生产与旅游结合,实现文化、旅游、经典历史产业的融合发展。此类联动模式可分为两种形式,一是以文化资源为衔接点。通过充分挖掘和培育当地的特色文化,利用其传统文化的唯一性发展城镇观光与体验旅游,同时为丰富旅游类型,拓展乡村旅游和农业观光旅游,完善旅游产业发展内容。例如太极文化小镇、喀斯特小镇,利用本身文化资源优势发展旅游,同时拓展了乡村观光旅游和生态旅游,带动城镇农业的现代化发展,提高了农业的附加值,促进产业向多元方向发展。后期通过旅游业的壮大来扶持城镇二产产业,提升二产经济效益,以增加城镇经济发展支撑,也可发展旅游纪念产品生产加工相关产业。二是以文化产品为衔接点。通过挖掘地域产业的文化(茶叶、青瓷)基因,利用产业文化基因发挥产业文化的品牌效应,如陶都明珠、中国青瓷小镇、六安茶谷、丝绸小镇等,通过发展产品的精深加工以提升产品品质,实现产品向精品化、品牌化转变,同时借助文化提升产业内涵,发展高端休闲旅游,与教育、科研、文创相结合,从而促进历史经典产业与旅游融合向高端化发展。多样化联动模式利用文化这一

"公约数"将城镇的多产有效融合,促进多种产业间相互作用共同发展。

3.3　发展路径解析

特色小镇的产业发展在经历了产品单一到产业集群、从传统要素驱动到创新驱动、从低端锁定到高端攀升、从单个创新到集群创新的转变过程,城镇产业发展路径转变主要受两方面因素的影响,一是现代科学技术高速发展,二是历史文化的保留和传承对城镇意义重大。因此城镇产业路径分为主要两种发展路径,即依靠文化资源挖掘特色而提升和依靠人才技术打造高精尖而发展。

3.3.1　依靠文化资源挖掘特色而提升

第一批特色小镇中休闲旅游和历史经典产业分别占据特色小镇总数量的 46% 和 18%,两者总共为小镇总数的 64%,具有较大的占比分量。休闲旅游产业中有一半以上的特色小镇是以历史文化资源开展的观光旅游业,此类产业通过挖掘小镇特有的历史文化资源,依托当地的自然景观、人文景观、民族风情、建设风貌与风格等文化资源,发展城镇休闲观光、民俗体验、养生体验等旅游形式,同时以文化特色旅游来带动乡村观光旅游和农业观光体验旅游等其他景观资源旅游项目,促进旅游类型的多样化。同时,独特的文化资源和优质的自然环境以及较低的开发建设成本也为文化创意产业扎根驻足提供了吸取养分的土壤,实现产业价值的内涵式提升。历史经典产业作为民俗文化中传统手工艺和技艺这一内容的重要载体,包含了代表着传统历史文化的要素,如茶、酒、瓷器、丝绸产业等。此类产业发展主要在原有工艺技艺基础上进行生产与加工工艺创新,使其在保护传承的同时又符合现代发展需求,基于传统文化要素建立产业高端品牌,从而推动产业向精品化方向转变。同时利用特色文化产品发展展示与观光体验,提升产业功能内涵和文化价值,实现从传统生产到文化展示的提升式发展。

3.3.2　依靠人才技术打造高精尖而发展

特色小镇中依靠技术要素实现城镇产业特色化发展的城镇占总数量的 40%,其中依靠人才与技术实现产业特色化发展的小镇占总数量的 18%,且均是高端服务型产业。由此可知技术和人才是实现高端产业特色化发展的必要动力因素。依靠人才技术实现高精尖发展的产业有两种不同的发展方法。其中现代农业型和工业生产型产业都是基于原有的优势基础之上,利用科技和人才高端要素实现产业竖向延伸和横向拓展,并通过打造产业链中某个环节的专业化,推动高端转型,消除传统的小城镇"块状"经济发展形式,实现产业专业化链条式发展。而高端服务产业作为新兴产业,相较于传统的产业来说有本质的区别,它是完全依托技术和人才成长而发展的,没有任何的物质基础依托,通过建立特定的功能空间和平台,集聚人才和技术高端要素,吸引同类企业和投资主体或非同类但同属性的企业和投资主体而发展起来的。

4 发展借鉴

基于对小城镇特色产业的发展分析,考虑到一般小城镇产业发展与特色小镇产业发展的相似之处,分别从产业特色选择、产业转型升级、产业集聚和产业融合方面提出相关的发展借鉴建议。

4.1 立足区域眼光发展优势

特色小镇的核心是产业特色,因此科学合理地选择主导产业,明晰发展思路与重点,对于小镇建设意义重大。首先,城镇主导产业选择应立足于区域眼光,根据区域产业基础发掘自身现有优势和潜在优势,将已有或潜在优势作为产业发展的基础。其次,应根据区域经济发展趋势和转型升级需求明确产业的定位,通过强化核心产业或优化产业链的核心环节,将其打造为区域范围内同类产业专业化生产示范区和技术服务地,成为区域产业发展的"带头兵"。同时应注意避免产业的同质化发展,探寻不可复制的支柱产业,并将产业发展融入整个区域乃至更大范围内,成为区域产业发展体系的重要节点。

4.2 借助高端要素推动转型

产业发展取决于技术进步的推动,无论是新兴产业规模化模式还是传统产业优化升级的模式,都离不开技术和人才这两种要素的推动。而高端服务业的生成和发展更是直接依赖于人才和技术要素,因此高端要素是实现产业升级转型不可缺少的催化剂。应将高端要素与传统产业结合,包括传统农业和传统工业,通过引进高端技术,提高产业研发、生产、加工等技术水平,实现产业技术的低水平到专业化以及产业功能从低级到高级的提升。利用人才创新能力进行产品的研发与设计,实现产品的普通化到精品化的改变,提高产品的技术含有量,实现产业发展的低端化向高端化的转型。对于消费者可直接使用的生活性产品,应当注意对消费者的低层次需求与高层次享受的变化。通过借助技术、人才、资金等高端要素的推动作用,实现传统产业的科技化、专业化、高端化转变。

4.3 规划发展对象实现联动

城镇确定产业布局顺序,明确优先发展的产业类型,能够利用优先产业的打造和壮大催生一系列相关产业的形成并带动后向关联产业的发展,即产业发展中的关联效应现象。以文化旅游为例,特色小镇的文化旅游会带动乡村旅游和农业观光旅游,同时还会促进城镇服务业的发展。因此,实现产业关联发展首先应当明确城镇产业的整体发展思路,基于城镇产业发展的基础确定产业发展的目标和内容。其次,对整体的产业体系发展进行组织架构,明确产业种类和产业类型。再次对城镇各类产业的培育和建设顺序有所规定,考虑近期建设的产业在后期对城镇发展和产业发展的影响,从而明确产业发展对象和规划建设布局。产业联动发展能够有效地提高产业集聚的速度,并能够为后期发展的产业提供资金和产业发展所需的"原材料",具有高效性和经济性。

4.4 利用现代手段促进融合

现代科学技术的迅猛发展改变了传统的生产方式,使各产业之间的界限越来越模糊,产业间相互渗透、相互融合的现象越来越明显。因此技术作为现代产业发展的基础要素,成为促进产业融合的重要纽带,其中最明显的是农业的产业化、制造业的服务化、工业的信息化现象。首先,通过高科技产业向其他产业提供共享技术,以技术融合带动高技术产业与其他传统产业之间的融合。其次,通过产业间横向与竖向的延伸融合,改进原有产业的附加功能或增值服务使其具有更强的竞争力和生命力。如农业现代化中的观光旅游体验、传统文化产业延伸的文化创意等，都是产业链的自然延伸，却在产值和效益上倍增，实现产业内涵式提升。再次，通过产业内部的重构促进产业融合，使单个产业内部不同行业之间或者具有紧密联系的相关产业之间出现联动互动效应。如在种植业、养殖业和畜牧业之间通过生物技术整合生物链形成新型的生态农业。

5　结语

产业特色的塑造和选择应当顺应当前的社会发展背景，产业的功能与定位也应符合当前的经济发展需求，同时考虑同行业的产品市场竞争，避免盲目跟风导致的后期同质产业过多，造成的建设资源浪费。注重产业间和产业内的融合发展，产业界限日趋模糊化的产业融合发展路径，都是未来我国产业发展的方向，因此小镇特色产业不仅要与其他一产、二产、三产融合发展，也应注意实现产业部门间分工协作以及产业生产要素的相互联系和产业生产技术衔接，实现产业深度融合发展。目前特色小镇仍处于发展初期阶段，产业发展还未完全成熟，产业融合的发展路径仍需探索。后期特色小镇的逐步创建会促使特色小镇产业发展逐渐成熟，从而为后期一般城镇的产业提供更切实可行的参考。

参考文献

［1］姜紫莹.浅析浙江特色小镇的发展模式创新［C］.中国城市规划年会会议论文集，2016：146-155.

［2］吴一洲，陈前虎，郑晓虹.特色小镇发展水平指标体系与评估方法［J］.规划师，2016，32(7)：123-127.

［3］陈侃侃，朱烈建，张建波，吴宦漳.产业转型与特色营造导向下的浙江特色小镇规划探索——以光机电智造小镇为例［C］.中国城市规划年会会议论文集，2016：624-631.

［4］单彦名，马慧佳，宋文杰.全国特色小镇创建培育认知与解读［J］.小城镇建设，2016(11)：20-24.

［5］蔡健，刘维超，张凌.智能模具特色小镇规划编制探索［J］.规划师，2016，32(7)：

128-132.

［6］宋维尔，汤欢,应婵莉.浙江特色小镇规划的编制思路与方法初探［J］.小城镇建设，
　　　2009(3):34-37.

［7］李俊华.新常态下我国产业发展模式的转换路径与优化方向［J］.现代经济探讨，
　　　2015(2):10-15.

［8］张洪兴.建设特色小镇核心:打造特色鲜明的产处形态［J］.城市管理与科技,2017
　　　(1):26-27.

［9］周晓虹.产业转型与文化再造:特色小镇的创建路径［J］.南京社会科学,2017(4):
　　　12-19.

［10］盛世豪，张伟明.特色小镇:一种产业空间组织形式［J］.浙江社会科学,2016(3):
　　　36-38.

特色小城镇主导产业的选择基准与发展策略

——以江苏省宜兴市高塍镇为例

叶凌翎　刘碧含　岳俞余

（同济大学建筑与城市规划学院）

【摘要】 特色小城镇之"特"，首先表现在"产业之特"，科学合理地选择特色小城镇的主导产业，明确其发展重点与路径，对引导特色小城镇发展建设具有重要的意义。本文从区域比较优势、行业市场发展潜力和企业集群培育基础三个方面入手探讨特色小城镇的主导产业选择基准，并提出提升产业生产环节附加价值，扩大区域比较优势，形成错位竞争，引导产业集群成熟发展，融合旅游、文化、社区功能，丰富产业特色内涵等特色小城镇产业发展策略。在此理论基础上，以高塍特色小城镇产业选择与发展为例，对高塍镇现状两个优势产业——电线电缆产业及环保产业进行分析，确定环保产业为其主导产业，并提出提高环保生产环节附加值、培育环保创新网络及设立环保产业展示体系等策略，引导高塍镇主导产业特色化发展。

【关键词】 特色小城镇　主导产业　产业选择　产业发展　产业集群　环保产业

1　引言

特色小城镇之"特"，首先表现在"产业之特"。2016 年 7 月，住房城乡建设部、国家发改委、财政部联合发表《关于开展特色小城镇培育工作的通知》（下文简称《通知》），在全国范围开展特色小镇培育工作，力求探索小镇建设健康发展之路，促进经济转型升级，推动新型城镇化和新农村建设（王越，等，2017）。《通知》指出，特色小镇工作的重点是以新理念、新机制、新载体推进产业集聚、产业创新、产业升级。产业是小城镇发展的生命力，特色小城镇的建设、发展与繁荣，必须要有产业的支撑（贺炜，等，2017），特色小城镇的文化、旅游和社区等功能都要根植于特色产业，要从特色产业中挖掘、延伸（景朝阳，2016）。因此，科学合理地选择特色小城镇的主导产业，明确其发展重点与路径，对引导特色小城镇发展建设具有重要的意义。

2 特色小城镇主导产业的选择基准

特色小城镇的主导产业应具备明显的竞争优势和可持续的产业发展前景，这两者主要受到该产业的区域比较优势、市场需求潜力和产业集群培育基础的影响。因此，在主导产业选择时，应基于上述三个方面进行判断。

2.1 区域比较优势

区域比较优势理论认为，不同区域之间资源的配置效率存在差异，产生差异的原因是区域之间生产要素比较优势的差异，因此，一个区域若专门生产自己比较优势较大的产品，并通过区际贸易换取自己不具有比较优势的产品就能获得利益（陈岩，2007）。因而，特色小城镇的主导产业应根据自身资源禀赋，选择具备区域比较优势的产业作为主导产业，避免与其他城镇进行同质化竞争，发挥产业特色竞争力。

2.2 市场需求潜力

特色小城镇的主导产业，应具有传承性、延续性，若仅依托现状产业发展条件及需求确定主导产业，易受到全球劳动分工作用下的产业转移影响，使小城镇失去其产业特色。选择具有长期稳定市场需求的产业部门为主导产业（于新东，2015），则能够确保主导产业的可持续发展。

2.3 产业集群培育基础

生产要素在区域范围内流动，形成地方生产系统（王缉慈，2002）。同种产业或相关产业的企业在地方上有机地集聚,有着通畅的销售渠道、积极的交流及对话,共享社会关系网络、劳动力市场和服务,共享市场机会及分担风险(鲁开垠,2006)。这些企业根植于本地社会关系网络、进行高度专业化分工,获得规模经济和范围经济并降低成本,形成具有竞争优势的产业集群。

在全球化和新技术革命浪潮中,由于自给自足的大企业往往区位选择非常灵活,它们对区域经济发展的重要性不及那些倾向于在本地永续经营而不易更换区位的企业(王缉慈,2002)。另一方面,中小企业由于人员精干、机构精简、决策速度快、固定资产投资少,易于实行市场空隙战略,创新能力强(彭喜波,2007),对于产业集群竞争力提升和稳步发展起到一定作用。

因此,选择产业集群发展基础良好、易于吸纳中小企业进入的产业作为主导产业,对培育特色小城镇的竞争优势、提升特色产业的抗外部市场环境的干扰能力均具有重要意义。

3 特色小城镇主导产业发展策略

3.1 提升产业生产环节附加价值,扩大区域比较优势,形成错位竞争

对于部分经济、交通区位较好的小城镇而言,由于其受到行政等级、融资和科研能力约束,以及周边大城市的资源垄断,其产业能级相对较低,现有生产环节一般位于产业价值链的中低端,如设备制造、工程分包等。因而,通过专业细分市场、增加行业技术水平,提升现有产业生产环节的附加价值,同时凭借比较优势,将产业链向价值链的高位延伸,能够使特色小城镇在现有区域职能分工、避免与高能级经济体同质竞争的基础上,扩大主导产业的区域优势,形成错位竞争。

3.2 引导产业集群成熟发展

借助特色小城镇产业集群根植本地的特征优势,引导产业集群成熟发展,是特色小城镇主导产业培育的重要组成部分。行业规范与指导、政府平

台与政策支撑以及空间规划均能对产业集群培育产生正面影响。其中,行业对大、中小企业的分路径发展提供指导,能够形成各类企业职能分明的产业网络;为加强现有企业之间的相互协作,政府提供一个对话和协商的平台和必要的政策支持,能够培养创新、合作的产业文化(王辑慈,等,2006);空间规划为产业创新网络提供交流节点设置建议,强化产业集群内部的共生联系。

3.3 融合旅游、文化、社区功能,丰富产业特色内涵

特色小城镇的主导产业特色,不仅体现在主导产业自身的管理、生产和研发等方面的优势和发展潜力,还体现在该产业链向旅游、文化、生活等功能方面的衍生与融合。将产业技术应用于社区、展示产业文化底蕴、宣传产业发展水平,在提升城镇居民生活水平、小镇文化认同感的同时,也能够向外界展示小城镇特色的丰富内涵。

4 高塍镇主导产业选择与发展策略实证

江苏省宜兴市高塍镇地处经济发达的长三角地区,位于上海、杭州、南京三市的几何中心,是长三角城镇群的重要节点。高塍镇有"环保之乡"美誉,同时其电线电缆产业对高塍经济的支撑作用明显,引导高塍镇进行特色产业选择、提出相应的产业发展策略,有助于明确高塍镇产业发展重点,突出城镇发展特色。

4.1 主导产业选择

4.1.1 高塍镇产业发展现状概述

2015年,高塍镇工业应税销售收入454.76亿元,其中,电线电缆和环保产业分别完成应税销售收入357亿元和82亿元,占全镇总额的79.6%和16.9%(图1)。

2011—2015年,电线电缆产业和环保产业应税销售收入占全镇工业应税销售收入占比不断增大,对高塍镇工业发展的支撑作用明显(图2)。

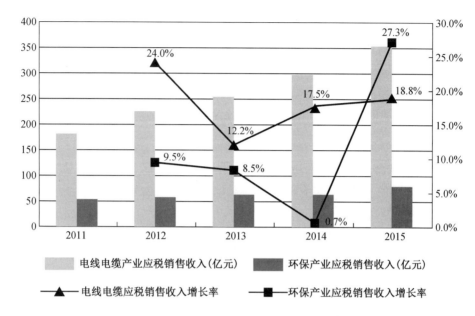

图 1　2011—2015 年高塍镇电线电缆产业和环保产业应税销售收入

数据来源:2011—2015 年宜兴市统计年鉴

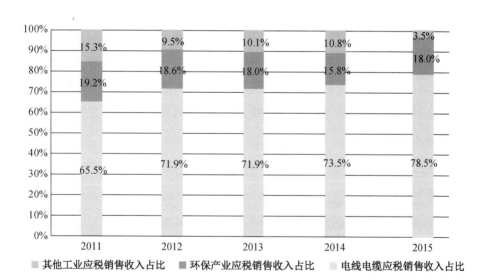

图 2　2011—2015 年高塍镇电线电缆产业和环保产业应税销售收入占比

数据来源:2011—2015 年宜兴市统计年鉴

4.1.2 电线电缆产业和环保产业比较——区域比较优势

高塍镇电线电缆产业区域比较优势不明显,其市场占有率不到 3%。同时,距离高塍镇约 10 公里的官林镇的电线电缆产业的市场占有率达全国 10% 以上,并于 2015 年 10 月被授予"国家电线电缆产业基地"称号,官林镇已基本形成较完善的产业链和产业集群,综合实力居全国四大电缆生产基地首位。

另一方面,高塍镇环保产业的区域比较优势突出,占有全国环保装备生产市场份额 10% 的业绩,是"中国环保产业第一镇",产业品牌与知名度在国内首屈一指。曾获得"国家环保装备新型工业化产业示范基地""省环保装备制造特色基地"和"省环保产业集群镇"等称号。此外,高塍镇于 2012 年并入宜兴市环保科技产业园的产业统筹发展范围内,背靠国家级高新区、环保产业集团项目实操平台以及环境医院的技术支撑,在环保市场上有较强的技术和资源竞争力。

相比电线电缆产业,环保产业区域比较优势突出,在区域乃至全国的市场竞争力和品牌效应较强,若选择环保产业作为高塍镇主导产业,能更好地发挥高塍产业特色优势。

4.1.3 电线电缆产业和环保产业比较——市场需求潜力

近年来全球金属线缆需求量整体呈现出增长态势。未来随着全球经济的持续发展,尤其是发展中国家经济的较快发展,对金属线缆的需求也将持续增长,整个产业的生产中心也由欧美发达国家逐渐转向亚洲发展中国家。然而,当前我国电线电缆产业中低端产品市场趋于饱和,产业发展越来越依赖于技术的革新和新产业的发展,中高端市场仍有需求空间。

从环保产业发展现状来看,随着发达国家环保产业日趋成熟,发展中国家的环保市场呈现高速增长态势,在全球环保产业市场中的份额不断增加。随着国内及国际环境服务市场需求的不断扩大、国家环保相关政策颁布实施,环保产业将作为我国战略性新兴产业的增长极,成为国民经济支柱产业。在全球环保意识不断增强的大环境下,环保产业市场潜力巨大,相比电线电缆产业而言将有更多的发展空间。

4.1.4 电线电缆产业和环保产业比较——产业集群培育基础

2016 年,高塍镇环保、电线电缆产业规模以上工业企业共 59 家,其中电线电缆企业 6 家,产值 317.67 亿元,占高塍镇规模以上企业数量和产值百分比分别为 10.2% 和 90.8%;环保产业企业 41 家,产值 20.05 亿元,占高塍镇规模以上企业数量和产值百分比分别为 69.5% 和 5.73%(图 3)。

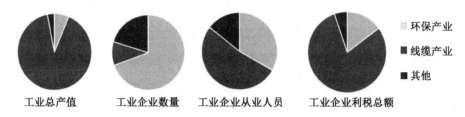

图 3　2016 年高塍镇规模以上工业总产值、数量、从业人员和利税总额(%)
数据来源:江苏省城市规划设计研究院

高塍镇电线电缆企业中,极少数的企业贡献了绝大多数产值,龙头企业近几年不断地进行行业内的重组并购,使电线电缆产业链内部化、企业的行业细分专业化程度降低。因而,中小企业无法在行业细分过程中占据一定的市场份额,企业间缺少频繁交流与合作的现状使得电线电缆产业集群无法形成。环保产业则与之相对,大量环保企业在高塍集聚,企业层级较为扁平化,不存在龙头企业垄断大部分市场资源的现象,行业的专业化、细分化程度较高,易于形成错位竞争,环保产业集群已成雏形。

此外,电线电缆为重资产行业,对中小企业而言提高了准入门槛和财务风险,利润率也较低,不利于本土企业培育。而环保产业为轻资产产业,对企业而言其资金准入门槛较低,利润累积较快,易于扶持中小企业创业,吸引企业在地理空间上集聚。同时,高塍环保行业从业人员中有 50% 为本地人,企业本地化比例高,有利于产业和技术根植于高塍本地企业网络,减少企业在外注册、资金外流等现象发生。

4.1.5 主导产业选择结论

虽然电线电缆产业对高塍镇工业产值贡献率占 75% 以上,具有绝对优势,但电线电缆行业的市场需求正部分收缩、在区域内缺少比较优势、不易于培育产业集群和企业的根植性,不适合成为高塍特色小城镇的主导产业。

相较之下,高塍镇环保产业区域比较优势明显,市场需求潜力巨大,环保产业集群初显规模,将环保产业作为高塍镇特色产业进行重点发展,对高塍镇产业特色的可持续发展贡献较大。

4.2 主导产业发展策略

4.2.1 高塍镇环保产业现状挑战

1) 区域定位能级不高,处于产业价值链底端

高塍镇环保产业集群作为环科园的组成部分,其环保产业的服务能级受到环科园整体产业布局的影响。《中国宜兴环保科技工业园——国民经济和社会发展第十三个五年规划纲要》(2016 年 02 月)提出,环科新城核心区将着力发展总部办公、研发基地,打造城西基础设施配套完善的商业金融中心、研发总部、生活服务中心,高塍镇作为环保产业的创新发展示范区和统筹发展示范区,具备承载一流园区的基本功能和配套设施。

环保价值区段较高的生产环节主要位于环科新城核心区,而高塍镇主要承接环科园核心区的产业外溢功能,以环保装备加工制造为主。由于高塍镇环保产业服务的门类主要位于环保产业价值链的底端,技术研发、设备销售、运营服务等环节相对薄弱,产业的投入产出效率较低,不利于高塍镇环保产业的可持续发展。

2) 行业集中度低,大中型企业少,市场资源渠道窄

高塍镇环保企业规模小而分散、企业销售规模主要集中在 3 000 万～6 000 万元范围内,其资金投入和对风险的承担能力使这些企业无法在市场竞争中获取有利地位。面对大型项目时,大部分企业无法负担前期投入的大量资金以及长时间的资金沉淀,再加上民营企业市场资源竞争力不如资金雄厚、客户群庞大的国企和央企,高塍的环保企业只能承担小型项目或是大型项目的分项工程承包,市场资源渠道较窄,企业的发展相对缓慢。此外,由于小规模企业的资金和研发力量不足、产品档次不高,只能依托低价竞争来获取有限的市场资源,无序竞争现象较为普遍。

3) 产业链分割,地方税收贡献有限

高塍镇大部分企业处于环保产业链的下游,主要提供设备制造等利润较低的生产服务,而工程施工服务所创造的增加值大部分留在市场,对高塍

当地的地方税收贡献有限。

4）核心技术储备不足，人才结构有待优化

环保产业是技术密集型产业，但高塍镇的环保产业长期集中在制造领域粗放式生长，核心技术缺乏积累，导致无法在环保领域的中高端市场占有一席之地；从业人员内高级人才较少，初中级人才较多，创新动力不足。

4.2.2 环保产业发展策略

1）提升生产服务环节附加值，与环科园错位发展延伸产业链

环保产业各供应链的附加价值在"产品研发、设计—原料、零部件生产—设备制造—检验检测服务—设备销售—项目分包—工程安装—运营管理—后续服务"这一业务工序上呈现出"微笑曲线"变化趋势（图4）。

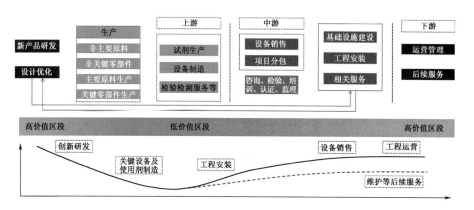

图4　环保产业价值链

高塍镇环保产业现状生产环节主要分布于环保产业价值链的低位，以设备制造、项目分包为主，仅有依托宜兴环保城和宜正电商平台的环保设备销售属于附加值较高的生产环节，有较强的区域竞争力。因此，提升高塍环保产业现状生产环节的附加价值，将高塍环保产业链向研发设计、运营管理服务等高附加值区段延伸，是增强高塍环保产业竞争力的有效途径。

首先，提升高塍环保产业现状生产环节的附加价值，即提高环保产品的市场竞争力。背靠宜兴环保城和宜正电商平台，高塍环保产品需从提高产品科技含量、制定技术标准和规范化的服务流程，打响高塍环保品牌。

其次，由于宜兴环保科技工业园核心区已构建科研合作平台，在环保研

发方面存在比较优势,高塍镇无需在镇域内构建一套完整的环保研发体系。高塍可以依托其环保企业众多、环保专业细分程度高等特点,为环科园的科研成果提供后续试验、开发、应用的空间。因此,高塍镇环保产业的创新研发生产环节以环科园科研平台为依托,主要提供环保科技成果转化服务。

第三,宜兴环保科技工业园拥有国家级环保园区平台,其招引项目渠道和融资渠道均可弥补高塍环保企业规模较小、融资渠道窄、无法承担大体量的环保工程项目的缺陷。近期,高塍镇的环保服务可以分包环科园总承包和运营的大体量项目为主;远期,部分企业规模扩大、拥有较强的融资能力和市场资源竞争力,可逐渐扩展市场渠道,自主承担大型项目。

2)培育环保产业集群,创建本地创新网络

环保企业将根据各自资源禀赋自发选择未来转型发展及创新改革路径:中小企业缩减产业链环节、细分专业市场;大中小企业进行自主技术创新,承接技术转化服务;大型企业拓展上下游产业链、争夺国际市场、拓展海外业务。

政府提供企业之间的对话协商平台,以及必要的政策支持:通过扶持教育培训、信息咨询等第三方服务机构为企业提供信息交流、协商平台;通过行业技术标准设置打造环保产业品牌;通过制定企业创新激励政策,以及行业规范运转政策提供政策支持。

空间规划为企业创新网络中的交流、展示、教育培训节点等共享产业空间的设置提供建议。由于中小企业目前实力无法承担单独实验室,空间规划需为中小企业设置共享实验室、共享科研所等空间资源和技术资源,降低中小企业在规模扩张、竞争力提升过程中的门槛限制。同时结合部分先进企业的技术资源和人力资源,设立培养环保产业工人的技术学校,为环保产业人才输出提供支撑平台。

3)设立环保产业展示体系,融合特色小镇旅游、文化、社区功能

高塍环保展示体系,以环保产业专业人士、环保领域专业团队及政府机关单位为目标人群,以"环保产业前沿技术展示—环保企业生产服务展示—环保技术的区域实践应用展示"为特色展示环节。

在环保产业前沿技术展示环节,通过举办环保论坛、环保会展等活动以

及设置环保博物馆等场所,在促进环保产业专业技术交流,推动行业发展的同时,宣传高塍环保文化。在环保企业生产服务展示环节,通过开放企业生产线、鼓励龙头企业、特色企业设立交流研习项目,吸引专业相关人士参观、体验高塍特色环保生产服务,打造高塍环保品牌。在环保技术的区域实践应用展示环节,通过水、大气、固废处理等环保技术在部分住宅小区、产业园区、中央湿地、生态农业等区域的实际应用,展示高塍环保技术转化能力。

5 结语

本文从区域比较优势、行业市场发展潜力和企业集群培育基础三个方面探讨特色小城镇的主导产业选择基准,并提出提升产业生产环节附加价值,扩大区域比较优势,形成错位竞争,引导产业集群成熟发展,融合旅游、文化、社区功能,丰富产业特色内涵等特色小城镇产业发展策略。在此理论基础之上,以宜兴市高塍镇产业选择与发展为研究实例,确定环保产业为高塍镇主导产业,并提出提高环保生产环节附加值、培育环保创新网络及设立环保产业展示体系等策略,引导高塍镇主导产业特色化发展。

参考文献

[1] 彭喜波. 区域创新网络在我国中小企业发展中的作用[D]. 武汉:华中科技大学,2007.

[2] 于新东. 特色小镇的产业选择机制[J]. 浙江经济,2015(21):19.

[3] 张天浩. 特色小镇特在何处?[J]. 经济,2016(34):50-51.

[4] 王缉慈. 地方产业群战略[J]. 中国工业经济,2002(3):47-54.

[5] 王越,赵祉淇,于思扬. 特色小镇的产业定位与发展探索——以辽宁盘锦赵圈河镇为例[J]. 中国集体经济,2017(4):1-2.

[6] 鲁开垠. 产业集群社会网络的根植性与核心能力研究[J]. 广东社会科学,2006(2):41-46.

[7] 贺炜,李露,许兰. 中国特色小镇之特色产业思考——杭州梦想小镇和云栖小镇规划设计的启发[J]. 园林,2017(1):12-17.

[8] 王缉慈,谭文柱,林涛,等. 产业集群概念理解的若干误区评析[J]. 地域研究与开

发,2006(2):1-6.

［9］陈岩.国际贸易理论与实务［M］.北京:清华大学出版社,2007.

［10］Camagni,R. Uncertainty and Innovation Networks:Towards a New Dynamic Theory of Economic Space［J］. Innovation Networks Spatial Perspectives,1991.

枫泾农创小镇建设运营机制及对策分析

张璞玉

（上海市发展改革研究院）

【摘要】　上海市金山区枫泾镇在贯彻推进国家农业供给侧结构性改革和美丽特色小镇建设工作要求过程中,立足自身资源禀赋,建设以长三角农创路演中心为主体的农创小镇。在建设运营过程中,枫泾农创小镇形成了"3＋1＋1＋1"的运营机制,完成招商创税式的资金回路,打通农业科技的供给侧和需求侧,并通过技术路演、问题路演和巡回路演三种模式完成创新机制。运作过程中,农创小镇路演模式更加成熟、项目运作效果显现、农业企业和农民实际收益增加,同时也面临专项研发资金缺失、资源集中度不够、部分政策仍需细化突破等问题。由此提出设立农创路演专项科研资金库、完善农创路演资源整合数据库、试点研究农创土地使用政策、加快区域交通设施建设配套等政策建议。总之,枫泾农创小镇的成功运作是基于其背靠上海、面向长三角的区位交通优势、拥有上海品牌和远郊低成本优势和与中心城错位的农创定位优势,并且具备在长三角首创性的专业路演平台、上海首个将创新功能和传统文化融合的古镇、创新农业供给侧改革路径和科创特色小镇等建设基础,对国内其他特大城市远郊农业城镇的发育具有可复制推广的借鉴意义。

【关键词】　枫泾　农创　建设运营　机制　对策

1 研究背景

1.1 政策背景

2017 年中央一号文件"把深入推进农业供给侧结构性改革作为新的历史阶段农业农村工作主线",指出支持发展面向市场的新型农业技术研发. 成果转化和产业孵化机构。上海市确定的 2017 年农业供给侧改革任务中提出"加快农业科技创新和推广应用,推动一二三产业融合发展"。同时,国家发改委 2016 年发布的《关于加快美丽特色小(城)镇建设的指导意见》指出,特色小镇建设要聚焦特色产业和新兴产业,集聚发展要素,形成创新创业平台。

如何把美丽特色小(城)镇建设和农业供给侧改革相结合,已成为未来小城镇发展探索的主要方向。

1.2 枫泾特色镇建设历程

枫泾镇自 2010 年 5 月就已拉开特色镇的建设历程。"十二五"时期,上海将枫泾镇确定为郊区唯一的特色镇,定位有"生态宜居、特色制造、总部商务、休闲旅游、文创教育"五大功能区。到 2015 年,枫泾镇综合实力不断增强,并坚持科技创新推动企业发展,形成特色产业体系。同年 6 月,枫泾镇和临港集团、漕河泾开发区共同发布了科创小镇建设,成为上海首批特色小镇。

1.3 枫泾农创小镇建设情况

枫泾镇在科创小镇建设过程中,立足自身资源禀赋,提出重点聚焦农创的差异化发展目标。通过打造长三角农创路演中心,推进农业创新成果向农民、农业企业推广应用,同时解决农民、农业企业生产实践中遇到的实际困难,推进供需对接和信息对称,形成良性循环方式,走出一条以农业科技创新推广应用带动农业供给侧结构性改革的新路径,同时也在一定程度上发挥了上海在长三角农业科技创新领域的龙头作用,打造"活力产业+活力社区+区域辐射共享"的特色小镇 3.0 版。

2 枫泾农创小镇运行机制剖析

2.1 运营服务机制

枫泾农创小镇以长三角农创路演中心为主体,目前已经形成"3＋1＋1＋1"农创路演模式,"3"即沪苏浙三地农科院技术支撑,三个"1"分别是长三角农创路演中心运营平台、上海农村产权交易所服务平台和全景网线上传播平台,并由这6家机构共同参股组成长三角农创项目路演服务有限公司(简称平台公司)负责具体运营。平台公司运营主要由科创小镇派专人负责,股东各方派专人对接开展路演项目搜集、路演安排、后续对接、成果转化、项目落地、跟踪服务等工作。

目前,长三角农创路演中心线下路演每月1场,线上路演每月30个项目,路演前由平台公司进行初步的主题调研和意见反馈,主要服务沪苏浙农业企业、农业投资机构及大农户、职业农民等,通过路演自身影响力、农科院现有客户群和农交所数据库资源等方式吸引受众参与。农创项目路演费用全部由平台公司支出,对路演对接成功项目进行有偿转化,并引入安信农保降低对接项目实施风险,促进成果转化。

2.2 资金运作机制

长三角农创路演中心平台公司的资金主要由沪苏浙三地扶持平台建立专项扶持资金,同时经营过程中的成果转化服务费也主要用于公司运营支出,盈余部分按股份比例进行分配。平台公司通过农创路演中心整合长三角农创路演资源数据,通过纳入大量的农业技术需求和农业技术供给,双向吸引供需双方通过平台寻求资源合作,形成品牌效应和规模效应。通过支持成功对接的农业创新、创业项目落地孵化,形成本地的农业企业和农业品牌,后期创造更大的税收和就业来填补前期的建设运营资金,发挥"筑巢引凤、招商创税"功能。通过吸引、孵化农业创新、创业企业落地,形成稳定税源,反过来充实各地的转型扶持资金,完成平台公司的造血回路(图1)。

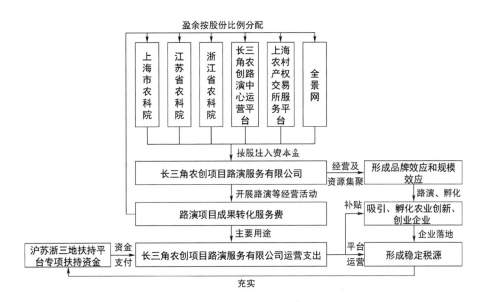

图1 枫泾长三角农创路演中心资金运作示意图

2.3 农业供给侧改革机制

枫泾农创小镇以长三角农创路演中心为载体,在供给端连接由上海市农科院、浙江省农科院和江苏省农科院形成的技术联盟,以及农科研院校所和农业品牌企业,形成技术供给;在需求端连接由家庭农场、种田大户、农业龙头企业和农业投资机构构成的实业型需求,以及由农二代创业、大学生创业和新型职业农民构成的创业型技术需求。路演中心由上海农村产权交易所提供平台支撑,通过不同的路演方式,打通连接农业技术需求侧和供给侧的通道,为农业技术供需双方搭建一个信息共享、合作交流平台,解决需求方不知道上哪儿找技术,技术方不知道上哪儿进行应用的问题。同时,农创小镇在长三角农创路演中心特别设立了农创项目种子园和700亩的耕地孵化空间,为孵化创新、创业企业前期提供免费试种试养的场地,发挥农创孵化器功能,降低创新、创业风险。

2.4 农创路演创新机制

枫泾农创小镇主要采用技术路演、问题路演和巡回路演三种路演方式(图2)。

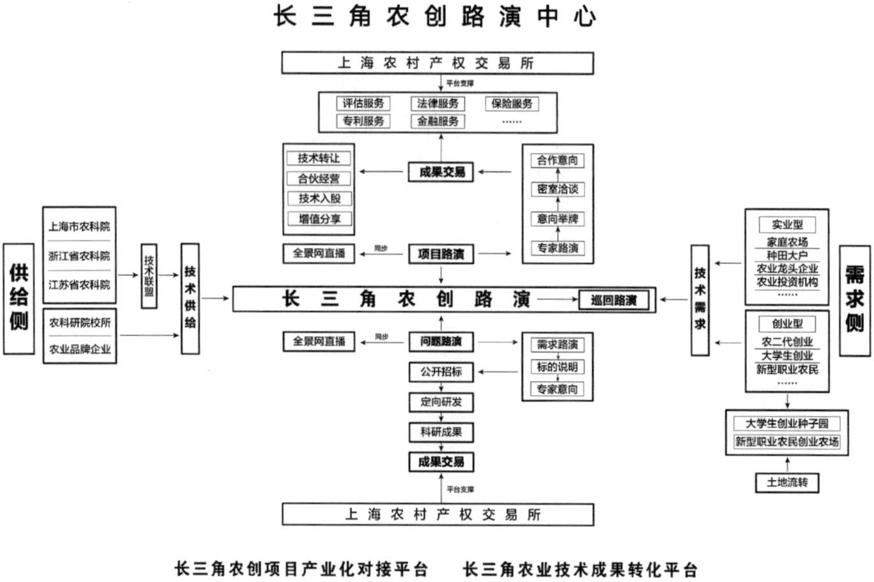

图2 枫泾长三角农创路演中心创新运作机制示意图

图片来源:枫泾科创小镇,笔者改绘

技术路演由专家在台上进行路演,单个项目结束后台下需求方举牌表达需要进一步了解的意愿,工作人员进行记录,全部项目路演完成后,有意向的供需双方到密室进行洽谈,现场有工作人员进行洽谈记录,形成初步合作意向后,工作人员将进一步为双方提供跟踪服务。最终确定合作的,由上海农村产权交易所为该技术进行评估、金融、担保、法律等服务,并完成成果转化。

问题路演由需求方阐述在生产经营过程中遇到的问题、难点,由供给侧的专家摘牌,进行定向研发,精准解决生产经营问题,同时为专家的科研攻关提供方向。

巡回路演的方式把服务范围从枫泾本地拓展到长三角其他城市,发挥平台在长三角农业科技创新领域龙头作用。

3 枫泾农创小镇运行成效、问题及对策分析

3.1 农创小镇运行成效

3.1.1 先后开展15场路演:从盲人摸象到有的放矢

自2015年开启国内首场"农创"路演至今,农创小镇共举办了15场、200

多专场不同主题的路演。首场路演包括稻田黄鳝、泥鳅、药用蚯蚓高效生态种养殖技术、香菇工厂化生产、食用菌、食用菌零食及固体饮料等不同的主题,内容虽然新颖但聚焦度不足;第三、四场路演已经开始聚焦果蔬、瓜类的专业化技术;第六场定位在女性创业的特殊主题,第八场则聚焦生态农业,越来越有的放矢。

3.1.2 农业科创成果的推广应用效果显著

两年时间内,通过农创小镇平台成功对接的农创路演项目共 14 个,积极推进农业科研成果转化落地及破解农业生产难题 20 多项,成交金额超过 2 000 万元。农创小镇已经成功孵化出鳝稻结合项目、申抗 988 西瓜、优糖米、高钙米、开心农场、"福禄"——创意葫芦项目等农业创新、创业企业。2015 年底,丽农农业科技公司在上海股权托管交易中心挂牌上市。此外还有不少项目正在积极洽谈中。

3.1.3 农业企业效益和农民收入显著提高

2016 年,枫泾镇地区生产总值增加值达到 668 108 万元,居金山区第一名,比 2015 年增长 6.1%。农民人均纯收入达到22 289元,较 2010 年12 935元年均增长 11.5%,均高于金山区平均水平。同时,阿林果蔬专业合作社、荷风嬉鱼、景冠果业有限公司、林杰苦瓜、经济果林、百年桂花园等现代农业企业和农业项目通过与枫泾农创小镇的成果和技术交流,企业的规模化效益进一步提高。

3.2 农创小镇运行存在问题

3.2.1 由路演带来的新的研发需求尚无专项经费列支

农创小镇主体——长三角农创路演中心平台公司目前的运作经费主要源于各持股方及所在地专项资金,而通过农创路演运作形成的农业技术供给端和需求端的有效连通,增加了针对特定生产实际问题的研究需求。目前,仅通过技术购买的方式仍然不足以支撑前期研发耗费,而实际中,无论从农业技术供给方的研究经费拨付和还是农业技术推广中的涉农补助资金,均无相应列支,专项研发资金仍有较大缺口。

3.2.2 信息集聚度不足未能充分发挥要素配置功能

农创小镇目前仍处于资源的收集和整合过程中,并且相对于供给侧,需求侧信息难以收集和整合,也导致供给侧积极性不够。农创小镇目前仅纳入金山区的农业企业、农户种养殖信息,离纳入全市、长三角三省一市的数据还有较大差距,需求端的数据量明显不足,对供给端的信息吸引力有限。信息资源的集聚度不够使得农创小镇还不能完全发挥服务长三角农业科创供给侧改革的功能。

3.2.3 土地使用政策与农业科创项目需求还不相适应

农创小镇部分项目和企业在孵化落地过程中,遇到部分设施建设因不满足《上海市设施农用地管理办法》中相关要求而无法落地。如开心农场项目中,因老田块水压不足而新建泵房不属于基本生产设施用地而迟迟无法落地,机耕道也无法进行硬化拓宽适应体验农业的使用需求,使得企业的开业运营屡屡延后。

3.3 农创小镇运行对策分析

3.3.1 设立农创路演专项科研资金库

从农业技术供给侧端安排部分农业科研经费作为科研资金,从农业技术需求侧端安排部分涉农直补资金,建议均率先从上海启动,专项用于开展农创路演活动和农业技术问题解决研究经费。

3.3.2 完善农创路演资源整合数据库

率先整合上海市的农业资源数据库,吸引带动长三角其他省市数据接入。数据库包括上海市农科院、各类农业科研院所的农业技术数据,从事农业技术指导、技术咨询、技术培训、技术开发和信息服务等技术人员数据,包含资本资金等信息的金融服务数据,以及农创路演技术项目和现有农业优惠扶持政策的政策服务数据。

3.3.3 试点研究农创土地使用政策

针对农业科创项目的土地使用特点,建议农创小镇以农创项目种子园为试点园区,针对孵化项目农用地孵化期内(2~3 年)临时性农业设施建设,以及落地农业项目农用地经营性农业设施建设,通过集体建设用地指标增减挂钩和达到一定规格的落地农业科技企业的农业设施建设认定范围及鼓励性建设许可条件(如建筑密度不超过 0.5%,容积率不高于 0.2 等)等方式进行一定的突破,鼓励农创项目落地。

3.3.4 加快区域交通设施建设配套

目前枫泾镇与市区的主要联系仍然是通过高速公路来实现,过境高铁和普铁并未设置客运站,对农创小镇在上海和长三角发挥区域带动作用有一定的影响。建议尽快启动沪杭城际铁路枫泾站和市域快线金山北站建设研究工作,畅通区域交通通道,更好地发挥农创小镇的区域服务辐射功能。

4 枫泾农创小镇路径模式总结及启示

4.1 充分挖掘各项优势禀赋

4.1.1 发挥背靠上海、面向长三角的区位资源优势

枫泾镇地处长三角几何中心、沪苏浙交界位置,距离上海市中心区、虹桥机场50公里,距离杭州湾大桥30公里,距离浦东国际机场、洋山深水港70公里,距离苏州、杭州约100公里,距离南京、宁波约200公里(图3);现有

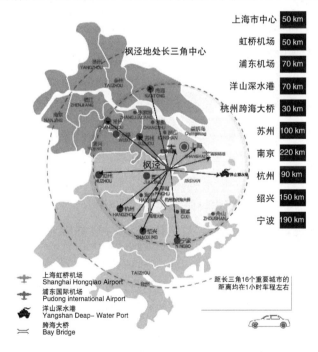

图3 枫泾镇区位图

图片来源:枫泾镇提供

91

沪昆、申嘉湖、亭枫高速,以及沪杭铁路和沪杭高铁穿境而过,并规划有沪杭城际铁路(R4)、市域轨交快线(R12)、枫泾枢纽站和金山北枢纽站等交通设施。枫泾农创小镇正是有效地利用了区位交通的资源禀赋,才能充分发挥区域服务功能。

4.1.2　借助上海品牌和郊区低商务成本优势

上海正在打造全科技创新中心,目前正由亚太地区有重要影响力的科技创新中心加快向世界科技创新的第一梯队迈进。枫泾农创小镇既拥有上海全球科创中心的品牌资源,又拥有科创特色小镇建设过程中积累的品牌经验。同时,由于枫泾镇地处远郊区,相比中心城高地价、高房价、高生活成本而言,具有低成本优势,利于要素资源的集聚。

4.1.3　明确与中心城科创中心错位的农创主题优势

相比上海中心城密集的高校、科研院所、科创园区等创新要素高度集聚,枫泾镇并不具备比较优势。因而,枫泾农创小镇创建之初就选择立足自身农业资源禀赋,聚焦农创主题,形成和中心城的错位互补,并以农创为特色在全市多个科创板块中形成专业化竞争优势。

4.2　枫泾农创小镇的建设基础

4.2.1　长三角首创性的农创主题的专业路演中心

枫泾农创小镇在长三角首创性的提出农创主题的路演中心建设,改变了传统农业技术推广通过五级政府逐层下达、单一输送的自上而下的传播方式,同时也改变了传统农业科研机构依赖政府主导、缺乏"市场导向"而使大量的农业科技研究成果被束之高阁的状况。农创小镇引入市场机制,采用企业化运作,联合沪苏浙农科研究院所,接通农业科技供给侧和需求侧的对接渠道,建设具备"技术多元化、主体多元化、要素多元化"特征的长三角农创路演中心。

4.2.2　上海首个承载农创核心功能的千年古镇

第四届"世界互联网大会"使得千年古镇乌镇进入全球视野,同时乌镇也成为世界互联网大会的永久会址,而此前,拥有 10 个国家历史文化名镇的上海并没有该类城镇。枫泾镇作为上海西南郊的一座拥有 1500 多年历史的江南水乡古镇,将创新要素与传统文化元素相融合,凭借优越的区位交通条件,成为撬动上海西南科技创新走廊的一个核心支点。枫泾农创小镇建设既与上海全球科创中心建设互为补充,同时也是科创中心建设的有力支撑。

4.2.3 远郊农业大镇做好农业供给侧改革的路径创新

枫泾镇拥有耕地面积 7 万亩左右,近 5 万农业人口,是金山区耕地保有量最大的镇。作为上海远郊农业大镇,枫泾必须做也正在做好农业供给侧改革中的农业科技推广应用。目前,通过农创小镇建设,枫泾镇已经培育出一批特色农业生产基地:形成阿林果蔬专业合作社、景冠梨园、百年桂花园等经济果林和荷风嬉鱼、新义农庄、舒颐农庄等休闲农业项目。随着农创小镇建设推进的不断深入,农业科技推广将更加便捷精准高效,成为促进农产品增产和农民增收、全面解决三农问题的农业供给侧改革新路径。

4.2.4 枫泾科创特色小镇建设积累了必要的经验基础

枫泾科创特色小镇围绕上海科创中心建设,联合临港集团打造了"上海临港·枫泾科创小镇"众创平台,先后被评为首批上海市级众创空间、第二批国家级众创空间,入选科技部首批星创天地备案名单。同时,枫泾科创特色小镇已形成"三三枫会"、长三角农创路演等服务品牌,一些农业科技项目已经陆续从孵化器中脱颖而出。科创特色小镇的建设将促进跨地域、跨行业、跨组织间的资本、技术、人才和信息的集聚、交流、交易和展示,为枫泾农创小镇建设运营积累必要的资金、人才、技术和经验。

4.3 枫泾农创小镇的发展启示

枫泾农创小镇的建设模式具有较强的可复制推广性,特别在国内京津冀、珠三角、山东半岛、长江中游等城市群中,特大城市远郊农业城镇可以在完善自身配套设施建设的同时,依托所在的特大城市科技研究实力,捆绑区域农业科技需求和相关信息资源,建设为区域整体服务的农业科创平台,通过市场化的方式推进农业科技供给侧和需求侧的有效充分对接,形成国内农业供给侧结构性改革的路径探索。

同时,枫泾农创小镇也需要不断走出去,和上海其他农业地区及长三角农业地区、农业平台联动,进一步扩大平台的服务范围和影响力,推广平台建立经验,共同推进长三角农业科技推广应用,更好地发挥农创小镇的区域服务功能,成为全国性的农创服务平台。

参 考 文 献

［1］房俊.枫泾特色镇建设介绍［DB/OL］.嘉兴在线新闻网,2012-11-05/2017-06-26.

［2］卢连明.全力建设"生态宜居、特色制造、总部商务、休闲旅游、文创教育"五大功能区,枫泾特色镇建设取得重大进展［N］.东方城乡报,2011-05-26(第 A02 版).

［3］金山区枫泾镇国民经济和社会发展"十三五"规划.

［4］胡立刚.上海市把"路演"引入农创项目 探索科技成果转化新模式［DB/OL］.中国农村网,2017-02-23/2017-06-26.

乡镇撤并对小城镇发展的影响研究

——以浙江省平湖市林埭镇为例

王晓琳

上海临港经济发展(集团)有限公司

【摘要】 20世纪90年代以来,我国开展了大规模乡镇撤并工作,撤并的小城镇出现不同程度的发展差异。这项工作涉及乡镇行政区划调整和乡镇行政机构的撤并,在当前构建服务型政府的时代背景下,研究乡镇撤并对小城镇发展的影响表征和影响机制,对于我国小城镇发展具有一定的现实意义和参考价值。本文通过归纳总结乡镇撤并相关文献,尝试从影响表征和影响机制两方面构建乡镇撤并对小城镇发展的影响研究实证分析理论框架,包括经济发展方面的土地集聚、产业集聚、人口及劳动力集聚,以及社会发展方面的设施配置程度、行政机构改革和居民政策评价等六个影响表征指标,影响机制为行为主体变化、影响行为主体决策因素的变化、行为主体影响小城镇发展的政策变迁。并进一步选取浙江省平湖市林埭镇作为实证研究对象,归纳乡镇撤并对浙江省平湖市林埭镇发展的影响表征为:促进新建乡镇行政建制范围内的土地、产业、人口及劳动力等要素集聚,行政机构精简成效显著,撤制镇发展较中心镇缓慢且设施配置受一定负面影响。其影响机制是推动小城镇发展的乡镇政府,以及受财政能力及集镇服务职能及半径变化影响下的乡镇政府决策行为发生变化,具体通过空间政策和产业政策变迁体现。

【关键词】 乡镇撤并 小城镇 撤制镇 中心镇 乡镇政府

1 研究背景

自新中国成立初期至 20 世纪 90 年代,我国基层政权大致经历了"小区小乡""撤区并乡""人民公社化"转型调整,并最终确立了以乡镇为单位的基层政权,进入"撤社建乡"时期[1]。至 1998 年,我国乡镇平均人口约 9 000 人,远低于其配备基础设施所需要的 3 万~5 万人口规模[2]。乡镇数量多、规模小导致了诸如阻碍乡镇经济社会发展和城镇化进程,增加行政管理成本和农民负担等多种问题[3]。在十五届三中全会的"小城镇、大战略"的战略要求下,我国开始了大规模的乡镇撤并,并取得较明显成效。2001 年至 2007 年全国乡镇从 39 715 个减少到了 34 369 个,年均撤并乡镇近一千个。经过多年的实践运作,经历撤并的小城镇出现不同程度的发展差异,并且涉及乡镇政府的撤并,在当前构建服务型政府的时代背景下,研究乡镇撤并对小城镇发展的影响,具有一定的现实意义和参考价值。

2 概念界定

2.1 小城镇

学术领域中,我国对于小城镇的研究始于社会学。费孝通[4]认为小城镇是农村政治、经济、文化中心,并认为"集镇"一词更符合其特性。1993 年《村庄和集镇规划建设管理条例》对"集镇"的定义为"由乡、民族乡人民政府所在地和经县级人民政府确认由集市发展而成的作为农村一定区域经济、文化和生活服务中心的非建制镇",而在 2000 年出台的《关于促进小城镇健康发展的若干意见》将"小城镇"规定为国家批准的建制镇,包括县(市)政府驻地镇和其他建制镇。

本文研究对象不仅包括行政层面的建制镇,也包括经历行政撤并后,仍具有一定要素集聚效应的乡村集镇。基于对研究对象城乡要素多样性的考量和研究需求,界定本文中的小城镇为:既包括依据国家规定经行政部门批准的、具有镇建制的建制镇和乡行政单位,也包括作为农村一定区域经济、文化、生活服务中心的非建制镇,即集镇。

2.2 乡镇撤并

"乡镇撤并"是依据十五届三中全会上的《中共中央关于农业和农村工作若干重大问题的决定》文件精神所提出的一种乡镇改革模式。国内学者对其的定义大同小异,如"把地理位置紧邻的两个或几个镇合为大镇""乡镇行政辖区的调整"等,概念内容没有明显出入。因此综合已有研究成果,本文确定"乡镇撤并"内涵为"取消某一个或几个镇、乡行政建制,将其原管辖的区域并入另一个乡或镇的过程",涉及主要内容为乡镇政府行政管理体制和行政管理辖区的变化,即乡镇政府撤并和乡镇行政区划调整。

2.3 经历撤并的小城镇

乡镇撤并的核心内容之一是乡镇机构的撤销与合并,即行政中心的改变,从此角度看,本文研究的经历撤并后的小城镇包括三类:一是中心镇与撤制镇合并后形成的新建制镇(图1新A镇),二是合并后保留行政中心即乡镇政府的原建制镇,本文将其称为"中心镇"(图1 A镇);三是撤销乡镇政府和镇级建制的原建制镇,本文将其称为"撤制镇"(图1 B镇)。

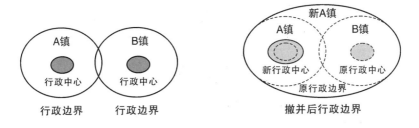

图1 本文对经历撤并的小城镇的定义图示

与此同时,根据研究范围的确定性、可比性和统计数据的易得性,本文中对经历撤并的小城镇的分析范围分为两个层面:一是镇域层面,即行政边界内的行政管辖范围;二是镇区及集镇层面,即城镇的实体功能区域,具有一定公共服务设施、承担一定地域范围内经济、文化中心职能的城镇化地区。

3 相关研究综述及研究理论框架构建

3.1 乡镇撤并对小城镇发展的影响表征

关于乡镇撤并对小城镇发展的影响表征,国内学者多从小城镇发展经济、社会两方面,通过一系列可量化的指标表征,如产业、劳动力、资金、土地集聚,设施优化配置等进行具体研究,研究范围包括镇域和集镇层面。如乡镇撤并促进镇域经济要素流动、优化资源配置、产业结构优化、土地集约利用、行政机构改革等,使乡镇集群效应凸显[5-9],减轻基层财政压力,精简机构[10];撤制镇集镇发展缓慢,设施配置不均衡、公共服务功能弱化,中心镇区的能得到强化提升等[11]。

基于此,本文将乡镇撤并对小城镇发展的外在影响表征分为经济发展和社会发展两方面。经济发展方面,由于乡镇撤并前后乡镇政府对产业发展方向和空间布局的调整会引起人口及劳动力要素、产业要素及土地要素的重新优化配置,本文将选取土地、产业、劳动力三项指标进行具体表征;社会发展方面,乡镇撤并对小城镇发展的较为明显的影响表征之一为中心镇与撤制镇设施配置程度差异以及行政机构的合并精简;此外,当地居民对于某项行政决策的直观感受和认同度是反映政策对于城镇社会发展最直接客观的指标,因此本文选取设施配置程度、行政机构改革和居民政策评价三项指标进行具体表征。

3.2 乡镇撤并对小城镇发展的影响机制

乡镇撤并对小城镇发展的推动力变化是影响小城镇发展的行为主体之一——乡镇政府发生了撤销与合并,即地方政府发生了明显变化。因此归纳总结乡镇撤并对小城镇发展的影响机制,有必要首先明确影响小城镇发展的行为主体,并进一步明确地方政府在推动小城镇发展过程中行为特征。国内学者认为参与城镇发展过程的行为主体主要有三种观点:①政府、企业、个人;②政府、市场、社会;③政府、市场、社会、个人[12-15]。但无论是哪种观点,政府都被作为影响小城镇发展的主要行为主体之一进行了重点探讨。

而地方政府在推动城镇发展过程中的行为特征,主流观点认为地方政府通过一定的行政干预手段发挥职能,通过诸如公共财政投入,政策制度变迁等影响城镇发展,决定城市公共服务能力[16-18],并进一步影响人口城市化和城镇土地利用。

综上,本文选取政府财政能力[19]和集镇服务职能及半径作为乡镇撤并影响乡镇政府决策变化的因素。其中,财政资源是乡镇政府发挥职能的基础,而集镇服务职能和服务范围发生变化也影响着乡镇政府的决策行为。受政府财政资源和集镇服务范围变化的影响,影响经历撤并的小城镇发展的行为主体决策发生了变化,即影响城镇发展的政策产生了变迁,其特征可总结为:由撤并前两镇各自为政的分散模式,转向以财政投入向中心镇倾斜的集中模式,具体影响乡镇发展政策可分为空间政策和产业政策。

3.3 实证分析理论框架构建及研究对象选取

基于此,本文构建了实证分析的具体理论框架(图 2)。

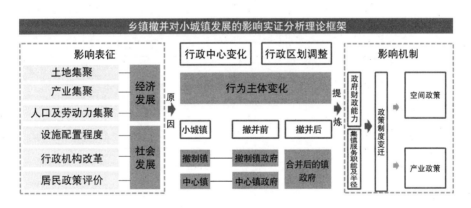

图 2 乡镇撤并对小城镇发展的影响实证分析理论框架

在实证研究对象的选择上,浙江作为我国沿海发达省份,乡镇撤并开展较早,撤并乡镇案例,适宜作为研究对象选择的地域范围。基于研究可操作性的考虑,本文选取浙江嘉兴平湖的林埭镇作为实证分析的具体研究对象,通过对此个案的深入调研分析,总结乡镇撤并对小城镇,即新建制镇、中心镇和撤制镇发展的影响表征,并归纳其背后的影响机制,尝试提出相关对策,以期对相似背景下的相似类型的小城镇发展提供一定的借鉴。

4 实证研究:以浙江省平湖市林埭镇为例

4.1 平湖市林埭镇的乡镇撤并

平湖市位于浙江省东北部杭嘉湖平原,自 20 世纪 70 年代改革开放至 20 世纪末,平湖市城镇建设快速发展,但与全省和部分兄弟县市相比,市域乡镇数量过多,规模过小,密度过高,重点城镇集聚、辐射和服务功能不强,严重制约了市域经济的发展(表1)。为促进产业集聚、促进重点城镇建设、促进第三产业发展和节省财政开支,平湖市于 1999 年展开乡镇撤并工作,经过此次调整,原平湖市下辖 20 个乡镇减少为现有的 10 个乡镇(表1,图3、图4)。

表1 1998 年平湖市与浙江省、嘉兴市及浙江部分县(市、区)有关数据比较

单位		乡镇			建制镇			乡镇密度	城镇密度
		个数(个)	平均人口	平均面积(平方公里)	个数(个)	平均人口	平均面积(平方公里)	(个/平方公里)	
全省		1 844	2.4%	55.2	998	3.13%	—	18.1	9.9
嘉兴		123	2.68%	31.8	73	2.77%	33.6	31.4	17.9
郊区	前	25	1.97%	32.5	10	2.36%	35	30.9	12.3
	后	18	2.74%	45	10	2.63%	56	22.2	12.3
桐乡	前	30	2.17%	24.1	14	2.67%	28.1	41.5	19.4
	后	24	2.72%	30.1	14	3.31%	35.9	33.2	19.4
海宁		25	2.56%	27.3	15	2.89%	25.7	36.7	22
平湖	前	20	2.41%	27.1	11	2.15%	27.1	36.9	20.3
	后	10	4.81%	54.2	9	5.2%	54.2	18.5	16.6

在 1999 年平湖乡镇撤并中,原徐埭镇并入林埭镇,合并为新建制镇林埭镇。现林埭镇镇域内共两个集镇:位于镇域北部的撤制镇内徐埭集镇和中心镇内的现镇政府驻地林埭镇区。林埭镇的乡镇撤并工作主要包括以下两方面:一是乡镇政府撤并,即"徐埭镇机关搬迁、合并办公",二是乡镇行政区划调整,即原徐埭镇下辖的 11 个行政村整建制归并新林埭镇。

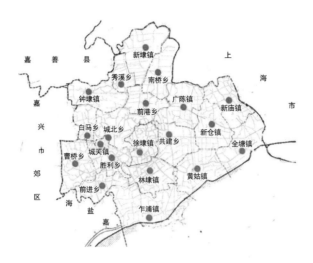

图3 平湖市 1995 年行政区划

图4 平湖市 2004 年行政区划

4.2 乡镇撤并对林埭镇发展的影响表征

4.2.1 经济发展方面

1）土地集聚：增长量集中于新庄工业园区与林埭镇区

对于新建制镇林埭镇而言，从镇域建设用地增长量看，新增建设用地主要集中在西南新庄工业园区、林埭镇区和徐埭集镇。其中，2010 年以前建设用地增长量主要集中在新庄工业园区,2010 年后用地增长量主要集中在镇区和集镇。新庄工业园区内工业用地由零星式布局扩张为成片式布局,由 2005 年的 17.5 公顷增至 2014 年的 173.6 公顷,而镇区和集镇用地主要沿主要道路呈线状增长。从用地性质上来看,新庄村以工业用地,镇区新增地以公共服务设施用地为主。

2)产业集聚:产业结构逐渐优化,主导产业集聚效应明显

从镇域层面看,镇域经济结构得到较大优化:三产比例由 2000 年 24∶62∶14 发展到 2012 年 18∶52∶30。农业保持稳定增长,工业稳步提升,三产比重明显增加[①]。一产上,原中心镇与撤制镇一产发展方向均以传统种植业为主;二产上,新庄工业园区基本形成了机械制造、光机电、汽车零部件及现代物流等新兴产业同步发展的格局,服装制造业、五金机械始终保持主导行业优势;三产上,镇域行业结构以房地产业、商业及物流服务业为主,发展重点集中在林埭镇区(图 5)。

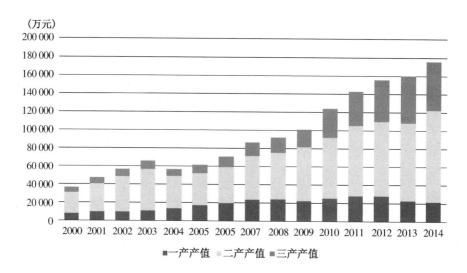

图 5　2000—2014 年林埭镇产业发展变化图

中心镇和撤制镇层面看,撤并前后两镇产业发展趋势呈现较大差异,原徐埭镇二产、三产所占比例虽均有所增长,但增长趋势明显缓于原林埭镇

---

① 数据来源:《林埭镇统计年鉴(2000—2014)》。

（图 6）。以批发零售业商铺数为例，2014 年林埭镇区共有商铺 423 家，而徐埭集镇仅 42 家①。

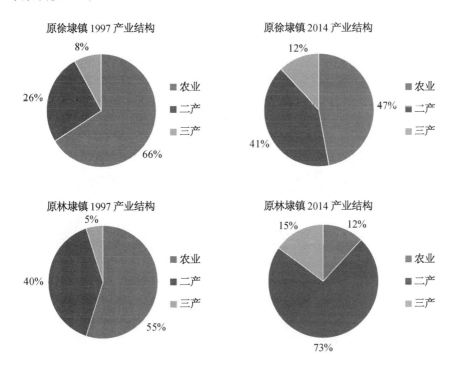

原徐埭镇 1997 产业结构

8%
26%
66%

■农业
■二产
三产

原徐埭镇 2014 产业结构

12%
47%
41%

■农业
■二产
三产

原林埭镇 1997 产业结构

5%
40%
55%

■农业
■二产
三产

原林埭镇 2014 产业结构

15% 12%
73%

■农业
■二产
三产

图 6　1997 年、2014 年原林埭镇、原徐埭镇产业结构分析

3）人口及劳动力集聚：集聚于林埭镇区、徐埭集镇与新庄工业园区

撤并后，林埭镇镇域人口在空间分布上发生明显集聚效应，劳动力集聚发生了明显的就业行业结构变化和空间分布变化。人口集聚方面，1996 年人口主要集聚在东部陈匠村和西北部徐家埭村；2015 年则为林埭镇区所在的保丰村②、陈匠村和徐家埭村，即撤并后镇区对人口集聚效应明显。劳动力集聚方面，撤并前③各村劳动力人口占各村总人数比重中，以东方红村人

---

① 数据来源：林埭镇统计中心，《徐埭镇统计年鉴 1997》《林埭镇统计年鉴 1997》《林埭镇统计年鉴 2014》。

② 根据统计年鉴统计口径，2015 年数据为林埭居委会与保丰村总人口数之和。

③ 本处撤并前各村人口统计口经按照 2000 年村组合并前的行政村范围统计数字进行计算加成而得。如新庄村为柳庄、新庄、沈家合并而成，现新庄村在撤并前的总人口数据即为三村之和，同理可求得各村劳动力数据。

口占比最重,达到 66%,而撤并后,随着新庄工业园区和现代水产园区的建成,劳动力资源逐渐向新庄、徐家埭、华丰和祥中村聚集(图 7)。

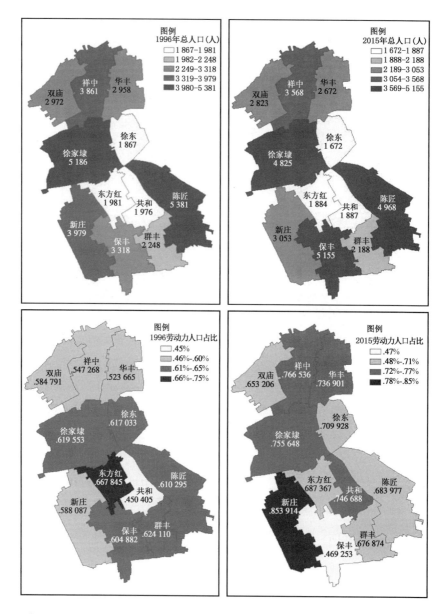

图 7　林埭镇 1996 年、2015 年各村人口分布及各村劳动人口占总人口比重

4.2.2 社会发展方面

1) 设施配置程度:林埭镇区配置逐渐完善,徐埭集镇受一定负面影响

撤并前,徐埭集镇与林埭镇区设施配置程度相当,撤并后则发生明显差异。撤并后林埭镇区新增中学、幼儿园、农贸市场、派出所、卫生院等项目;徐埭集镇仅新建卫生院。在公共设施配置满意度方面,居民们对林埭镇区的满意度普遍较高,而对徐埭集镇满意度较低,主要原因为新增公共服务设施较少,原有设施面貌陈旧,中学和政府的撤销对徐埭集镇附近的居民产生了较大影响。基础设施配置变化方面,林埭镇区内新建林中路及工业区内部主路,徐埭集镇内仅拓宽了主路,镇域其他村庄则基本只完成了水泥路面硬化,即徐埭集镇和村庄道路的建设力度较弱(图8)。

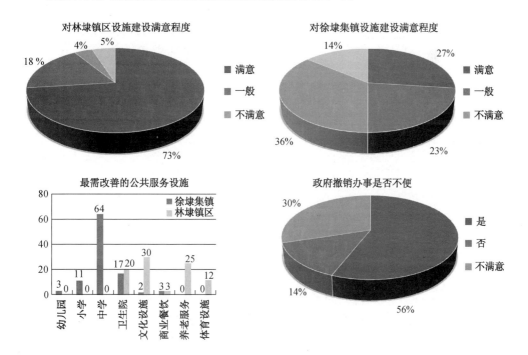

图8 集镇公共服务设施满意度调查

2) 行政机构改革:行政人员精简成效显著,行政成本明显降低

精简行政人员方面,被调研的70%的政府干部认为乡镇机构精简效果明显。原林埭镇、原徐埭镇政府机关共有行政编制55名。撤并后,行政编制人员减少18人,占原有行政人员总人数的33%。节省行政成本方面,林埭

镇机构运行成本明显减少。根据历年财政数据,镇行政管理费占镇财政总支出比重由撤并前的 25.8% 降至 2002 年的 17.7%,2013 年降为 17.6%,因撤并带来的机构精简效应明显(图 9—图 11)。

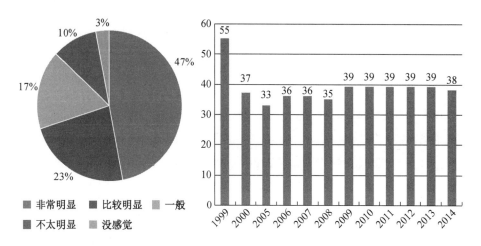

图 9　镇干部对机构精简效应的评价　图 10　1999—2014 年林埭镇行政人员总数(人)

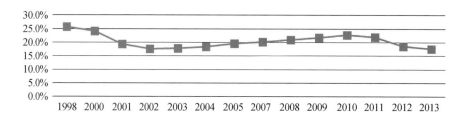

图 11　1998、2000—2005、2007—2013 年林埭镇行政管理费占一般预算支出的比重

3) 居民政策评价:徐埭集镇发展较林埭镇区慢,但仍维持良好辐射范围

总体来看,调查对象认为乡镇撤并后两集镇均有所发展,大部分认为林埭镇区发展较徐埭集镇更快,镇区变化主要集中在土地开发量增加、商铺增多、工业厂房增加,徐埭集镇变化为土地开发量增大、公共服务设施不变或减少,道路交通状况有所改善几个方面。出行影响方面,调查对象保持着乡镇撤并前的出行习惯,常去集镇不变,两集镇基本维持着乡镇撤并前的辐射范围,各自辐射范围内的居民一般有要事才去另一集镇(图 12、图 13)。

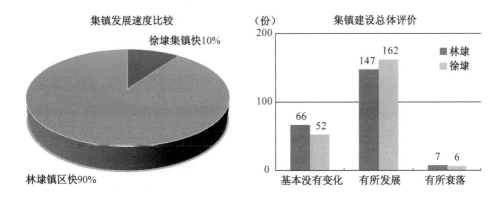

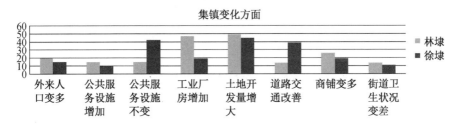

图 12 林埭镇居民对集镇建设评价

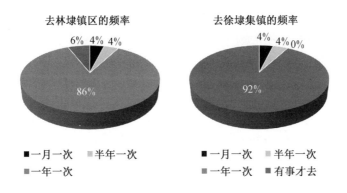

图 13 林埭镇居民出行意向调查

4.3 乡镇撤并对林埭镇发展的影响机制

4.3.1 行为主体变化及影响行为主体决策的因素变化

1）行为主体变化

撤并前，中心镇原林埭镇、撤制镇原徐埭镇由各自行政建制范围内的人民政府管理，内设党委办公室、政府办公室等7个职能办公室。撤并后，新建林埭镇政府由原徐埭镇和林埭镇政府整合而成,内设机构由原有的7个职能部门精简为6个职能部门,机构编制总数由撤并前的55名减少到38名。但据调查,大部分镇干部认为新成立的镇政府主要职能为"执行党的路线、方针政策和上级机关的命令、决定"和"从事经济建设",而"提供公共服务职能"职能排名最末。重经济职能,轻社会管理职能和公共服务职能,执行多于决策、责任大权利小等特征在林埭镇政府职能中表现较为明显(表2)。

表2 林埭镇政府机关干部关于镇政府职能排序分析

乡镇政府职能	执行党的路线、方针、政策和上级机关的命令、决定	促进文化建设	维护社会稳定	从事经济建设	管理社会事务	提供公共服务	完成上级人民政府交办的其他任务
平均排名	1.38	4.86	3.38	2.48	5.1	5.48	5.33

2)影响行为主体决策的因素变化

政府财政能力变化方面,撤并前两镇政府均具有一定的可支配财政资源,但均处于财政赤字严重的"吃饭财政"状况。乡镇撤并后,新林埭镇政府对财政资源配置产生两个明显特征:一是追求经济效益和财政利用率最大化;二是转向"以地生财"的土地财政,并进一步对土地、劳动力、产业等要素集聚产生一定的空间影响效应。

集镇服务职能及半径变化方面,撤并前的徐埭集镇为乡镇级政治、经济中心,已具备较为完善的发展基础和配套设施,撤并后为促进城乡资源优化配置,其所具有的行政中心职能明显弱化,仅承担着服务就近村庄的经济中心职能;而林埭镇区作为新行政中心,需承担起对镇域范围内服务的政治、经济中心职能。徐埭集镇与林埭镇区承担职能和服务半径的变化使得林埭镇政府在优化财政资源的决策过程中,呈现"优先发展中心集镇"的政策倾斜。

4.3.2 行为主体决策变化——影响林埭镇发展的政策变迁

受政府财政能力及集镇服务职能及半径因素变化的影响,林埭镇政府制定了一系列影响林埭镇镇域、中心镇及撤制镇的政策,具体可分为空间和产业政策两类。

1)空间政策

乡镇撤并后,林埭镇政府的空间政策主要包括规划编制和设施配置两方面。

规划编制方面,完成以 GDP 为主要政绩考核指标和财权事权不对等的压力下,林埭镇政府将新建工业园区、发展工业经济作为撤并后的历年工作重点[①],并编制了镇域总体规划、镇区控制性详细规划和新庄工业园区控制性详细规划(图 14),并逐年开展征地拆迁工作,加大招商引资力度[②]。

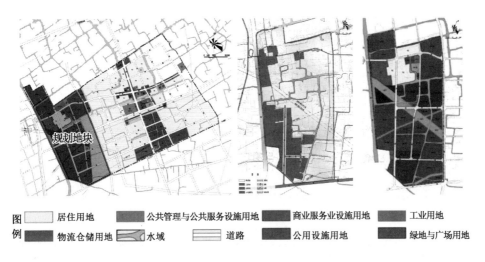

图例 □ 居住用地　■ 公共管理与公共服务设施用地　■ 商业服务业设施用地　■ 工业用地　■ 物流仓储用地　▨ 水域　▤ 道路　■ 公用设施用地　■ 绿地与广场用地

图 14　2005 版林埭镇镇区规划及新庄工业园区用地规划

设施配置方面,随着原徐埭镇政府的撤销和集镇服务职能及服务半径的变化,林埭镇政府对于林埭镇区设施建设的投入力度明显大于对徐埭集镇设施建设的投入力度。根据 2005—2015 年镇政府工作报告,林埭镇政府在行政中心公共设施建设方面共投入资金 7 800 万元,在徐埭集镇共投入资金 1 989 万元,存在着明显的行政中心偏好,即产生了设施配置向行政中心集聚的效应。

2) 产业政策

撤并前两镇镇域产业结构均以一产为主,二产发展呈现布局分散,各自为政的局面:原徐埭镇二产以镇区主要道路两侧的新建徐埭工业园区为发

---

① 资料来源:笔者根据对老干部访谈整理得。
② 资料来源:《林埭镇总体规划(2005—2020)》《平湖市林埭镇工业园区控制性详细规划(2006)》。

展重点;原林埭镇二产发展则以集镇附近分散布置的工业小区为建设重点①。撤并后,新政府立足于新镇域各村资源禀赋和发展特色,对撤并后的镇域产业发展进行了整体规划布局:一产方面,围绕"水产强镇"在撤制镇内徐家埭、双庙村、祥中村、徐东村等5个行政村建立特色农业园区;二产方面,逐渐撤并前两镇各有零散工业小区并整合至中心镇西侧的新建新庄工业园区,三产方面,发展重心以林埭镇区为主。受此影响,镇域产业结构逐渐优化,主导产业集聚效应明显,并进一步引发人口劳动力资源的集聚效应。

5 结论与展望

本文在对乡镇撤并和小城镇相关研究梳理的基础上,对1999年浙江省平湖市林埭镇乡镇撤并及城镇发展现状进行详细研究的前提下,就乡镇撤并对小城镇发展的影响表征及影响机制进行了详细分析。文章的主要结论有:

（1）乡镇撤并的核心内容是乡镇行政机构的撤并与乡镇行政区划的调整,经历乡镇撤并的小城镇可分为三类,即合并后形成的新建制镇,保留乡镇政府的中心镇,以及撤销乡镇政府的撤制镇。

（2）从本文实证研究结论来看,乡镇撤并对小城镇发展的影响表征具体包括以下几方面:一是从镇域层面看,乡镇撤并促进了撤并后新建乡镇行政建制范围内的土地、产业、人口及劳动力等要素向政策引导方向集聚,土地增长集中于工业园区和镇区,镇域产业结构逐渐优化,主导产业集聚效应明显,行政人员精简及行政成本降低成效显著;二是从镇区和集镇层面看,乡镇撤并使徐埭集镇发展速度明显慢于林埭镇区,中心镇土地、产业、人口及劳动力集聚、设施配置程度明显优于撤制镇。

（3）乡镇撤并对撤制镇和中心镇发展的主要影响机制为:乡镇撤并之所以使不同类型的小城镇发展出现差异,其本质原因是推动小城镇发展的行为主体发生了变化,以及受政府财政能力变化及集镇服务职能及半径变化

---

① 资料来源:1998、1999年徐埭镇、林埭镇政府工作报告。

影响下的行为主体决策改变,从而产生一系列影响小城镇发展的政策变迁,具体包括空间和产业政策。

与此同时,实证研究表明,现阶段我国乡镇政府重经济职能轻公共服务职能现象仍较为明显。小城镇发展的目标是促进人与经济、社会的同步发展,提升城镇发展质量。政府作为推动小城镇发展的重要行为主体之一,其职能及决策对小城镇发展的重要因素,也必然会对城镇发展质量产生重要影响。在我国构建服务型政府的政策背景和导向下,小城镇发展必须转变乡镇政府职能,充分发挥市场机制在城镇发展资源配置过程中的决定性作用,并结合实际完善财政体制改革,改善乡镇政府财政状况,最终提升城镇化质量,优化要素资源配置,促进城镇发展。

参考文献

[1] 詹成付. 关于深化乡镇体制改革的研究报告[J]. 经济研究参考,2006(57):5-15.

[2] 张俊. 1978 年后中国小城镇数量与规模变化研究[J]. 上海城市管理职业技术学院学报,2006,15(6):32-35.

[3] 汪雪,刘志鹏. 广东省被撤并乡镇的建设与管理:问题分析与对策探讨[J]. 南方农村,2012(9):42-44.

[4] 费孝通. 费孝通学术精华录[M]. 北京:北京师范大学出版社,1988.

[5] 张京祥,范朝礼. 试论行政区划调整与推进城市化[J]. 城市规划学刊,2002(5):25-28.

[6] 王月华. 吉林省撤乡并镇的实践及对我国行政管理体制改革的借鉴意义[D]. 长春:长春工业大学,2010.

[7] 张一凡,蔡丽君,王兴平. 城乡统筹视角下的乡镇撤并政策的反思与实证——以南通市如东县为例[C]//2013 中国城市规划年会. 2013.

[8] 陆枭麟. "消亡"或"再生":苏南地区撤并乡镇镇区发展困境研究——基于吴江、金坛两市的调研分析[C]//2012 中国城市规划年会. 2012.

[9] 梁华崧. 珠江三角洲小城镇行政区划调整及后效规划研究[J]. 中国建设信息,2012(14):62-64.

[10] 孙琼欢. 关于乡镇行政区划调整的若干思考——以湖北省咸宁市咸安区乡镇撤并为个案[J]. 山东行政学院山东省经济管理干部学院学报,2006(3):10-12.

［11］王兴平,胡畔,涂志华,等.苏南地区被撤并乡镇驻地再利用研究——以南京市六合区为例［J］.城市发展研究,2011,18(10):25-31.

［12］宁越敏.新城市化进程——90年代中国城市化动力机制和特点探讨［J］.地理学报,1998(5):470-477.

［13］王超.广州新型城市化动力机制探析:党群互动视角［J］.城市观察,2012(3):4146.

［14］罗彦.深圳市城市化特征与动力机制研究［M］.北京:中国建筑工业出版社,2013.

［15］吴文珏.政府行为视角下的中国城市化动力机制研究［D］.上海:华东师范大学,2014.

［16］陈甬军,徐强.政府在城市化进程中的作用分析［J］.福建论坛:经济社会版,2001(9):16-20.

［17］钟秀明,武雪萍.城市化之动力［M］.北京:中国经济出版社,2006.

［18］吴耀.财政能力,城乡迁移与城市化——政府主导模式下的城市化发展［J］.西北工业大学学报(社会科学版),2010,30(2):33-38.

［19］贾晋.乡镇政府经济职能与乡镇债务研究［D］.成都:西南财经大学,2008.

欠发达地区小城镇土地权属关系
及其延伸思考
——以湖南省怀化市火马冲镇、龙潭镇为例

白郁欣

（同济大学建筑与城市规划学院）

【摘要】 城乡土地二元制度是我国土地市场的独特结构。作为衔接城乡的小城镇，国有土地和集体土地混杂现象明显。尤其在中西部欠发达地区，小城镇经济发展不活跃，与农村联系紧密，其集体土地与国有土地的混杂问题更加突出。这样的土地权属关系常常制约着小城镇向城市的进一步转变。本文通过田野调查方法踏勘了湖南省怀化市火马冲镇和龙潭镇，分析了两个小城镇的集体土地和国有土地建设和流转特征，探究了小城镇因土地权属问题而引发的问题及其产生的原因，并结合我国土地政策特点，提出了若干建议。

【关键词】 小城镇　土地权属　集体土地　国有土地

1 引言

1982 年的《宪法》第十条规定，"城市市区的土地属于国家所有，农村和城市郊区的土地，除由法律规定属于国家所有的以外，属于农民集体所有；宅基地和自留地、自留山，也属于集体所有"，从而形成了城乡二元分割的土地权属格局。农村集体所有土地又分为建设用地和非建设用地（耕地、林地

等),建设用地包括集体经营性建设用地、公益性公共设施建设用地和宅基地。1978年农村家庭联产承包责任制的推行,使农村耕地的承包权从所有权中分离,2015年伊始,农村集体经营性建设用地有偿转让试点拉开了农村集体土地的改革序幕。在城市国有土地改革方面,1987年随着深圳的第一块国有土地使用权成功出让,标志着我国国有土地的使用权从所有权中分离,城市土地的经济价值得以显现。

与城市和乡村相对应,我国的小城镇具有城和乡的双重特点,因此其土地权属关系亦具备城乡双重属性,这在经济欠发达地区尤甚。土地产权关系的交错混合,使得小城镇的建设发展不同于城市。根据住建部2016年全国百镇调查数据,在全国的镇区基层组织中行政村占64%,近三成的镇区全部由行政村构成,镇区农村集体土地占62%[①]。因此,需要深入剖析小城镇的土地权属特征,为制定相关规划和发展政策提供支撑。

2 文献综述

2.1 小城镇土地权属特点

卢雪峰(2005)认为,国有土地和集体土地交错共存的现象十分普遍,是成为小城镇土地产权关系的重要特征之一。小城镇实际上已成为集体土地向国有土地转换最为频繁的区域,其用地以企业用地和基础设施建设用地为主体。目前小城镇土地资源利用率低,浪费严重,缺乏集聚效应。另外,小城镇土地利用和开发过程中涉及多方利益关系,呈现出利益主体多元化的趋势,各个利益主体之间收益分配不尽合理。叶剑平(2010)提出,目前小城镇缺乏统一规划、随意变更土地用途,特别是乡镇企业用地产权不清,小城镇土地权属呈交叉特征。小城镇土地的流转是以集体土地为主体的。农民所得土地收益仅占毛地价的10%～20%之间,农民的利益受到损害,其生活得不到保障,会产生一系列的社会问题。沈样(2013)认

---

① 数据资料来源于同济大学陆希刚老师《说清小城镇》书稿。

为,小城镇土地产权界定不清,多方面的干预影响土地使用;其次是土地流转受到限制,影响土地使用效益;再次是承包土地过于分散,不利于土地规模经营;另外,小城镇土地市场价格体系不健全,存在土地交易的隐形市场等。谭峻等人(2007)提出,目前小城镇土地所有权主体虚位,权能模糊,土地使用权权能不完整,产权体系有待加强与完善等问题。乔丽等人(2008)认为,小城镇人口和用地规模过小,难以形成规模效益,基础设施重复建设,不利于土地资源的集约利用,难以带动第三产业的发展和公共基础设施的建设。同时,小城镇发展的产业主体/乡镇企业的分散布局也较为严重。

2.2 小城镇土地管理改革

邵挺(2010)建议,要尽快打破土地制度的城乡二元结构,让集体建设用地(包括宅基地)享受到跟城市国有土地"同地、同权、同价"的平等待遇,包括允许集体建设用地直接入市、宅基地用于抵押、流转和出售等。罗瑞芳(2010)研究了宅基地集约利用的实现机制。市场与政府在作用于宅基地集约利用目标实现时,各司其职、有效联系、相互制约。政府必须从法律上完善对宅基地产权制度的规定,以确保城乡统一的土地市场得以有效运行。李冬雪(2016)等人针对小城镇编制中出现的权属混乱,用地细碎,村民自建房密度高,控制指标难制定等一系列问题,提出规划应尊重土地权属,在较大范围内去平衡控制指标,在进行合理控制的同时,留有适度的弹性空间,将规划的实施建立在平衡产权和尊重利益的基础上,逐步加强其可实施性和可操作性。曾伟(2014)通过考察城镇国有土地制度如何影响微观城镇用地主体的土地投资行为,发现以城镇国有土地市场化改革为指向,完善中国城镇国有土地制度对吸引城镇土地投资存在直接且积极的心理预期影响,也将有利于促进城镇经济的发展。沈洋(2013)提出,小城镇土地置换开发策略,要明晰小城镇土地置换中的土地权属制度,从征地项目合法性和补偿安置合法性两方面完善征地标准,以"土地供给市场化"推进小城镇土地置换市场化运营等。

3 研究方法与案例情况

3.1 研究方法

针对小城镇土地权属关系复杂的特点,加之小城镇土地相关资料不健全,本文主要使用田野调研的方法,通过个案深入剖析小城镇的土地权属特点。课题组在湖南省怀化市火马冲镇和龙潭镇进行了为期 10 天的实地调研,走访各部门收集基础资料,对居民进行问卷访谈,共收集 131 份问卷,并实地走访勘测了镇区中心地块用地情况。

3.2 案例镇概况

火马冲镇和龙潭镇位于湘西怀化市,属国内欠发达地区的小城镇。

火马冲镇位于辰溪县,是辰溪县次中心,重点城镇建设区,省道 S223、S308 和娄怀高速、湘黔铁路贯穿其境内,娄怀高速公路出入口、湘黔铁路火马冲站和沅江码头等交通设施使火马冲镇成为辰溪县的门户,因此也成为辰溪县省级工业园所在地,是一个工业型小城镇(图 1)。全镇总面积 88 平方公里,2015 年镇域常住人口约 4 万人,镇区常住人口 2.5 万人,农业人口占全镇人口 82.5%。虽有较为便利的交通条件,火马冲镇依旧为农业型小城镇,与外界交流较少,缺乏外部发展动力,因此导致其镇区城乡结合形态明显,和农村相互渗透(图 2—图 4)。

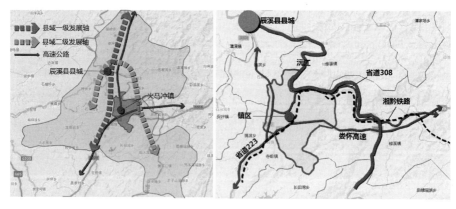

图 1 火马冲镇区位图

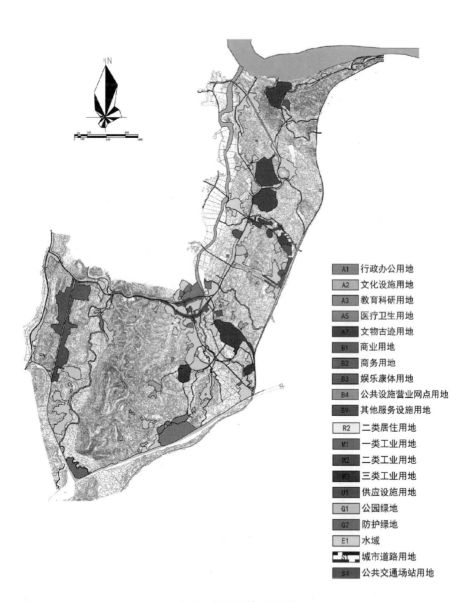

图2　火马冲镇用地图

A1　行政办公用地
A2　文化设施用地
A3　教育科研用地
A5　医疗卫生用地
A7　文物古迹用地
B1　商业用地
B2　商务用地
B3　娱乐康体用地
B4　公共设施营业网点用地
B9　其他服务设施用地
R2　二类居住用地
M1　一类工业用地
M2　二类工业用地
M3　三类工业用地
U1　供应设施用地
G1　公园绿地
G2　防护绿地
E1　水域
S1　城市道路用地
S4　公共交通场站用地

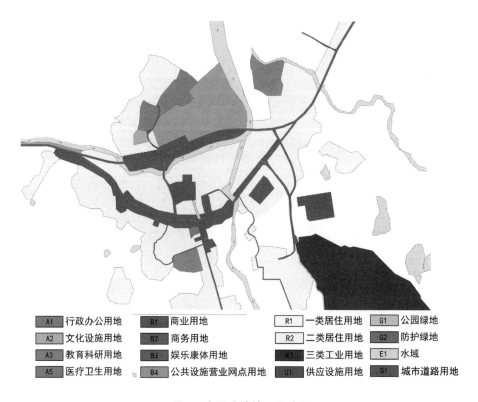

A1	行政办公用地	B1	商业用地	R1	一类居住用地	G1	公园绿地
A2	文化设施用地	B2	商务用地	R2	二类居住用地	G2	防护绿地
A3	教育科研用地	B3	娱乐康体用地	M3	三类工业用地	E1	水域
A5	医疗卫生用地	B4	公共设施营业网点用地	U1	供应设施用地	S1	城市道路用地

图3　火马冲镇镇区用地图

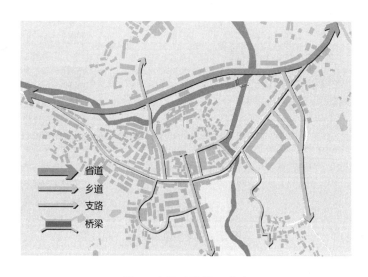

省道
乡道
支路
桥梁

图4　火马冲镇镇区道路

龙潭镇位于溆浦县,是溆浦县南部的边陲重镇(图5),全镇总面积76平方公里,镇区用地128公顷,人均建设用地92平方米。2014年末全镇总人口为3.23万人,镇区常住人口1.24万人,农业人口占全镇人口85%。近几年,龙潭镇大力发展商贸业,镇区商业发达,集市贸易繁荣,属商贸型城镇。由于龙潭镇区位偏远,交通不便,商贸业仅辐射镇内及周边农村地区,发展规模较小,也属农业型小城镇,其镇区城乡结合形态明显,和农村相互渗透(图6、图7)。

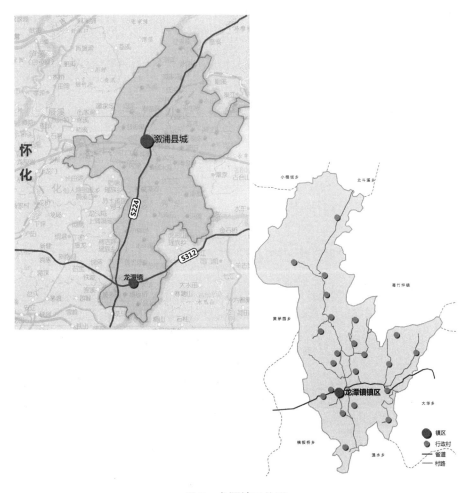

图5　龙潭镇区位图

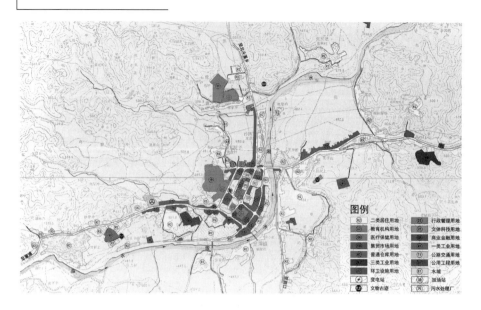

图6　龙潭镇镇区用地图

图片来源:龙潭镇总规资料

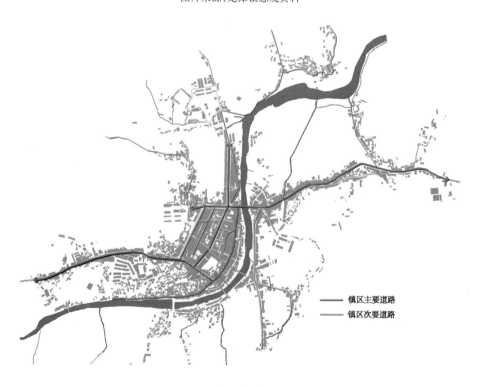

图7　龙潭镇镇区道路

图片来源:龙潭镇总规资料

3.3 案例镇的土地权属情况

火马冲镇全镇建设用地 293.45 公顷,农村集体建设用地占地高达 95%,镇区农村集体建设用地土地权属属于火马冲村(图8、图9)。

图8 火马冲镇镇区风貌

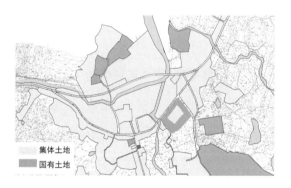

集体土地
国有土地

图9 火马冲镇镇区土地分布情况

龙潭镇全镇建设用地 974.25 公顷,农村集体建设用地占 67%,镇区农村集体建设用地土地权属属于云盘村、龙泉村(图10、图11)。

图10 龙潭镇镇区风貌

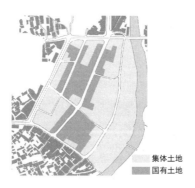

集体土地
国有土地

图 11 龙潭镇镇区土地分布情况

4 小城镇的农村集体建设用地

农村集体建设用地分为三大类：宅基地、公益性公共设施用地和经营性用地。本文通过对镇区中心地块集体建设用地的建设特征和流转特征来分析小城镇集体建设用地的特征。

4.1 总体特征：与农林用地交错，城乡风貌混杂

农林用地属于非建设用地，包括耕地、园地、林地等。村集体用地中的自留地、自留山即为农林用地。相对农村而言，小城镇镇区建设用地较为集中，但仍存在一部分农用地夹杂于建成区内，该类农用地多为镇区居民的自留地，以种植当地的农作物为主，部分还存在荒废现象。火马冲镇和龙潭镇镇区内农用地穿插布局分散在宅基地间，形成了城乡混杂的建设风貌。镇区内的农林用地是小城镇乡村风貌渗透的体现，是欠发达地区小城镇未脱离乡村，"半城半村"的独特格局之一（图 12）。

图 12 火马冲镇半城半乡风貌

4.2 集体建设用地的建设特征

4.2.1 宅基地：建设用地的主体，但土地使用效率低

宅基地是农村集体建设用地的最重要的组成部分，约占 80%[①]。火马冲镇宅基地上自建房占地面积为 32.03 公顷，占总居住用地面积的82.64%，户均宅基地 130 平方米（图 13）；龙潭镇宅基地上自建房占地面积602.12 公顷，占总居住用地面积的 94.63%，户均宅基地 100 平方米（图 14）。可见，以居住功能为主的小城镇镇区，宅基地是其重要组成部分。

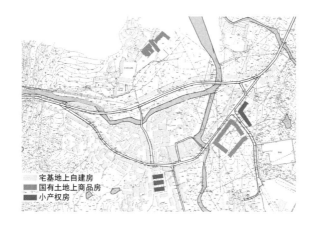

图 13　火马冲镇镇区房屋权属分布

图 14　龙潭镇镇区房屋权属分布

---

① ②数据来源：邵挺，《二元土地市场、城乡收入差距与城市结构体系的研究》。

村民问卷调查显示,73%的居民最希望的住宅形式是独院住宅,这与目前小城镇宅基地上的自建房模式相似(图15);在建设方式上,城镇居民也都趋向于购地自建或自家建设,而目前普遍存在的国有土地上统一建设的联排住宅和楼盘小区并不受欢迎(图16)。可见,在以集体土地为主的小城镇镇区,居民仍未摆脱宅基地的优势观念,认为自建房是最为理想的居住方式。

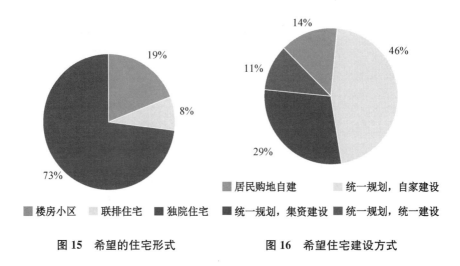

图15　希望的住宅形式　　　　图16　希望住宅建设方式

一般而言,宅基地上建房只需经过面积和用地的审批,建房有自发性和自主性特征。调研两地镇区宅基地上的住房修建年代不一,建筑风格多样,甚至在朝向和建筑间距上也没有严格的控制,形成了多样的建筑形制。镇区风貌没有整体性,房屋间形成的空间也相对无序,除规划的道路外,镇区内存在纷乱复杂的宅间路,甚至多处断头路(火马冲镇此现象较为明显),空间秩序感较差,这是欠发达地区镇区宅基地上普遍存在的现象(图17、图18)。

图17　火马冲镇建筑形制　　　　图18　龙潭镇建筑形制

小城镇宅基地上的住宅区主要为低层高密度模式,住宅尺度比高层商品房更为亲和,且形成的街道也是接近1∶1的宜人尺度,适宜步行。但宅基地上的土地利用率与高层低密度的居住小区模式相比相对较低,从而使得镇区用地大饼越摊越大,火马冲镇人均建设用地面积150平方米,龙潭镇人均建设用地面积91.6平方米,而整体土地利用效率低下,这也是集体建设用地的通病。

4.3 公益性公共设施用地:极其稀少,难以满足居民需求

农民集体或集体经济组织在很多小城镇已名存实亡,有的地方(乡、镇)政府实际上担当了基层政府和社区集体经济组织的双重角色。财政本就匮乏的欠发达地区的小城镇,在充斥宅基地和居民自留地的镇区上建设公共设施,需要对(被占用土地的)居民进行补贴。因此,在用地、财力有限的情况下,小城镇集体土地上的公共设施建设相对较少。火马冲镇和龙潭镇内的公共服务设施均是将集体土地征为国有土地后进行的建设。然而,在零散稀疏的国有土地上建设的乡镇公共服务设施依然难以满足镇区居民日益增长的需求。

4.4 农村集体经营性建设用地:数量不多,使用效率不高

农村集体经营性建设用地是指具有生产经营性质的农村建设用地,包括农村集体经济组织使用乡(镇)土地利用总体规划确定的建设用地兴办企业或者与其他单位、个人以土地使用权入股、联营等形式共同举办企业、商业所使用的农村集体建设用地。火马冲镇和龙潭镇的集体经营性建设用地面积很小,火马冲镇镇区有两处集贸市场用地,是集体经营性建设用地,但主要用于当地定期集市,使用率并不高。龙潭镇镇区商业大部分均以底商形式分布,属宅基地或国有土地的商住混合用地。

4.5 小产权房:普遍存在,未来产权转换是难题

小产权房是建设于集体土地之上,向本集体经济组织以外的成员出售,无法获得国家房管部门颁发的房屋权属证明的房屋。是未通过征地、也未依法缴纳土地出让金及税费,直接在集体土地上建设的住房。小产权房是小城镇普遍存在的现象。此类住房的优点是相比一般商品房开发成本低,

手续简单，因此其售价也低。集体土地上的房地产开发增加了土地的利用效率，但小产权房权利不完整，不符合现行法律规定，流动性差、安全性没有保障，这是土地市场二元结构造成的非正常现象，也是小城镇房地产市场因土地制度制约而发育不完善的表现。火马冲镇和龙潭镇都存在较多的小产权房，主要是村集体建造出售给务工人员或经济条件较差的居民（图19、图20）。此类住宅在短时间内解决了部分居民的居住问题，也为村集体带来了一定的收益，但其未来的土地产权转换将成为一个难题。

图 19　火马冲镇小产权房　　　　图 20　龙潭镇小产权房

4.6　农村集体建设用地流转

（1）集体建设用地禁止自由流转，但存在隐性市场

按照《土地管理法》，集体建设用地的用途被严格限制在三个方面：农民自用、以土地合伙或入股与他人办企业、进行农村公共设施建设和自建宅基地。农村集体建设用地只能通过征用转为国有土地，再进入完全由国家层面的城市土地市场。因此，集体建设用地一直难以进行市场化流转。尽管《土地管理法》第62条规定农村一户一宅，即每户农民只能有一处宅基地，但农户宅基地的使用权转让严格限定在本村村民之间。

一方面法律严格禁止农村集体建设用地流转，另一方面，受到土地市场利益的诱惑，在现实中又出现了很多隐性流转市场。调研的火马冲镇镇区有两处5幢小产权房，共有建筑面积6万平方米，龙潭镇镇区周边也存在两处8幢小产权房，共有建筑面积22.5万平方米。

隐性流转造成土地产权的边界模糊，权属愈加不明晰，居民对土地所有权及权属也逐渐淡漠，给土地确权等工作带来一定阻力。

（2）农民在隐性土地市场的土地补偿收益低廉

集体土地所有者和使用者不能参与合法的土地市场交易，因此也就不能享受土地的合法增值收益。虽然有隐性土地市场的存在，但集体建设用地的所有者所获得的土地补偿远远低于土地被合法征用时的补偿收益。在调研的火马冲镇和龙潭镇，居民作为土地的使用者所得土地收益仅占毛地价的 10%～20%。

（3）城乡双重特点导致公共设施的用地来源模糊，设施建设严重不足

小城镇兼具城市和乡村的特点。如将小城镇划入乡村范畴，按照《土地管理法》，小城镇集体建设用地可以用于公益性公共设施建设；如将小城镇划入城市范畴，小城镇的公共设施建设必须先征用农村集体用地，再划拨建设相关设施。随着乡镇企业的逐渐消亡或改制，集体建设用地很难被允许直接用于非农用途，小城镇公共设施用地主要靠城市国有土地来满足。然而 2000 年以后的城市建设用地指标垂直分配体系建立后，位于最低行政层级的小城镇，很难获得充足的建设用地指标，加之欠发达地区小城镇的公共财政不足，导致各项公共设施建设严重滞后。火马冲镇和龙潭镇居民的调研显示，对公园、文化体育等公共服务设施的需求很大（图 21、图 22）。

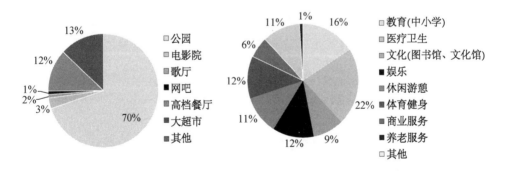

图 21　最希望建的休闲设施　　图 22　最需要改进的设施

5　小城镇的国有土地

5.1　分布零散，占比低，多用于公共设施建设

国有土地在欠发达地区的小城镇中可以用稀缺二字形容。由于欠发达

地区小城镇与农村的紧密联系、国有土地征地的复杂性以及隐性土地市场地价的低廉,小城镇的国有土地非常少。在火马冲镇和龙潭镇,国有土地只包括政府,学校、医院等机关单位用地(图23、图24)。其中,火马冲镇有一处国有土地房地产开发,龙潭镇有3处国有土地商品房开发(图25)。火马冲镇国有土地占镇区总面积的7%,龙潭镇的国有土地面积稍高,但也仅占镇区总面积的33%。两镇的国有土地分布零散,无明显秩序。

图23 火马冲镇镇政府 　　图24 火马冲镇卫生院 　　图25 龙潭镇商品房

5.2 相对城市有地价优势,征地是未来趋势

小城镇相对城市而言,(即使征用后)土地价格相对较低,开发成本低,可以提供更加丰富的社会产品(住房、商业、酒店等)。因此,小城镇是集体土地征地转变为国有土地的重点地区。小城镇从农村属性向城市属性转变亦是大趋势。但是,在小城镇特殊的用地权属背景下,如何协调集体土地上农民的权益保障和国有土地的有效拓展是未来小城镇建设面临的难题之一。

6 若干思考

《中共中央关于推进农村改革发展若干重大问题的决定》中提到,"要打破非农建设用地必须征为国有的现有格局,赋予农村集体建设土地与国有土地同等的地位",未来征地制度会逐步缩小到公益性建设用地。中共十八届三中全会提出,在符合规划和用途管制前提下,允许农村集体经营性建设用地出让、租赁、入股,实行与国有土地同等入市、同权同价。因此,经营性建设用地将更多的来自集体建设用地的直接入市,城乡一体化的建设用地市场将初步得到构建。2015年中央农村工作会议亦明确农村土改将聚焦于"三块地"的改革,即改革征地制度、农村建设用地制度和宅基地制度。针对此集体土地隐性流转的问题,广东等地方开始对农村集体建设用地流转进行试点,模仿城市国有土地市场结构来架构农村集体建设用地市场。鉴于此,小城镇亦将迎来新的发展环境,在改革过程中需要更加关注其城乡二元的土地权属关系。

6.1 改善城镇风貌,提高土地利用率

由于小城镇土地权属破碎,用地零散,导致土地利用效率低下,城乡风貌在此交错。这虽是小城镇的特色,但依旧需要在一定程度上对风貌进行整顿。未来应加强小城镇的旧城更新,整治宅基地上的住房建设,加强对私人建房行为的管控,科学合理地制定环境容量控制指标,保证整体风貌的和谐性。并且改善一户多宅的现象,整合多余宅基地并促进其与其他建设用地的置换,提高土地的利用效率。

6.2 切实维护农民利益,赋予农民集体土地自我城镇化权能

由于小城镇居民对于集体土地长久以来的依赖性,以及其对自主建设的喜好,低层高密度模式在小城镇不失为一种适当的建造方式。在用地尚不紧张,人口增速相对缓慢的小城镇可以不急于"一刀切"地采取城市国有土地的高强度开发模式,而是允许多样化的建设模式,塑造宜人的小城镇风貌。目前单一的国有土地供地模式难以满足于小城镇土地市场的发展需要。未来可赋予农民集体土地所有权自我城镇化的权能,即在允许农民集体建设用地直接入市的条件下,将国家的土地征收严格限定于公共利益用途的范围,城镇的基础设施和公共服务设施的用地由政府征收,并按照土地市场价格给农民补偿,保留大量小城镇集体土地上的建设模式,维护农民的切实利益。

6.3 土地确权,明晰土地权属

明晰小城镇各类用地的界限和权属,对用地进行确权登记,完善土地登记系统,对于权属不明确尤其是类似小产权房这样的不符合法律规定的土地上的建筑进行统一的整治。明晰小城镇国有土地所有权主体地位及其权利的具体行使;明晰集体土地所有权主体及其权能的界定;明确土地征收或征用的范围,完善征地补偿等保障措施。

6.4 根据用地特色进行规划，加强对于规划实施的管理

合理确定小城镇发展的用地规模和布局，在保护耕地资源的基础上，根据小城镇发展的阶段性特征制定土地利用的近、远期计划，根据该计划调整相应的建设用地布局和土地政策。以土地利用规划、小城镇总体规划、基本农田保护规划等为依据，鼓励国有土地和集体用地向符合规划所确定的用途转变。

创新土地市场供应模式，基于小城镇的发展特点，利用宏观调控手段，设计有利于小城镇土地利用的土地供应模式，加强规划管理和土地管理的引导作用，培育和规范小城镇土地市场。

参考文献

［1］罗瑞芳.城市化背景下农村宅基地集约利用机制研究［D］.天津：南开大学，2010.

［2］邵挺.二元土地市场、城乡收入差距与城市结构体系的研究［D］.上海：复旦大学，2010.

［3］卢雪峰.小城镇建设中土地与规划问题分析及对策［D］.北京：中国农业大学，2005.

［4］李冬雪，刘诗芳，高丹.基于土地权属的存量型小城镇控规若干问题探讨［J］.智能城市，2016(7)：69.

［5］沈洋.基于土地制度创新的小城镇土地置换策略研究［J］.苏州科技学院学报，2013,9(3)：56-60.

［6］曾伟.城镇国有土地制度、土地投资与城镇经济发展［J］.中国土地科学，2014,6(6)：37-43.

［7］谭峻，叶剑平，伍德业，等.小城镇土地产权制度与人地关系［J］.中国土地科学，2007,4(2)：38-43.

［8］韩松.新型城镇化中公平的土地政策及其制度完善［J］.国家行政学院学报，2013(6)：49-53.

［9］叶剑平.建立小城镇土地可持续利用新机制［J］.中国土地，2010(4)：19-21.

［10］高立俊.小产权房问题研究［D］.济南：山东大学，2013.

［11］程雪阳.中国土地制度的反思与变革［D］.郑州：郑州大学，2012.

［12］乔丽，邹彦岐.小城镇发展中的用地管理研究［J］.产业与科技论坛，2008(7)：23-24.

三、小城镇特色化
规划编制方法

基于乡村电子商务的特色小镇规划方法与实践

——以山东省曹县大集镇为例

陈芳芳[1]　廖茂羽[2]

（1. 南京大学建筑与城市规划学院

2. 南京大学城市规划设计研究院有限公司）

【摘要】　近年来,乡村电子商务迅速兴起,"淘宝村"等新空间现象的出现为乡村复兴带来新的曙光,但同时也让其陷入新的发展困境之中,产业发展瓶颈凸显、空间开发无序低效、设施环境品质低下等问题迫在眉睫。特色小镇作为发展特定产业的空间载体,有望成为解决难题的可能路径。由此,本文对电商特色小镇的规划方法进行探讨,重点从产业、空间、特色三个维度提出了规划策略,并以山东省曹县大集镇为例进行实践,以期为其他乡村电子商务发展地区提供借鉴和参考。

【关键词】　电子商务　特色小镇　规划方法　大集镇

1　引言

在全国各地快速兴起的乡村电子商务,被认为是一场新的自下而上的乡村城镇化进程[1],其特征产物——"淘宝村"①的出现与裂变增长模式[2]推

---

①　阿里研究院的淘宝村认定标准:①交易场所:经营场所在农村地区,以行政村为计量单元;②交易规模:电子商务年销售额达到1 000万元以上;③网商规模:本村注册网店数量达到50家以上,或注册网店数量达到当地家庭户数的10%以上。

进了电商产业集群的形成,重构了乡村的经济社会,为乡村带来了新的发展契机。然而难以避免的是,电子商务为乡村带来发展机遇的同时也带来诸多挑战。门槛等级普遍较低的电商产业如何实现升级?乡村有限的空间又该如何组织以有效满足产业发展之需?这是当前乡村电子商务发展中遭遇的大量亟需解决的共性问题。而特色小镇,作为实现产业创新发展的空间平台,成为"淘宝村"实现转型升级的一条可能路径。

当前特色小镇的建设逐步从浙江推广到全国,学术关注度也随着实践的开展呈现井喷式增长(图1)。虽然关于特色小镇的探讨非常多,也有不少成功案例如乌镇互联网小镇、余杭梦想小镇、莲都古堰画乡小镇以及玉皇山南基金小镇等,但不论是实践还是研究,特色小镇的关注点多集中在传统产

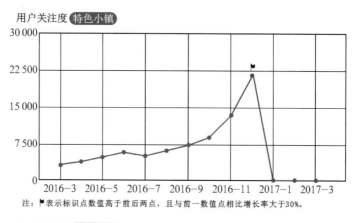

注: ▶ 表示标识点数值高于前后两点,且与前一数值点相比增长率大于30%。

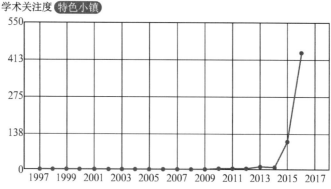

图1 CNKI中以"特色小镇"为关键词发表及下载的文章数量总结

数据来源:知网

业[3]、文化旅游产业[4]、未来新兴产业等类型,较少有针对乡村电子商务这类产业进行的规划实践和方法探讨。本文试图在总结乡村电子商务发展问题的基础上,从规划理念、策略以及后续的实施机制等方面提出电商特色小镇的规划方法。不仅为乡村电子商务的有序发展与转型升级提供一个方向性的可能路径,同时也是新经济时代非常有意义的一次规划尝试。本文选取的规划案例山东曹县大集镇,作为拥有 27 个淘宝村的典型淘宝镇,其实践经验对其他乡村电商发展有着广泛的借鉴意义。

2 乡村电子商务发展存在的问题

"淘宝村"作为乡村电子商务发展的典型代表[5],受到社会各界的广泛关注并被寄予厚望,被认为是一种具有代表性的乡村现代化转型路径,也是中国城镇化进程中极具特色和启示意义的新方向[6]。乡村电子商务的意义和潜力无可厚非,但目前其发展所面临的诸多问题亦不可忽视。

2.1 产业发展瓶颈凸显

由于低成本、低门槛、易复制的特点,乡村电子商务大多存在产品同质化的问题,产品基本没有品牌,也缺少知识产权保护意识,严重阻碍了产业的进一步提升。发展伊始,电商商户数量不多,基本都能取得不错的销量,这个问题尚且被掩盖,但随着越来越多的商户进入,产业同质化竞争趋于激烈,各电商商户之间产品缺少区分度,往往只能通过压低价格来争取销量,由此电商商户的盈利空间受到普遍压缩,经营压力增大[7]。

除了同质化竞争,人才支持是乡村电子商务发展到一定阶段之后面临的另一个难题[8]。在发展初期,产业技术门槛比较低,村民只需要模仿学习即可,低学历和非专业者也能掌握,但随着产业发展的推进,对电子商务、市场营销、设计美工等专门性人才的需求日益迫切。由于地处农村,且大部分村庄基础设施的建设仍然滞后,除了少数本地籍贯的返乡人才,中高端人才大多不愿去往"淘宝村"发展,乡村电子商务难以获得实现转型或创新发展所需要的技术和智力支持[9]。

2.2 空间开发无序低效

乡村电子商务呈现井喷式增长,对空间提出巨大挑战。首先是空间容量,随着产业的发展和人口的集聚,村庄的存量空间不断受到压缩,难以满足电商企业的发展需求和外来人口的居住需求[10]。在此情况下,由于用地指标紧缺、规划引导的滞后以及政府监管的不力,村庄的蔓延扩张表现出自由、无序的特征,不乏私搭乱建等非正规渠道寻求的增量空间。

其次是空间形式,传统、粗放的空间形态和组织形式不能很好地满足产业发展的需求。电子商务是一种新的经济形态,需要新的空间形态予以支撑,不同产业也有差异化的空间需求。目前的产业空间大多依托民宅或标准化厂房,面临仓储空间不足、空间杂乱、利用率不高等问题。

2.3 设施环境品质低下

乡村电子商务的发展显著带动了乡村经济的发展,但村庄的设施水平和环境风貌没有得到同步提升,甚至出现许多新的问题。公共服务和基础设施滞后是其中突出的典型,随意堆积的废弃垃圾杂物、侵占道路和公共空间的货物、失于管理及妥善安放的易燃物等使得村庄的生活环境面临街道卫生、消防安全、治安管理和噪音污染等重重挑战[10]。此外,村庄的建设风貌也亟待提升。目前的"淘宝村"整体风貌缺乏特点,空间品质偏低,不利于企业的招引和人才的吸驻,成为产业发展到一定阶段之后的阻力。

3 电商小镇的规划方法

3.1 规划理念

产业是特色小镇发展的动力和可持续发展的基础[11]。不同于传统规划的"筑巢引凤",特色小镇的规划应当是以现有产业为核心的有针对性的规划。而电商特色小镇的首要任务就是转变当前电商产业多而小、专而浅的发展困境,实现产业的提档升级。其次,具有典型自下而上发展特征的电子商务产业,村民尤其是庞大的电子商务从业人员是电商特色小镇的实践主体,他们在规划中的积极参与是电商特色小镇得以运作和发展的重要保障,因此上下联动是规划过程中必须始终贯彻的理念。除此之外,特色小镇也是展现地域文化特色的重要载体。因此要求规划应将传统地域文化与电商文化相融合,实现包括产业、文化、空间、景观等特色的塑造与彰显。

3.2　规划策略

3.2.1　立足区域,构建线上线下高度整合的产业体系

考虑到"淘宝村"集群化发展的现实情况和同质化竞争的产业瓶颈,电商特色小镇的产业规划应从外部和内部两个角度明确产业发展思路。外部主要意指规划应在区域层面寻求合理的发展定位,以带动地区整体发展实力的提升。乡村电子商务大多小规模、散点式发展,难以形成合力,也无法满足产业转型升级以后所带来的集聚和扩张需求。电商特色小镇作为更高的产业平台,理应起到面向未来、辐射周边的作用。而内部则强调规划应根据当地具体的产业类型和发展现状,明确产业转型升级路径,逐步走向以特定电商产业为核心,线上线下联动发展的新产业体系。由于不同电商行业和不同地区产业发展形势的不同,规划应具体问题具体分析,从本地本产业的切实情况出发,确定产业体系的组成和产业发展的重点。

3.2.2　自下而上,需求导向下的空间定制

乡村电子商务的发展多源于自下而上的驱动力,为更好地发挥空间对产业的作用,电商特色小镇的空间建设应充分考虑自下而上的发展需求,以此为依据进行空间安排。这里的空间安排主要包括两个层面,一是宏观层面,规划应预判小镇的目标人群,分析不同人群的需求,以此为依据进行功能空间布局和具体的项目策划;二是微观层面,规划应着重考虑产业本身和产业主体的发展需求,据此确定产业空间的具体安排和建筑组织形式。

3.2.3　要素整合,打造多元融合的特色风貌

特色是小镇魅力及生命力所在[4]。而这个"特",除了反复强调的产业特色之外,还包括具有本土性的历史文化特色与景观风貌特色。挖掘本土文化要素与景观要素,打造多元化的特色空间与景观风貌,传承地域特色是特色小镇规划中的重要部分。其中一方面是对本土文化包括物质文化遗产(古建筑、文化遗址、文物等)和非物质文化遗产(传统表演艺术、民俗活动、礼仪与节庆、传统手工艺技能等)的保护、提炼与展示,打造小镇的文化之

魂;另一方面是本地生态景观优势资源的充分利用,如植被、苗木花树的就地取材,打造特色生态基地。

3.3 实施机制

合理的建设时序安排和完善的体制机制创新是规划得以实施的基础。一方面,电商特色小镇的建设是以解决当前乡村电商发展困境、推进乡村电商可持续发展为首要任务的,因此需要明确规划的时效性,通过划分具体的近、中、远期结合的空间建设板块来确保规划的有效实施。产业发展空间紧缺是当前乡村电商发展的首要难题,那么在兼顾长远性考虑的基础上,为电商产业提供发展空间势必成为特色小镇规划实施的起点。另一方面,电商特色小镇的实施需要以不同主体的需求以及可承受能力为重要考量,通过精细化的政策设计来有针对性地实现电商从业人员的集聚。例如,电子商务产业中有很多小规模的生产商以及仅从事网络销售的网商,对于这类刚起步的人群而言,是购买不起统建的厂房或是办公楼的,而对于大型厂商来说,又多有着品牌展示、空间自主设计开发的需求,因此如何针对不同人群,设计动态、弹性的租售模式以及准入准出制度是特色小镇建设运营的关键。

4 大集电商小镇的规划实践

大集电商小镇位于山东省菏泽市曹县,处于经济相对滞后的鲁南片区,长期以发展农业为主。2010年底,大集镇丁楼村的村民开始在淘宝网上销售演出服饰,以此为原点,大集的电商产业顺势而起渐成规模,形成以大集为中心辐射周边乡镇,逐渐形成全国最大的网售演出服饰生产销售基地和全国第二大、山东最大的"淘宝村"产业集群。如今,大集的电子商务产业正迈入转型发展的关键阶段,利润提升、配套完善、环境优化和人才吸引成为各电商商户的迫切诉求。与此同时,产业空间在缺乏规划引导的情况下迅速无序扩张,商户沿着道路在农田自发建设的门面、电商产业园的简易标准厂房、滞后的设施环境等已经不适应于当前的发展需要,生产、生活环境亟待优化和提升。

4.1 规划目标与定位

规划强调"产业为核、上下联动、彰显特色"的发展理念,围绕大集镇的演出服饰产业,做强企业集群,打造全国知名的演艺服饰产业集聚区;以本地需求为导向,完善服务设施供给,打造宜居宜业的城镇创新发展示范区;充分挖掘本地特色文化,营造类型多元、体验丰富的多元文化旅游体验区。

4.2 产业发展

4.2.1 区域引领,形成综合产业服务高地

为了走出同质竞争的恶性循环,应对产业转型升级的要求,规划首先提出创建区域共同品牌,提高产业发展的整体实力。大集的演出服饰电商产业集群可借鉴赣南脐橙、千岛湖龙井等品牌打造的经验,整合企业资源,充分利用新成立的"大集舞衣"电子商务平台进行推广,提升品牌竞争力和影响力,并注重产品的质量把控与监管,促成高度的品牌认可。不仅如此,规划还意图利用电商小镇的建设契机,搭建相对完备、辐射周边的产业服务体系。电商小镇不仅建设电商产业园,为商户的生产经营提供充裕的空间,还将围绕演出服饰电商产业,配备生产配套、设计检测、教育培训、金融服务、演出会展、旅游体验等综合服务功能(图 2),吸引人才和企业资源向小镇集聚的同时,也为大集及周边乡镇的其他电商商户服务,满足转型和创新发展的新要求。

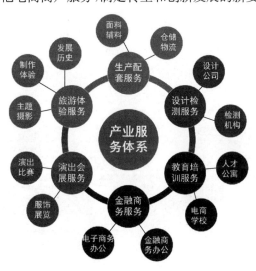

图 2 综合产业服务体系构成示意

4.2.2 线下延伸,构建特色主题产业体系

考虑到演出服饰产业本身的延展性和产业联动的发展潜力,规划希望拓展产业发展思路,从线下生产线上销售转向高度整合的协同提升。大集的电商产业发展具有一定的特殊性和代表性,在全国范围内已经具有一定的知名度,吸引了各种队伍前来参观考察。但目前大集产业仍基本以生产—网售的演出服饰电子商务产业为主,两端延伸不够,产业附加值低。由此,未来电商小镇应依托既有的电子商务产业基础,积极寻求线下联动发展的可能,重点发展以产业为基础的特色主题旅游,包括以儿童演艺比赛为主的节庆演艺活动、以电商参观考察为主的商务观光活动和以演出服饰租摄为主的摄影体验活动等(图3)。通过多元活动的引入带动关联产业的发展,与电子商务产业互相作用、协同提升,逐步形成以演出服装为主题,以电子商务产业为核心,集设计研发、展示发布、演艺活动、商务金融、教育培训、旅游消费等为一体的复合产业体系。

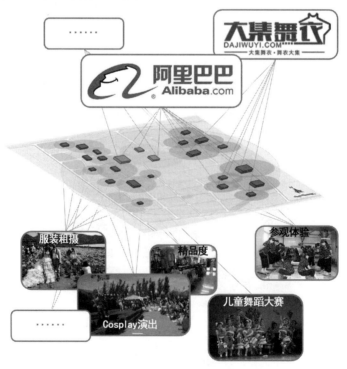

图 3　演出服饰产业线上线下整合

4.3 空间建设

4.3.1 基于目标人群细分策划功能布局

规划对电商小镇未来的潜在人群进行分析,总结出电商商户、一般居民、外来务工人员、游客等未来可能群体的不同需求。比如本地商户主要希望有满足其扩大再生产所需要的生产和销售空间;外来商户主要希望有适宜其创业的生产、销售空间,能解决就近居住的需求;打工人员希望能提供工厂、门店、商业服务等多种就业机会;游客希望能有独特的参观考察体验;一般居民希望能享受高品质的公共服务等。在此基础上,规划进一步梳理这些人群的诉求,并予以具体化,可归纳出四种功能类型。一类为研发智造,包括创意设计、服装制造、小微企业孵化等;一类为生产服务,包括物流仓储、辅料销售、教育培训、商务金融、商贸会展等;一类为生活服务,包括商业休闲、居住社区、生活配套等;一类为旅游体验,包括商旅体验、文化体验、节庆演艺体验等。最后,功能将这四大功能类型布局到空间中,同时进行功能策划,细化为可能的项目安排(图4)。

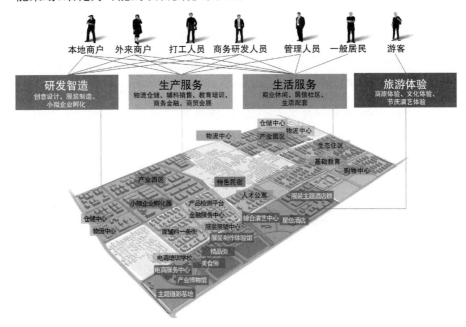

图 4　不同需求下的功能策划与空间布局

4.3.2 基于商户需求设计建筑组织形式

规划深入体察当地商户的使用需求和电商产业的发展需求,据此提出具体的建筑组织形式。首先,规划发现大集电商商户普遍将生产和生活功能集成在同一建筑空间之中,且多是简单的水平组合,生产和生活功能也存在交叉。为减少功能相互干扰的同时提高空间集约利用水平,规划提出增加建筑层数,并鼓励建筑功能的合理混合利用。产业园区的建筑功能从水平面的组合改为垂直方向的分工,一层为加工制造,二层为仓储,三四层为销售办公及发展备用;为园区生产提供配套服务的市场区则选择下商上住的混合形式,一二层为市场门店,销售配辅料等,三四层为生活居住(图5)。

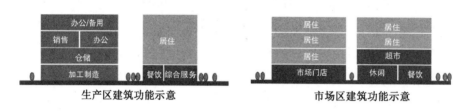

生产区建筑功能示意   市场区建筑功能示意

图5 建筑功能混合利用示意

其次,规划考虑到不同商户的差异化需求和电商产业发展的灵活性,提出两种类型的产业空间和模块化的建筑形式。根据销量的不同,电商商户可以大致分为小微商户、中型商户和大型商户三类。小微商户处于起步期,通常只进行简单、小量的服装生产加工,或是直接销售成品,这类商户往往需要的空间规模不大,更加看重成本的低廉和投资的低风险。针对此类商户,规划设计专门的孵化器,提供销售经营的办公空间和带设施、可租售的生产空间。中类商户和大型商户需要的功能和形态相似,区别主要体现在空间规模上。针对这两类商户,规划选取600平方米、1 000平方米和2 100平方米作为基本模块,在电商产业园中建设布局不同大小的标准厂房,电商商户可以根据自身情况选择所需模块梳理和具体的功能分割(图6)。

4.4 特色塑造

4.4.1 地方特色文化的演绎与展示

规划首先对当地重要的文化遗产进行挖掘,提炼出大集镇的两大文化

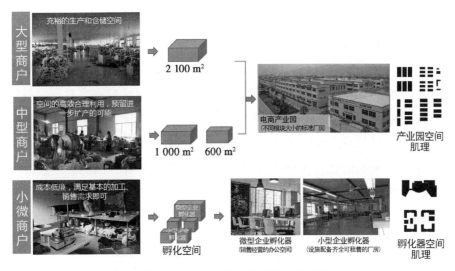

图 6　基于差异化商户需求的建筑空间形式示意

资源——伊尹文化与戏曲文化。伊尹文化是对大集镇饮食文化的一种追溯,中国食文化鼻祖、商朝著名的丞相伊尹墓便位于大集镇殷庙村。而大集镇所在的曹县,更有"戏曲之乡"的美称,境内的戏曲种类如梆子、柳子、弦子、二夹弦、花鼓丁响、皮影戏、京剧、评剧、四平调、豫剧等多达10余个,戏曲文化积淀深厚。针对该种非物质文化的保护与传承,最重要的是文化的活化。将文化与现代的生产生活相融合,如戏曲文化与演出服饰文化相结合,将饮食文化与村民的日常生活和旅游相结合,通过特色文化主题空间的打造来彰显小镇的文化特色(图7)。

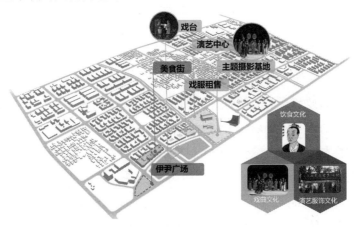

图 7　特色文化主题空间

4.4.2 本土景观要素的提取与运用

丰富的环境景观风貌是吸引人口集聚、旅游者驻足的基础。通过对当地景观要素的了解观察,规划认为杨树林、牡丹、荷花以及梨树将是大集镇最为独特醒目的景观名片。大集镇至今仍保留着大量人口外出时所种植的杨树林,这随处可见的景观见证了乡镇艰难的发展历程;牡丹是菏泽的市花,菏泽素有"牡丹之乡"的美称;荷花隐喻着以水得名的菏泽;而梨树,既是当地的大量种植的经济作物,也是戏曲梨园文化的象征。因此规划选取了这四种作物分别打造差异化的特色公园,打造独具地方特色的小镇田园景观(图8)。

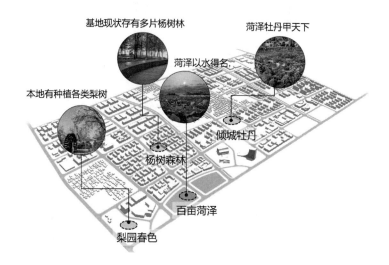

图8 基于本土景观打造的特色公园

4.5 实施机制

4.5.1 渐进可行的分期建设

大集镇财政资金的有限性注定电商特色小镇的建设将是一个长期的、循序渐进的过程。本规划较为弹性地设置空间建设时序(图9),提高了规划的可操作性与时效性。综合考虑当前发展中产业发展诉求和小镇前期建设中人气集聚的问题,近期建设主要分为两块,一是综合服务区中景观及功能核心区的建设,打造高品质的环境,作为特色小镇发展的触媒空间,为后期建设储备人气及宣传效应。二是小镇东北部生产区的提前建设,以解决当前生产空间紧缺的问题。中期则以特色街区建设为主,通过展示、销售、研发、会展等功能的植入来连接西部综合服务区和东部加工生产区,同时完善人才公寓及职工宿舍的配套建设,集聚人才。远期则在集聚人气的基础上,在南边补充建设具有小镇生活功能的居住区与服务区,优化提升小镇的服务职能。

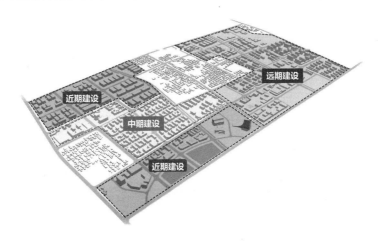

图9 分期建设时序

4.5.2 建设运营模式的灵活组合

制定"分区建设、租售结合、流动管理"的建设运营模式,最大程度地满足不同人群的需求。针对生产厂房,首先分为开发商统建和业主自建以及业主定制三个部分,从而满足大中型生产商的空间定制化需求,通过具体的城市设计要求来规范建设。其次,针对开发商统建部分的厂房,进一步分为销售和只租不售的模式,一方面是能够保证后期物业的管理,另一方面也是为了满足部分资金不足的小型厂商的短期需求。与之类似,特色服务区的复合型建筑也通过制定租售结合的模式来进一步实现其孵化功能。并根据对电商从业者规模的详细调查统计来制定相应的准入准出规则,以实现分段的有针对性的扶持与管理。

5 结语

这是乡村发展最好的时代,也是最坏的时代。乡村电子商务的繁荣的背后是产业发展同质化与低端转型的巨大瓶颈、乡村空间开发的粗放低效、服务设施建设的滞后与品质低下。在该种背景下,电商特色小镇的建设是适应电子商务与乡村互动发展规律,推进乡村电商发展转型升级的重要规划应对。着眼于乡村电商自下而上的发展特征与特色小镇长远化的建设要求,规划需要确立以"产业为核、上下联动、彰显特色"的发展理念,围绕特定产业形成服务区域的、线上线下整合的平台高地,在分析各类人群的需求基础上划分功能分区、设计建筑组织形式,并通过本土历史文化与景观等要素的提取演绎来进一步彰显小镇特色。

乡村电子商务与特色小镇的结合是一次创新性的规划实践,是电子商务时代的规划变革。本文以山东曹县大集镇为例进行探讨,希望能为其他电商乡村的发展提供借鉴。但不同地区因乡村电商发展的差异性面临着不同的问题,在具体的规划中仍需要因地制宜的讨论。

参考文献

[1] 罗震东,何鹤鸣.新自上而下进程——电子商务作用下的乡村城镇化[J].城市规划,2017(3):31-40.

[2] 单建树,罗震东.集聚与裂变——淘宝村、镇空间分布特征与演化趋势研究[J].上海城市规划,2017(2):98-104.

[3] 蔡健,刘维超,张凌.智能模具特色小镇规划编制探索[J].规划师,2016,32(7):128-132.

[4] 尹怡诚,张敏建,陈晓明,等.安化县冷市镇特色小镇城市设计鉴析[J].规划师,2017(1):134-141.

[5] 张嘉欣,千庆兰.信息时代下"淘宝村"的空间转型研究[J].城市发展研究,2015(10):81-84+101.

[6] 房冠辛.中国"淘宝村":走出乡村城镇化困境的可能性尝试与思考——一种城市社会学的研究视角[J].中国农村观察,2016(3):71-81,96-97.

[7] 陈舒丹.淘宝村生存现状调查:"淘金热"还能持续多久[N].温岭日报,2015-04-21(7).

[8] 杨丽莎,杨莉.淘宝村发展现状、问题与对策研究——基于宁波余姚芦城村的调研分析[J].经济论坛,2016(9):103-107.

［9］ 郑伟旭,周燕,张楠,等.河北省淘宝村淘宝镇发展现状及价值分析——基于白沟淘
宝村淘宝镇的调查研究[J].中国集体经济,2017(11):9-10.

［10］ 杨思,李郇,魏宗财,等."互联网＋"时代淘宝村的空间变迁与重构[J].规划师,
2016,32(5):117-123.

［11］ 陈桂秋,马猛,温春阳,等.特色小镇特在哪[J].城市规划,2017(2):68-74.

特色小镇微改造实践

——以广州市花山小镇(洛场村)为例

李淑桃　叶　红

(华南理工大学建筑学院)

【摘要】　为释放土地资源潜力、实现产业转型和城市空间重构,广东省在2009年就出台"三旧改造"政策文件,以期通过城市更新来开拓新的发展空间。此后,不断转变更新思路,完善城市更新改造的相关政策指引,并在2015年成立广州市城市更新局,创造性地提出"微改造"的城市更新方式。本文先简要回顾广州市城市更新历程,再结合特色小镇建设和"微改造"城市更新的相关要求,从产业形态、人居环境、传统文化、运营机制这四个维度提出特色小镇类微更新项目的主要内容,最后以2016年广州城市更新年度计划其中的一个特色小镇类更新项目——花山小镇(洛场村)为例,探讨通过产业、环境、文化、运营这几个方面实现小镇的有机更新,以期为相关的城市更新项目规划实施提供有效的线索。

【关键词】　城市更新　微改造　特色小镇

城市的发展是一个不断经历更新、改造的新陈代谢过程。当城市发展到一定阶段,城市更新就成为城市自我调节机制中的重要环节,也是其突破某些发展瓶颈,开拓新的发展空间的有效手段[1]。近年来,城镇化进程的加快促进了城市的快速发展,但也带来了旧城镇、旧村庄、旧厂房建筑危旧、设施落后、环境脏乱、建设用地紧张、景观建设落后等一系列问题[2]。为此,多地启动城市更新工作,提升城镇化质量。

以往的城市更新多采取大规模重建，统一更新的模式。这种传统旧城大拆大建的改造模式需要面对极高的、复杂的产权成本，以及高昂的建设安置费用；同时对地区特色和传统文化的忽视会导致睦邻关系的消失，激化社会矛盾[3]。2015 年 9 月，广州城市更新局发布的《广州市城市更新办法》，提出了"微改造"的城市更新方式，意图通过有针对性的局部改造方式达到提升环境质量的目的，并在 2016 年和 2017 年的广州城市更新项目和资金年度计划中，把微改造类更新项目提上日程。微改造类城市更新项目跟传统的全面改造类城市更新项目有何不同？该如何实践？这是一个值得探讨的问题。

1　城市更新模式的转变，提出微改造更新方式

广州在国内同等城市中旧城改造起步较早，改造经验积累相对较多。更新前期主要采取大规模推倒重建、统一更新的模式。但随着社会不断进步，更新思路不断拓展，旧城更新开始走多样化道路，开始注重城镇特色，提倡抓重点、多角度，多元更新的模式[4]。

回顾广州的城市更新历程，可粗略地分为三个阶段。第一阶段为2008—2012 年。国土资源部和广东省率先提出了"三旧"改造概念，出台"三旧"改造政策，成立"三旧"改造办，启动和推进"三旧"改造工作。要求对低效无序的旧城镇、旧厂房、旧村庄予以升级更新。第二阶段为 2012—2014年，"三旧"改造办逐步完善"三旧"改造政策，出台 20 号文件，强调改造以政府为主导，开发形式以全面改造、连片为主。第三阶段为 2015 年成立"城市更新局"至今，强调将整体改造、局部改造、滚动改造和全面整治结合起来，实现保护与改造的协调，并开始探索"微改造"的模式，强调多元主体参与，创新改造方式，有效提高改造综合效益[5]。

2016 年 4 月，广州市城市更新局发布《关于加强城市更新微改造实施工作的暂行措施（征求意见稿）》，进一步推进和规范微更新的相关工作。并于同年 6 月，该局正式发布了《广州市 2016 年城市更新项目和资金计划》，除了包含旧村、旧城、旧厂全面改造类正式项目（传统"三旧"改造），还包括了人居环境改善、特色小镇、产业转型升级、历史文化保护微改造类正式项目。

微改造方式能否有效地解决城镇更新的复杂性，实现城镇综合、协调的可持续更新？本文主要以被列入 2016 年特色小镇微改造类正式项目的花都区花山小镇（洛场村）（以下简称"花山小镇"）实践为例，探讨特色小镇微改造的相关方法及路径，以为未来的特色小镇更新改造提供有效的参考。

2 特色小镇类微改造项目探析

所谓的特色小镇，并不是一个行政意义上的城镇，而是一个大城市内部或周边的，在空间上相对独立发展的，具有特色产业导向、景观旅游和居住生活功能的项目集合体。它是按创新、协调、绿色、开放、共享的发展理念，结合自身特质，找准产业定位，科学规划，挖掘产业特色、人文底蕴和生态禀赋，"产、城、人、文"四位一体、有机结合的重要功能平台[6]。其培育要求为构建特色鲜明的产业形态、和谐宜居的美丽环境、彰显特色的传统文化、便捷完善的设施服务、充满活力的体制机制。

所谓的微改造，根据广州城市更新局在 2016 年 4 月发布的《关于加强城市更新微改造实施工作的暂行措施（征求意见稿）》相关说明，是指在维持现状建设格局基本不变的前提下，通过建筑局部拆建、建筑物功能置换、保留修缮，以及整治改善、保护、活化，完善基础设施等办法实施的更新方式，主要分为旧城镇微改造、旧村庄微改造和旧厂房微改造三类。不同改造对象的改造目的也不一样（表 1）。本文探讨的花山小镇是属于旧村庄微改造的范畴，主要目的为消除安全隐患、改善村居环境、盘活非建设用地、提高村民收入。

表 1　不同类型的微改造项目内容

微改造分类	微改造对象	微改造目的
旧城镇微改造	符合微改造适用范围的旧居住区及部分配套设施（旧商铺、旧市场、旧设施等）	消除安全隐患、改善人居环境、促进产业转型升级以及保护和合理利用历史文化资源
旧村庄微改造	符合微改造适用范围的村居住用地及可利用的非建设用地	消除安全隐患、改善村居环境、盘活非建设用地、提高村民收入
旧厂房微改造	符合微改造适用范围的国有及集体用地上的旧工厂（包括员工宿舍）、旧仓库、传统批发市场等	提高楼宇经济效益、保护历史文化资源、改善地区公共环境

花山小镇属于特色小镇类的微更新类项目,除了要达到普通的旧村庄微改造的要求外,仍需按照特色小镇的建设要求去提升完善。现将特色小镇的培育要求和微改造城市更新的相关要求进行交叉构建,把特色小镇类微改造项目的改造内容分为产业形态、传统文化、人居环境和运营机制这四个维度进行研究:

(1)产业形态。根据当地发展条件,选择有一定发展基础和发展特色的绿色生态产业作为小镇的特色产业,加快盘活城镇低效用地或闲置用地,为产业的发展提供用地保障;并通过产业发展,提升小镇吸纳周边农村剩余劳动力就业能力。

(2)传统文化。充分挖掘、整理、记录传统文化,保护和活用历史文化遗存,活态传承非物质文化遗产。把当地的特色文化渗透到产业发展和人居环境改造中,丰富传统文化的传播方式。

(3)人居环境。整体空间布局需与周边自然环境相协调,村居风貌需按照当地建筑特色进行提升;整治破败房屋,并进行活化利用;见缝插绿,提高绿化覆盖率;消除安全隐患,完善基础服务设施建设,提供便捷公共服务。

(4)运营机制。明确改造实施的工作机制、工作计划和工作分工,保障改造工作的顺利开展。创新发展理念和经济发展模式,建立高效的运营模式。

3 花山小镇(洛场村)的微改造实践

3.1 项目概况

花都区位于广州的西北部,在广州"一小时经济生活圈"内,可通过飞机、城际铁路、高速路等多种交通方式便捷联系珠三角地区(图1)。本次微改造片区范围(图2)约27公顷,位于花都区东部,主要涉及洛场村1、2、3、8、9队和铜鼓坑西岸部分用地。改造片区距广州白云机场仅6.1公里,属于机场商圈服务范围,其交通便利,有利于发展商业旅游业。

洛场村始建于清朝乾隆年间,是广州著名的侨乡,从咸丰年间开始就有村民漂洋出国谋生,现有海外侨胞5 000多人,是现居村民人数的2倍,具备

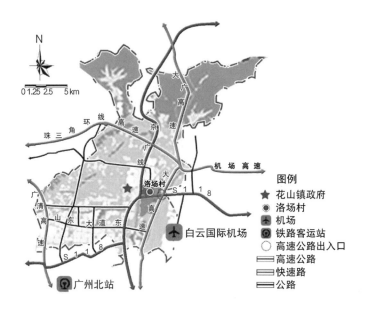

图1 花山小镇在花山镇的区位

图片来源:研究小组绘制

图2 花山小镇微改造范围

图片来源:研究小组绘制

了浓郁的侨乡文化和风土人情,村内保留有在特定历史中筑建而成并保存百年的古碉楼群落,现存华侨碉楼 50 多座(其中 38 栋位于微改造范围内),还有 200 多幢与碉楼同期而建的青砖房屋。然而和中国的大多数村庄一样,随着近年城镇化的不断推进,洛场村也曾面临着荒芜凋敝的局面,全村两千多人,一半劳力外出打工,剩下留守的多是老人小孩,百年碉楼几乎都空置和荒废,洛场村逐渐变成了"空心村"。不少旧房子因年久失修已经倒塌,村子环境很脏很差,传统文化也面临着失传。直到 2013 年,花山镇党委、政府和洛场村结合广州市开展的"美丽乡村"建设工作,充分发挥洛场村区位优势明显、华侨文化底蕴深厚、古村落碉楼风貌独特的优势,积极引进社会力量,开发"花山小镇"国际文化艺术村项目,才让该村重新焕发新机。目前,花山小镇碉楼古村落项目首期已进行 7 座碉楼和 13 间老房子的保育性开发,受到关注度越来越大,反响较好。但是,该片区仍存在基础设施不完善、部分道路未实现硬底化、休闲活动场地严重缺乏、景观环境杂乱、历史传统建筑亟需受到保护及活化等问题,对村民的日常生活造成极大的不便,因此村民和当地政府有强烈的改造意愿。

3.2 更新目标及思路

3.2.1 更新目标

根据规划,花山小镇将不采取传统大拆大建的做法,而是在保留古村落原生态、保护碉楼群的基础上,打造一个集文化创意、博物展览、美食娱乐、度假休闲于一体的"花山小镇"文化创意园区。据此,我们制定了多方面的目标:在经济方面,通过招商引资,改善小镇业态构成;在管理方面,通过成立建设管理委员会和搭建小镇自治平台,带动村民参与;在文化方面,修缮、改造碉楼和传统民居等重要历史建筑并对其进行活化利用;在环境方面,结合立面整饰和街巷景观设计,整体提升花山小镇整体风貌。

3.2.2 更新思路

由于花山小镇是规模较大的侨乡,现状较为复杂,微改造范围内房屋产权、建设年代、建筑风格、建筑质量等均不同;既需要保护原有的特色及历史风貌,发挥各产业功能,同时也要节约建设成本。根据此目标,构建微改造框架(图 3),先依据道路、产权地块、建筑这三个方面对改造片区进行形态要素梳理,再据此进行形态分区,然后在研究片区的风格、产业特色的基础上,将各片区划分单元并归类,针对每类单元提出针对性的对策和编制单元导则引导建设行为。单元导则控制是指引性的图则,可保留一定的管理弹性。

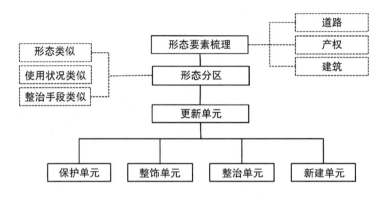

图3 花山小镇微更新框架

图片来源:研究小组绘制

3.3 产业形态规划

经过对片区周边地区发展趋势、产业市场需求和供给潜力的分析,确定花山小镇产业的发展定位为花山华侨文化创意园。规划将该片区改造为连接华侨历史文化、岭南碉楼、乡土旅游的创意产业园区,并通过对碉楼、青砖房进行适当的改造和活化利用,使碉楼与青砖房的建筑形态和历史痕迹得以保留,同时又衍生出更有朝气更有生命力的产业经济。

产业形态规划的具体的思路为:根据花山小镇的村庄形态现状、土地产权、建筑类型(质量、功能)等要素,把形态类似、使用状况类似、更新手段类似的区域划分为一个区,这是第一层次的分区。在这个分区下,每个片区的形态风格、色彩都有各自的特点,区域形态辨识度较高,再逐步完善居住、文化、创意、艺术等功能。

根据上述思路,改造片区被分为7个主题区(图4),分别是精品民宿区、滨水休闲区、艺术交流区、文化体验区、时尚商业区、创意艺术区和生活服务区,并按照不同的区域制定不同的改造方案(表2)。

图 4 花山小镇产业形态分区

图片来源：研究小组绘制

表 2 花山小镇产业分区更新内容

区域名称	主要建筑	主要建筑权属	更新内容
精品民宿区	传统民居、碉楼、村民自建房	村民私人	局部拆建，增加公共活动空间，营造精致景观环境；对建筑整体风格、细节进行把控，使得建筑与周边环境高度协调，打造出高品质住所
滨水休闲区	无	镇政府	充分利用现有的农林用地，依托铜鼓坑河，增设绿道和景观节点，打造宜人的滨水休闲空间
艺术交流区	小学、厂房、村民自建房、碉楼	镇政府、村集体、村民私人	拆迁或改造现有的低效厂房，对建筑整体风格、细节进行把控，融入艺术元素，改造为时尚艺术场所
生活服务区	岭南民居、村民自建房、停车场、酒店	村集体、村民私人	保留现有的自建房，保持街巷干净整洁，对建筑整体风格、细节进行把控，活化传统建筑功能；配套停车场、商务酒店
时尚商业区	碉楼、岭南民居、村民自建房、村委会	村集体、村民私人	充分发挥村庄集体经济发展用地的价值，以现代时尚为核心，新建商贸酒店、商业街、商业广场等，风格、细节与侨乡协调

(续表)

区域名称	主要建筑	主要建筑权属	更新内容
文化体验区	碉楼、岭南民居、村民自建房、村委会	村集体、村民私人	保留村落格局和街巷肌理,活化特色碉楼、传统民居功能,补充旅游服务配套;对建筑整体风格、细节进行把控,融入中西文化元素
创意艺术区	碉楼、岭南民居、村民自建房、餐饮	企业、村集体、村民私人	依托现有的产业氛围,局部拆除,打造公共空间,对建筑整体风格、细节进行把控,植入创意元素,并对入口广场、街巷、绿地进行更精致的设计

3.4 人居环境整治规划

花山小镇的人居环境的整治的更新思路为,在充分明确了现状产权的基础上,进行第二层次的分区,划分更新单元。在划定更新单元的基础上,根据其建筑类型、使用情况、风貌特点、改造价值,对更新单元进行归类,将其划分为保护单元、整饰单元、整治单元、新建单元,再在保护、整饰、整治、新建4种类型单元中挑选出碉楼集聚型、传统民居集聚型、自建房整饰型、自建房整治型、厂房整治型、公共空间整治型、建筑更新型、空间更新型共8个重点的改造区域(图5),提出改造建设指引(表3)。这样做可以让形态控制得到有效的落实,使不同的产权地块所属者、每一类地块,都有相对应的导则进行控制,保证了未来更新的实施有对应的执行者。

表3　花山小镇微改造更新单元内容

更新单元类别	对象	更新方式	重点改造类型
保护单元	碉楼、传统民居集中区域	活化利用、功能置换	碉楼集聚型、传统民居集聚型
整饰单元	村民自建房集中区域	立面整饰、绿化提升	自建房整饰型
整治单元	现状建筑风貌混杂,通过拆除改建,价值明显提升的区域	拆除改建、功能置换	自建房整治型、厂房整治型、公共空间整治型
新建单元	严重影响整体风貌,需拆除重建;或现状为空地,需新建	拆除重建、新建	建筑更新型、空间更新型

花山小镇人居环境整治主要的更新内容为:拆除改建片区内有安全隐患的建筑,保护有文化价值的历史遗存,如碉楼建筑、街巷肌理等,并对其进

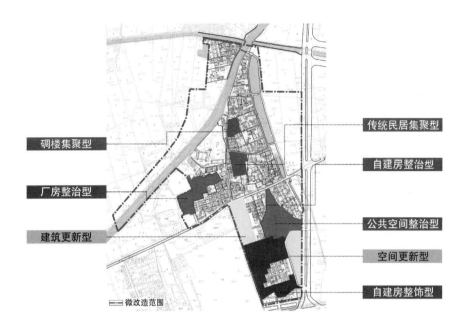

图5　重点改造单元类型

图片来源:研究小组绘制

行适当的活化利用和立面风貌整治。同时也要对小镇内的各类建筑的整治提出具体的建设指引,包括建筑色彩、屋顶样式、立面材质、阳台、门、窗等部件的形态指引。对于小镇的公共环境提升,主要是对绿化景观、城市家具、夜间照明及停车位等进行创新设计、合理配置。

3.5　传统文化保护

花山小镇是一个有着悠久历史的小村落。该村始建于清朝乾隆年间,是广州著名的侨乡,侨乡文化特色浓郁,改造片区内现存有不可移动文物 41 处,其中包括 38 栋碉楼、1 处花县政府旧址、1 处公祠、1 处桥梁。除此之外,还有根雕文化、书画文化、民俗风情以及传统工艺等非物质文化遗产。本规划以保护花山小镇历史文化资源原真性与连续性、维持历史传统风貌整体性,改善人居环境、交通条件,完善基础设施,提高应对灾害能力,促进历史文化资源的活化利用为目标对花山小镇进行历史文化遗产保护。

传统文化保护的思路是先根据《保护条例》《保护规划编制要求》等法规、规范对改造片区进行保护分区,再针对片区内不同的历史要素提出相应的策略。按照相关要求把花山小镇划定为核心保护范围、建设控制地带和环境协调区(图6)。其中,核心保护范围主要包括碉楼、传统民居建筑群及它们周边部分民居与自然环境,这是该村传统历史风貌的集中展现区域,主要以保护、修缮、改善以及内部功能置入为主。建设控制地带为微改造范围,主要包括核心区周边民居、绿地及水系等,要求保持传统建筑原有风貌,严格控制新建建筑物或构筑物的体量、色彩、使用性质和材料工艺。历史文化风貌协调区范围为北至流溪河花干渠,南至省道S118,西至洛场村村界,东至启源大道,要求确保周边环境与历史文化风貌区相协调,保持村落风貌环境的完整性。

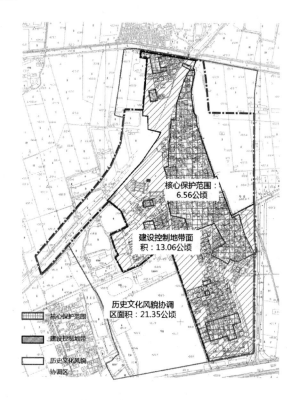

图6 花山小镇历史文化保护分区示意图

图片来源:研究小组绘制

除了对进行保护分区划定提出相应的控制要求外,也针对小镇内的各种历史文化遗存提出相应的保护策略。对于改造片区内的文物保护建筑和古树名木无条件予以保留，其他历史文化要素视其历史及文化价值高低针对性的制定保护、利用方案。对于片区内古建筑的利用，以不损害历史遗产为前提，建议延续原来的使用方式或改为文化馆，若需作为参观旅游景点，则要防止其被破坏。对于失去原有内部功能、但其建筑风貌等仍有较大保留价值的建筑或构筑物，鼓励实体保留、功能置换。当市政道路与历史文化要素产生矛盾时，首先调整道路、保留历史文化要素。历史文化要素在整合时，也需与周边空间环境协同优化，以进一步发挥其文化价值。

3.6 运营机制

特色小镇的改造不是一蹴而就的，它的实施是一个错综复杂、循序渐进的过程，需要土地、产业、城镇、服务、法制等多个方面的配合与交织。因此，需制定明确的开发模式、开发流程、保障机制，以确保项目的顺利实施。

本次微改造采取"政府主导，企业化运作"的开发模式。政府充分发挥主导作用，积极支持企业发展，并通过企业的发展来带动小镇的发展，保障花山小镇微改造项目建设优质高效地完成。本土乡村集体企业则充分发挥本土优势，让村企之间互惠互利，实现双赢。同时，设立花山小镇运营平台，提高农民组织化程度，促使其在化解矛盾、土地流转、产业化经营等方面发挥积极作用。

花山小镇的开发（图7）先由政府或村委会筹办建立开发公司，企业可直接面对开发公司，减少企业操作的难度，解决企业直接面对村民的顾虑，这种做法使企业获取土地和房屋使用权更加方便。再由开发公司将村集体土地量化成股份，明细整合土地产权，统一租赁微改造片区范围内的房屋、土地使用权。之后，政府负责基础设施建设，企业搭建招商引资的平台，并共同制定相关的管理细则。整个花山小镇的开发建设、对外合作、管理服务等工作由一个或多个企业承担。政府可先选择其中一个核心启动区，主导经营发展，形成示范效应后，再根据发展定位，招募多个企业运营各个整治单元。

为保障花山小镇项目科学、高效地实施，需建立明确的监督指导机制。

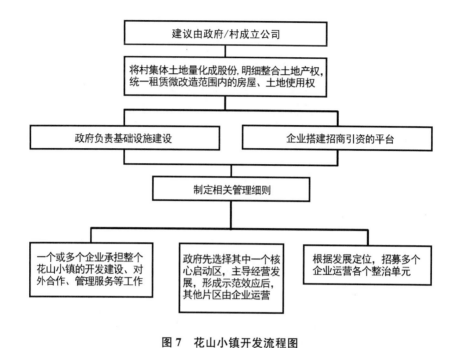

图7 花山小镇开发流程图

图片来源:研究小组绘制

本次微改造项目由镇政府成立花山小镇建设领导小组,由镇的主要领导担任组长,工作组成员由区城市更新局、镇规划办、村委、规划设计单位等相关人员组成。同时也建立总建筑师协调负责制,从方案策划、规划编制、建筑设计到批准实施,选聘以高水平规划及古建筑设计人员,实行总建筑师负责制,以总建筑师带领专业化队伍,专职负责规划和建筑设计高水平的实施。

4 结语

特色小镇的微改造是一个持之以恒、动态发展的过程,并非立竿见影式、一蹴而就的重建项目。它的核心是激发改造区自我更新能力,这是传统大规模物质更新模式难以产生的影响。微改造并非是简单地提升物质环境,其运作需要系统设计、整体推进、分步实施。通过产业植入、历史文化传承、运营机制创新、人居环境改善等多种方式,将微改造由外来的辅助手法内化为城镇自身发展的需求,多方联动实现有机更新。

参考文献

[1] 陈萍萍.上海城市功能提升与城市更新[D].上海:华东师范大学,2006.

[2] 林慧颖,王士君,宋飏,等.基于城市更新和景观都市主义思想的棕地改造——以长春市拖拉机厂为例[J].城市发展研究,2015,22(11):57-60.

[3] 李郇,黄耀福,麦夏彦.城市更新的微改造实践——以厦门鹭江为例[C]//2016中国城市规划年会.2016.

[4] 瞿嗣澄."渐进"—苏南小城镇旧镇区更新模式研究[D].苏州:苏州科技学院,2010.

[5] 广州市城市规划勘测设计研究院.广州城市更新新动向——微改造,你造么?[EB/OL].https://zhidao.baidu.com/question/711857044564588325

[6] 吴一洲,陈前虎,郑晓虹.特色小镇发展水平指标体系与评估方法[J].规划师,2016,32(7):123-127.

大都市郊区小城镇土地整治与规划编制创新

——对上海郊野单元规划实践的思考

李雯骐

（同济大学建筑与城市规划学院）

【摘要】 随着城镇化的快速发展，大都市郊区城镇在土地利用上的矛盾也愈发凸显，逐渐进入总量锁定、存量发展的时代。郊野单元规划是上海探索土地综合整治的创新之举，在郊野地区以小城镇为单元统筹城乡用地，对低效现状建设用地实行"减量化"，结合"规土合一"的规划内容及技术和配套政策支持，实现土地的集约利用。本文基于对郊野单元规划内容和政策上的特点梳理阐释，结合对上海各区访谈和实地调研，提出郊野单元规划在实践过程中显现的问题和相关建议对策。

【关键词】 小城镇 土地整治 郊野单元规划 减量化

1 引言

土地作为小城镇发展的空间载体，承担着产业和人口的集聚、基础设施建设等任务，是小城镇建设最重要的制约因子之一。随着城镇化的快速发展，大都市郊区小城镇土地利用的矛盾与问题愈加突出：一方面，郊区小城镇在快速发展的同时，土地利用粗放、浪费严重，土地城镇化大大超前于人口及产业的城镇化；另一方面，大城市普遍存在建设用地指标紧缺、土地利用总量倒挂现象。从土地属性来看，小城镇的城乡用地混杂使其成为我国土地管理的灰色区域，同时处于建设用地与农用地收益差距的边界，较低的土地成本吸引着各种非农产业在小城镇迅速发展,加速着小城镇侵蚀农村地域,建设用地总量快速增长[1]。此外,从土地权属来看,小城镇内既有集体土地,又有国有土地,并在空间上相互交错,利益冲突更复杂深刻。农村集体经济组织、农民和地方政府之间存在着深刻的土地非农化收益分配冲突。建设用地的使用者与其他主体之间存在着土地价格的博弈,生态效益、社会效益与经济利益之间的矛盾在小城镇建设中普遍存在。

尽管依附于土地上的现实矛盾突出,但是在土地管理与规划编制上,小城镇总体上依然沿用城市规划的做法,在规划内容上侧重于对小城镇镇区的土地安排,规划思路上倾向于追求城市规模与大尺度空间感受,导致建成区规模不断扩大的同时,也忽视了城乡之间的用地统筹关系。因而在"小城镇,大战略"以及新型城镇化的共同指导下,小城镇用地的集约利用、土地整治以及相应规划编制、政策实施已经成为当下小城镇可持续发展中刻不容缓的紧迫问题。本文将基于上海在应对城镇土地减量化背景下推行的郊野单元规划进行阐释,并结合对大都市郊区部分城镇的实地调研,提出相关问题与思考。

2 大都市郊区小城镇土地整治背景及既有政策概述

2.1 大都市郊区小城镇进入"总量锁定"阶段

随着城镇化的快速发展,城市化率较高地区普遍存在建设用地指标紧缺现象,如浙江省1997—2010年中央下达的建设占用耕地指标为100万亩,而据测算全省的需求量同期为142万亩,缺口高达42万亩;重庆市确定到2010年的建设用地指标只够用到2004年[1]。对于上海来说,土地资源紧缺是土地指标和发展空间的双紧缺[4]。《上海市土地利用总体规划》锁定了3 226平方公里的建设用地总量,若按照以往的新增建设用地增长速度,将提前突破建设用地的"天花板"。而对于郊区来说,城市化带来的城市空间蔓延和以发展乡镇企业为代表的农村工业化都在不断加速其土地消耗和耕地丧失,同时也面临集建区①外建设用地的无序增长。以上海为例,郊区小城

---

① 集建区:城市化集中建设区。

镇建设用地呈现出明显的增速快和集约化程度低的特征,郊区建设用地年均增速高达2%,在远郊区如奉贤区和崇明区集建区外建设用地高达40%(图1)。

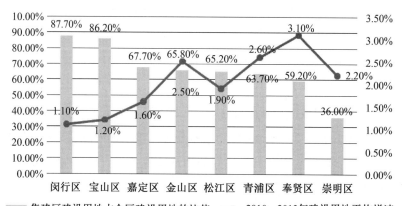

图1 上海郊区建设用地增速及集建区内外分布比较

资料来源:奉贤区总体规划(2016—2040)

2.2 地方案例及规划政策概述

1)成都与重庆的"增减挂钩"探索

在探讨合法获得土地的途径上,成都走了城乡统筹试点之路,重庆采用独特的"地票"制度,均是"增减挂钩"政策在不同地方的探索实践和制度突破。成都城乡统筹的经验在于,通过重新界定财产权利,使经济资源(在城市化加速积聚和集中所带来的土地级差收入)分配更好地兼顾城乡人民的利益[14]。重庆"地票"是基于城乡建设用地产权一体化的基本制度框架,将农村集体建设用地嵌入城镇建设用地的价格形成机制,通过"资产性"地权交易,在集体资产价值获得实现的同时,实现城乡建设用地实物资产的增减挂钩、要素的优化组合和产业的集聚[16]。

2)土地收益分配与台湾土地制度改革

台湾地区在"耕者有其田"和"平均地权、涨价归公"的原则下,土地制度变迁主要经历了两个阶段,即土地改革和土地重划。土地改革早期是土地所有权的重新分配,后期则较注重土地利用。土地重划体系包括市地重划和农地重划,后者又分为农地重划和农村社区土地重划,结合法律法规、资金等方面对农村社区土地重划提供支持,并对重划利益进行合理分配,重新登记土地权属,平衡各利益主体[19]。

2.3 上海郊区小城镇发展与规划实践历程概述

历史经验显示,推动小城镇规划的发展与转型的战略是基于特定时期背景下大都市发展的需求。回顾上海改革开放以来小城镇发展和建设的历程,可以发现,小城镇的土地管理和规划政策始终是大都市发展战略中的重要一环:①经济起步时期,乡镇企业的繁荣推动了上海城乡结构的变化,大都市郊区已成为工业经济为主的生产地域,伴随着小城镇人口集聚规模的持续扩大,其工业经济实力也明显增强。在规划编制方面,开始大力开展小城镇的总体规划编制工作;②社会经济初步转型时期,郊区小城镇产业发展呈现多种类型,"一城九镇"的总体规划借助试点镇建设积,积极探索了小城镇以一定特色发展的模式,刺激了城镇经济的转型和人口及社会结构的变动;③加速建设时期,全市"1966"城乡规划体系提出建设新市镇作为郊区行政管理、公共配套、社会服务等各项功能的基本载体,相比于传统小城镇总体规划,新市镇规划更强调中心区与郊区之间的整合,在建设管理方面进一步规范完善了规划编制内容,加强了规划建设管理权限;④深化城乡统筹时期,进一步强调发展小城镇在城乡一体化中的枢纽和载体作用。合理优化土地资源配置和保护,加强生态文明建设是对提升上海城市竞争力的要求也是这一阶段小城镇建设的重点任务。

3 基于郊野单元规划的沪郊小城镇土地整治模式

3.1 郊野单元规划内涵及创新之处

2014年起,上海大都市郊区小城镇建设的用地指标收紧,新增建设用地计划指标原则上要用于市政、公益性、民生和战略性新兴产业项目,经营性用地和一般工业项目则要通过减量化来获取新增建设用地计划指标和耕地占补平衡指标。在减量化背景下诞生的郊野单元规划,作为上海对乡镇郊野地区土地集约使用模式的探索和统筹土地整治与规划编制的创新尝试,具备以下特点：

1）定位："规土合一"统筹镇乡发展，完善规划编制及土地整治体系

郊野单元规划是以一个或多个镇（乡）为单元进行编制，镇（乡）层面的土地整治规划，同时也是统筹引领集建区外郊野地区长远发展的综合性规划，由此完整构建了上海"市级土地整治规划—区县土地整治规划—郊野单元规划—土地整治项目规划设计"的四级土地整治规划体系[9]（图2）。一方面向上承接区（县）级土地整治规划，落实上位规划的相关指标、任务和要求；另一方面向下指导郊野单元规划实施方案和土地整治项目可行性报告等文件的编制和实施，进而指导集建区外各类项目建设和各类土地整治活动[4]。

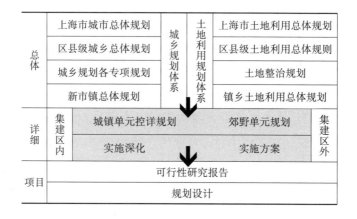

图 2　上海市"两规"编制体系框架研究

资料来源：上海市规划和国土资源管理局《上海市郊野单元规划编制导则（试行）》

2）内容：以减量化为核心，兼顾土地综合整治与统筹专项规划

郊野单元规划核心在于"减量化"①，其中减少集建区外的低效建设用地是主要控制指标之一，减量化的对象重点为：①集建区外"198"工业用地（其中重点对"三高一线"、"三线"范围和限制的工业用地进行减量）；②农村宅基地，优先考虑"三高"区域宅基地（图3）；③闲置或零星宅基地；④农民搬迁意愿度较高且能连片搬迁的区域（图4）。

---

① 减量化：是指对集建区外散乱、废弃、损毁、闲置、低效的现状建设用地进行拆除复垦的集中整治活动。

图3　新浜镇市级土地整治　　　　图4　廊下镇国家级基本农田
　　　宅基地拆除片区　　　　　　　　　示范区土地整治项目

与"减"相对应,在规划内容上重点强调土地综合整治(图5),包括农用地整治规划与建设用地整治规划、增减挂钩规划以及涉及各类专项规划整合、下层次规划引导、综合效益分析等,使得减量化后的土地具备更高的利用效率及经济效益。

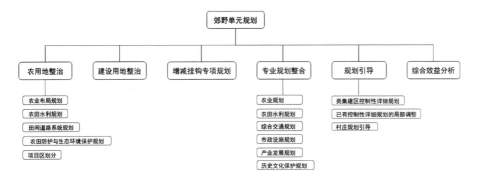

图5　郊野单元规划体系

资料来源:上海市规划和国土资源管理局《上海市郊野单元规划编制导则(试行)》

3)政策:"减量化"政策配套,同时创新"造血机制"关注农村集体经济发展

"减量化"的实质是利益的再调整。在这一过程中涉及农民、企业和公共利益等多重利益主体,政策设计自然成为规划实施与落地中至关重要的保障。上海在整合衔接国家相关政策的基础上,重点拓展减量化空间补偿机制、资金叠加政策以及创新的土地出让方式政策(图6),其中重点强调关注集体经济组织在"减量化"过程中的利益平衡问题,积极探索如何使减量

化的村集体部分出让地块作为"造血"地块,保障农民利益。整体来看,这些政策较多地体现了综合性、可操作性和弹性,与传统规划行政管理为主的政策不同,在一定程度上充实了实施推进的动力,激发了郊区城镇的积极性和主动性。

减量化空间补偿机制	增减挂钩指标和资金叠加政策	创新土地出让方式政策
减量化后基于减量化面积1/3的类集建区规划空间奖励,同时明确类集建区的选址布局原则、用地功能的准建和限制要求内容等。	在类集建区规划空间奖励的基础上,对郊野单元规划涉及的减量化内容给予"拆一还一"的增减挂钩指标平移,包括双用地指标腾挪、简化规划编制程序、建新免缴规费等。	对于级差地租不显著的地区,经区县人民政府集体决策,可在增减挂钩实施规划的建新地块出让中采取定向挂牌等方式,向建设用地减量化的集体经济组织提供长远收益保障,形成"造血机制"。

图 6 郊野单元规划主要配套政策

资料来源:《郊野单元(含郊野公园)实施推进政策要点(一)》

综上,对上海郊野单元规划的概述和特点分析,可以总结得到郊野单元规划以"减量化"为抓手,在空间补偿机制和增减挂钩政策基础上,叠加关于优化空间资源、集约用地布局的空间政策,并建立"造血机制"保障农民收益;减量低效用地,安排原有村民、企业集中进城入镇,可以在新建地块实现空间利用率和土地经济价值的提高;另一方面通过复垦整治,对田、水、路、林、村进行综合整治,有效增加耕地面积,起到增产效益,同时为城乡整体的生态环境效益提升做出贡献。

3.2 目前实施情况

2013 年上海选址松江区新浜镇、嘉定区江桥镇、崇明区三星镇,以及嘉北、浦江、松南、青西和长兴岛 5 个郊野公园进行第一批郊野单元试点规划。于 2014 年在郊区各镇全面推行郊野单元规划编制工作,截至 2016 年,已有超过半数镇(乡)开展郊野单元规划编制。

对规划实施效果的评估,可从"减量"和"增效"两方面来审视。总体而言,减量化任务完成率较低,据统计,48 个已批郊野单元规划确定的近期(一般为 2016 年)减量化任务超过 3 700 公顷,截至 2016 年一季度减量化项目累计立项超过 1 600 公顷,验收超过 700 公顷,大部分乡镇减量化项目立项规模占近期减量化任务不到 50%[12],减量化指标推进艰难。而在"增效"方面,普遍反映合理的农民集中安置方案和提供集体经济组织良性收益的"造血"机制仍是规划实施的一大瓶颈,增效尚不显著。

4　郊野单元规划实践的问题与思考

郊野单元规划作为引领市郊乡镇统筹发展、土地整治的综合性规划,具备其战略和实践意义,但作为创新的规划编制尝试在实践中反映出一定的矛盾与局限,根据对各区县的访谈与实地调研,得出如下问题总结与相应思考。

4.1　工业减量为内生发展动力仍不足的小城镇带来产业发展制约

随着农业在创造财富方面的地位日益下降,工业已逐渐成为小城镇创造地区财富收入的重要途径,但上海市郊区的大部分乡镇企业零散分布在集建区外,且以乡村地区为主,是工业减量化的主要对象,由此严重削弱了小城镇的经济基础。青浦区金泽镇调研企业2010—2015年间的用工量和产值都出现下降;崇明区三星镇工业企业所剩无几,随之也滋生人口流失和本地劳动力就业不足的问题;尚属于工业化进程之中的廊下产业结构仍处于二产主导、三产增加的阶段,按照现工业减量化政策,已有工业企业全部属于"198"减量范围①,尤其是镇区东北部的工业园区也被整体划入"198"区域,面临远期减量化的政策约束,但工业企业仍是小城镇的主要经济来源。

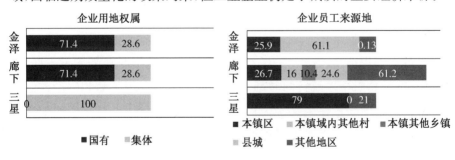

图7　金泽、廊下、三星三镇企业情况统计

资料来源:基于实地调研数据

---

①　"198"区域指规划产业区外、规划集中建设区以外的现状工业用地,全市共有198平方公里,故称198区域。

工业减量化的普遍后遗症是，小城镇产业发展的天然弱势和建设用地指标约束的双重叠加之下，使得原本内生发展动力尚且不足的小城镇面临产业发展困境：原有模式难以为继，新接续产业前景未卜。因此对于需在区域统筹中限制发展权的乡镇而言，工业减量化导致开发权受限，严重影响了地方经济尤其是第二产业的发展，既有政策中的招商引税和飞地经济仅是权宜之计，尚需从制度上设计长效的转移支付机制，使其受限的发展权能够获得补偿。

4.2　迁居意愿与安置成本仍是规划实施重要阻力

郊野单元规划"减量化"对象中同时包含大量分散农村宅基地，涉及村民和乡村集体经济组织的利益补偿和分配问题。宅基地减量难点体现在，一方面政府面临着高昂的动迁安置费用、过渡费用和相应的社会保障支出，对于乡镇而言尤其是远郊镇已面临相当大的资金缺口。以金山区廊下特色民居项目为例（该项目为万亩良田建设的拆迁用户集中安置住宅民居见图8），采取"一补、二换、三不变"[①]异地集中安置，总投入达6.8亿元（平均每户成本约110万元），其中市土地中心补贴3.4亿元（达到市级土地整治项目整理新增3.4%耕地要求）、镇政府补贴1.6亿元，实际资金缺口达1.8亿元，经折算平均每户缺口约28.9万元，而对于原本财力较弱的纯农地区来说，在建设土地指标和资金平衡等方面存在着更大困难。

另一方面体现在集中安置方案的可操作性，目前金山区已推行的集中安置方案中，每个乡镇一个集中居住点，但50%的集聚率也难以达到，究其原因，主要包括村民对补偿政策的满意度以及迁居意愿等因素。此外，宅基地减量和农用地流转同时割裂了乡村生活中村民生活和生产的互动关系，目前集中安置住宅大多为楼房和联排住宅（图9），对于崇明地区农民的特点，以上楼的方式推行集中居住难度较大，宅基地平移归并相对较为可行。同时伴随着减量化后农民的"半城市化"，对于农民身份的保留和

---

① "一补、二换、三不变"办法："一补"就是在农户自愿提出搬迁申请的基础上，以农户宅基证或批复为准，对原有合法建筑面积内房屋、装潢、附属物、搬家、公建配套进行补贴；"二换"就是原居住房换安置房，原宅基地换新宅基地；"三不变"就是搬迁农户户籍性质不变，宅基地性质不变，土地流转承包费收益及各种福利不变。

城市公共福利政策的享有、农民入城后的就业问题也是减量化背后的现实
考虑。

图8　廊下镇特色民居项目

图9　洞泾镇润景苑安置小区

4.3　资金压力巨大,减量指标任重道远

郊野单元规划实践的具体操作是,由市政府(规土局)向区县下达"减量
化"任务,制定配套政策、考核方法、资金支持等规则;各区县再根据自身情
况,推进以街镇为单位的郊野单元规划编制与实施,从经济引导、行政约束
等方面将"减量化"工作进行落实[1](如表1所示金山区减量化分解情况)。
从上海郊野单元规划试点实践来看,政府在"减量化"中的资金压力非常
大,减量后失去的原有企业的租金和税收,主要依靠减量后挂钩的地块进
行出让予以反哺,不足部分由项目当地政府承担,有些街镇的试点往往集
全区的财力支持,各区政府均反映小城镇目前发展中资金与土地的平衡构
成一大瓶颈。在增减挂钩后能实现资金平衡的镇为数不多,松江区佘山镇
是少有的较为成功的案例:将整个增减挂钩项目区分为拆旧区和建新区,
建新区又包括村民安置区和出让区,通过测算利用出让区获取一定土地资
金,用于平衡整个增加挂钩项目的资金,使土地增减挂钩项目能够实施
顺利。

在多重压力和困境下,减量化指标更显得任重而道远,根据反馈情况大
部分乡镇减量化项目立项规模占近期减量化任务不到50%。事实上,各乡
镇在实际操作时一般按照"先易后难"的原则,现阶段推进减量化工作只会
愈发艰难。

表 1　金山区郊野单元规划编制及减量化任务分解表

批次	镇名	至 2016 年减量化目标(ha)	2014 年减量化任务(ha)	批次	镇名	至 2016 年减量化目标(ha)	2014 年减量化任务(ha)
试点	廊下镇	55	21	第二批	枫泾镇	58	8
第一批	金山工业区	23	9		朱泾镇	74	9
	漕泾镇	82	41		山阳镇	33	5
	亭林镇	168	24		张堰镇	17	3
	金山卫镇	36	15		吕巷镇	38	5
合计						584	140

资料来源:根据金山访谈资料整理

4.4　重土地指标而轻统筹布局,需强化与上位规划衔接

在实践过程中,也反映出郊野单元规划在技术层面存在一定不足:首先规划目标上重指标而轻统筹布局,在实际操作中乡镇侧重于对"198"工业用地以及宅基地的减量,但对于拆迁之后集建区及类集建区内建设用地返还的布局缺乏统筹考虑。以青浦区为例,在本轮总体规划中青浦已无新增建设用地指标,所有新增指标都要依靠集建区外建设用地减量化工作来获得,而另一方面集建区内剩余空间分布零散,因此对于减量补偿用地的布局需要综合城市总体规划的发展要求。郊野单元规划在以"减量化"为核心的土地整治运动下,需加强对上位"两规"的落实与衔接,引导城镇产业布局,预留充足的供城镇发展的产业空间,并结合城市发展阶段的不同需求统筹考虑用地布局。

其次,在土地整治上反映出重数量而轻质量问题,建设用地通过土地复垦,虽能实现耕地的基本功能,但其土壤质量、产量等均不及原有耕地,带来效益下降、成本上升等问题,影响土地利用效率。在这一点上,松江区新浜镇表土剥离做法的尝试或许可以学习:在市级土地整治项目过程中,通过与上海市土地整理中心合作,将建设占用耕地耕作层 40～50 厘米的优质土壤进行剥离和集中存放,待项目区农民迁入新居中,再将其"搬家"到宅基地或中低产田用于复垦和改造,实现"沃土搬家"(图 10),同时借鉴了英国相关标准,制订了优质耕种土壤的存放技术标准。

图10 新浜镇"沃土搬家"

4.5 减量化对乡村传统风貌的打击

郊野单元规划的落实虽然有利于改善郊野风貌的整体格局,但郊野乡村地区传统"鱼骨式"的居民点布局形式、水乡相融的肌理与风貌、传统风情和郊野趣味或许都会逐渐成为集约用地下的牺牲品,随之一同消失的还有传统的民俗文化遗存。未来村庄特色是否会逐渐丧失、郊野地区又是否会迎来较为同质的风貌、如何在协调各方利益下,有选择性地保护郊野地区乡村文化是郊野单元规划实施中需要考虑的重要问题。因此建议在郊野单元规划编制时,需对乡村传统风貌和特色村庄进行仔细调研与鉴定,保护历史建筑和划定文化古迹保护范围的同时,用以指导宅基地减量化的选择以及乡村文化遗产的守护。未来郊野地区将逐渐成为都市人群旅游度假之地,游憩观赏功能和现代化农业生产将逐渐替代原有"耕者有其田"的生产模式和"小桥流水人家"的乡村格局,在维护城镇地区永续发展的同时更不能忽视对乡村精神的传承。

5 若干思考建议

5.1 完善郊野单元规划体系,拓展规划维度

统筹协调上海市郊区小城镇的集中建设区内外的发展,强化和完善郊

野单元规划,是推进小城镇整体发展的重要保障。而针对郊野单元规划中重减量指标而缺乏统筹的问题,需不断完善上海市郊区城乡规划与土地利用规划"两规合一"的体系,将经济、社会、生态战略等纳入规划维度之中,探索小城镇"土地整理＋"的发展建设模式。在聚焦低效建设用地减量化的基础上,进一步关注农村面源污染、工业高能耗低能效以及社会管理等方面成本"减少",更注重生态战略空间、农用地效率、农村人居环境水平等方面的"增加",切实做到土地增效、农民增效。

5.2 建立合理的土地收益分配机制,灵活乡镇投融资渠道

应对资金问题,可适当提高土地出让的留成比例,将部分土地出让金从区一级层面转移给镇一级,这部分财政来源会有效提升小城镇的投资能力,并用于完善公共服务能力与基础设施建设。另外,需开辟多元化的融资渠道,丰富公共财政渠道,包括社会资本与银行融资,上级政府为社会资本做好外部协调工作,乡镇一级政府可以保持适度规模的银行贷款。

5.3 着力提高土地集约度与空间结构效益,加强需求导向和提质增效的服务理念

存量调整将会持续作为当下郊区小城镇发展的重要途径,针对村镇中布局分散的棕色用地,退出一些低效益、高污染的工业用地,归并乡镇级的工业园区,有助于部分镇区用地尤其是撤并后的乡镇建设用地的减量、更新,进一步提高土地的利用率。而在实现减量化的过程中,既要严守底线,又要动态管控,同时需充分考虑地方诉求和村民意愿,对突出问题作出专项的规划与指导,以期规划建设切实落地和规划政策的生命力和长效性。

6 结语

在应对大都市郊区小城镇土地资源紧缺及无序利用、建设用地不断蔓延扩张的问题中,上海采取创新规划方式,以郊野单元规划的实践促进土地集约利用。基于乡镇空间,以"减量化"为核心、土地整治为平台,综合统筹各专项规划,在提高集约用地水平的同时兼顾保障提升农民利益,保护提质

郊野生态空间等。然而作为一个新的规划类型,在实践中仍显现出其规划内容和实施措施的约束性和政策的不均衡性,基于郊野单元规划的土地整治及集约利用模式仍需要在发展中不断调整及完善。

参考文献

[1] 王丽洁.小城镇土地集约优化利用研究[D].天津:天津大学,2008.

[2] 吴沅箐.上海市郊野单元规划模式划分及比较研究[J].上海国土资源,2015(2):28-32.

[3] 方圆.上海市郊野单元规划实施难点与应对途径[J].上海国土资源,2015(2):39-41.

[4] 钱家潍,金忠民,殷玮.基于上海郊野单元规划实践的土地集约利用模式研究初探[J].上海城市规划,2015(4):87-91.

[5] 管韬萍,吴燕,张洪武.上海郊野地区土地规划管理的创新实践[J].上海城市规划,2013(5):11-14.

[6] 殷玮.上海郊野公园单元规划编制方法初探[J].上海城市规划,2013(5):29-33.

[7] 庄少勤,史家明,管韬萍,等.以土地综合整治助推新型城镇化发展——谈上海市土地整治工作的定位与战略思考[J].上海城市规划,2013(6):7-11.

[8] 宋凌,殷玮,吴沅箐.上海郊野地区规划的创新探索[J].上海城市规划,2014(1):61-65.

[9] 刘俊.上海市郊野单元规划实践——以松江区新浜镇郊野单元规划为例[J].上海城市规划,2014(1):66-72.

[10] 张勇,汪应宏,包婷婷,等.土地整治研究进展综述与展望[J].上海国土资源,2014(3):15-20.

[11] 吴沅箐.新型城镇化背景下郊野单元规划的探索与思考——以上海松江区新浜镇为例[J].上海国土资源,2016(4):18-23.

[12] 顾竹屹.转型发展背景下的郊野单元规划:手段、问题、对策——基于上海已批郊野单元规划实施评估的讨论[C]//2016中国城市规划学会.2016.

[13] 陶英胜.新型城镇化背景下集约节约用地探索与实践——以上海市土地整治规划为例[C]//中国城市规划学会.2014.

[14] 杨继瑞,汪锐,马永坤.统筹城乡实践的重庆"地票"交易创新探索[J].中国农村经济,2011(11):4-9,22.

[15] 张鹏,刘春鑫.基于土地发展权与制度变迁视角的城乡土地地票交易探索——重庆模式分析[J].经济体制改革,2010(5):103-107.

[16] 周其文.成都城乡统筹启示录[J].国土资源导刊,2010,07(12):56-58.

[17] 曾悦.三分编制　七分管理——成都城乡统筹规划经验总结[J].城市规划,2012(1):80-85+91.

[18] 孙敏,姜允芳."存量发展"背景下上海市郊野单元规划研究[J].城市观察,2015(2):132-139.

[19] 张远索,胡红梅,蔡宗翰,等.台湾农村社区土地重划案例分析及经验借鉴——以苗栗县泰安乡天狗农村社区为例[J].台湾研究集刊,2013(4):45-52.

土地流转视角下的镇域产业与
土地利用调整研究[*]

——以苗庄镇"特色小镇"发展战略规划为例

曾　鹏¹　李若冰¹　浦　钰²

（1.天津大学建筑学院　2.山东省城乡规划设计研究院）

【摘要】　近年来,"特色小镇"逐渐成为国家新型城镇化和新农村建设的新模式,小城镇作为中国城镇体系重要基础和支撑,具有重大发展潜力。土地是促进小城镇经济社会发展的重要生产资料,由于土地性质的复杂性和土地市场的限制性,使得此类小城镇建设中的土地问题日益凸显。本文基于土地流转的视角,探索现阶段"特色小镇"规划建设对策。综述我国相关地区土地流转研究及实践,讨论土地流转对村镇发展的促进作用,提出新时期特色小镇的规划编制体系。实例分析宁河县苗庄镇"特色小镇"总体发展战略规划,基于禀赋资源,结合小镇发展目标,提出相应发展策略并深入探讨镇域土地利用和产业结构的调整方案,研究镇域农用地、宅基地和建设用地的土地流转机制,并针对苗庄镇提出相关流转模式,以期为"特色小镇"规划建设提供新的思路。

【关键词】　土地流转　产业发展　用地调整　苗庄镇

* 国家自然科学基金面上项目（NO.51678393）,教育部人文社会科学研究规划项目（NO.14YJCZH195）。

1 背景

土地是人类生存和发展的物资基础和基本的自然资源,也是促进农村经济社会发展的重要生产资料。随着工业化和城镇化的发展,我国土地资源配置不均衡的矛盾日益突出,导致生态环境恶化和土地生产能力下降。

2016 年,住建部公布了第一批 127 个中国特色小镇,其建设将成为中国未来经济转型升级和新型城镇化的重要推动力量,传统小城镇的研究方法和规划思路也已经无法指导村镇建设。目前,学术界对于特色小城镇的研究多集中于理论与实践、现状与对策、规划与设计、路径与模式,且研究多集中于长三角和珠三角地区,对于京津冀等北方地区的研究相对较少,对于土地流转视角下的特色小镇研究尚处空白。

我国特色小镇的土地性质较为复杂,如何解决特色小镇新增用地需求大、土地结构不合理、提高存量土地利用率等是亟待解决的问题。有效处理好村镇土地的流转问题、实现集体土地的合理利用也是实现集约发展、推进特色小镇培育工作的重要手段。因此,笔者以土地流转为切入点,对宁河县苗庄镇"特色小城镇"实例进行探索性实践,研究土地流转对其发展的促进作用,为"特色小城镇"的研究提供新的方法。

2 我国土地流转研究及实践

2.1 我国的土地制度及相关探索

我国现行的《土地管理法》明确规定,农村土地为农村集体组织所有,其所有权为村或村以上集体所拥有,农民或农村集体实质上对其土地只享受有限定的所有权,并不能自主地确定农地利用方式。农地的使用权无法被农民自由处分,集体土地也不能按照集体的意志进行合理的处置[1]。加上农村土地市场的限制性和不稳定性,往往伤害了农民和企业参与村镇建设的积极性。为解决上述问题,近年来珠三角和长三角地区在农村土地的流转置换方面进行了积极的探索(表 1)。

表 1　珠三角、长三角地区土地流转机制对比表

地区	珠三角地区	长三角地区
出现时间	20 世纪 80 年代中期	20 世纪 90 年代中后期
流转机制	珠三角的农民开始自发进行农用地的流转,流转的主要形式有承包、抵押、以村为单位的集体发包和股份合作制下的土地量化入股等形式;目前运行特征以土地出租和股份合作制为主	逐步形成了以转包、出租、互换、转让、股份合作等多种形式共存的农用地流转机制;目前运行特征以调整规划和指标交易为主
实施结果	建立了运行良好的发展权交易市场;实现了农村土地资产化和工业化;促进了农民收入;无序流转,部分以租代让,集体资产流失	平衡了建设需求和耕地保护矛盾;近年来部分政策被叫停,长三角地区土地流转速度有所下降,且流转的地区性差异较大,多发生在沿海发达城市,内陆地区的土地流转率仍然偏低

2.2 特色小镇的用地支持政策

近年来,为促进农村土地流转和置换对特色小城镇培育的推动作用,国家在处理集体土地的流转问题、实现集体土地的合理利用上下达了一系列文件(表 2),来引导土地集约发展,实现产业转型。

表 2　促进特色小镇培育相关土地政策表

编号	部门	文件	内容
1	国务院	《国务院关于深入推进新型城镇化建设的若干意见》	规范推进城乡建设用地增减挂钩;建立城镇低效用地再开发激励机制,允许存量土地使用权人在不违反法律法规、符合相关规划的前提下,按照有关规定经批准后对土地进行再开发;因地制宜推进低丘缓坡地开发;完善集体建设用地经营权和宅基地使用权流转机制
2	国家发改委	《关于加快美丽特色小镇建设的指导意见发改规划》	积极盘活存量土地,建立低效用地再开发激励机制。建立健全进城落户农民农村土地承包权、宅基地使用权、集体收益分配权自愿有偿流转和退出机制
3	国家发改委和国家开发银行	《关于开发性金融支持特色小(城)镇建设促进脱贫攻坚的意见》	在特色小(城)镇产业发展中积极推动开展土地、资金等多种形式的股份合作,在有条件的地区,探索将"三资"、承包土地经营权、农民住房财产权和集体收益分配权资本化,保障贫困人口在产业发展中获得合理、稳定的收益,并实现城乡劳动力、土地、资本和创新要素高效配置

除了中央层面出台相关完善土地利用机制之外,各地方也采取了一系列措施促进特色小镇的用地流转。主要包括重庆市的建设用地计划优先安排用地指标、浙江省的奖励和惩罚用地指标、湖北省的城乡建设用地增减挂

钩以及福建、山东和江西等地的利用低丘缓坡、滩涂资源和存量建设用地等进行特色小城镇建设。

3 土地流转下的特色小镇发展与规划

3.1 特色小镇的支撑体系

特色小镇的建设不是一蹴而就的,需要完整的支撑体系。笔者通过参考相关文献,结合项目实践研究,完善特色小镇支撑要素及其相互关系(图1)。其中,土地资源和产业资源是小城镇发展的根本核心。未来应结合准确的产业定位、合理的空间规划、大量的人才政策支撑和有效的招商运营,构建一个可持续发展的支撑体系,形成多元协调发展的城镇系统,促进特色小镇的培育。

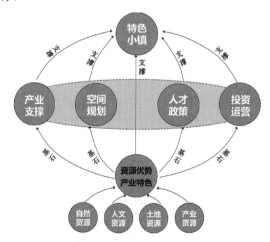

图1 特色小镇支撑要素及其相互关系

3.2 土地流转促进特色小镇发展

土地流转在加速农村劳动力转移、带动农民收入持续增长、促进村镇产业结构调整和加快农业产业化进程等方面发挥了重要作用。

3.2.1 转变农业生产方式,优化土地资源配置

村镇土地流转对于优化特色小镇产业结构,转变产业发展方式和适度规模经营具有重要意义。快速城镇化以来,很多农村居民为外出打工,造成

村镇土地资源的浪费,而部分农民想要投资土地却苦于没有足够的土地。农用地转用流转通过推进农村土地承包经营权流转,推动土地适度经营规模和农业产业结构优化调整,促进劳动力、资本、土地、技术等生产要素的优化配置,综合提高土地资源的实际利用率,促进产业现代化。

3.2.2 协调经济生态环境,促进小城镇可持续发展

特色小镇的建设与开发需要充分考量自身的生态条件与环境容量,并以粮食生产和生态保护为基础,打造现代化的产业体系,协调好生态、社会、经济等要素,逐步实现城镇生态系统的"自净"。土地流转不仅仅控制建设用地范围,同时将镇域乃至更大范围内的非建设用地作为关注的焦点,重视全市山地、水、河、林的开发和非建设用地的布局,对于维护农村生态环境和减轻环境压力具有重要作用。

3.2.3 缓解土地指标,实现差异化发展

在我国土地资源极其紧张的局面下,土地指标日渐成为制约乡镇发展的约束条件。由于中国土地指标划分的层次性特征,分配到小城镇的土地指标往往较少,无法满足特色小城镇发展建设的需求。且这种自上而下的土地指标分配过于机械,各村镇因无法达到自身期望,而对规划指标采用消极态度,使得规划实施无法达到预期效果。同时,某些农业生产型小城镇则由于历史、政策等原因使得建设用地过剩,导致区域间土地资源配置不均。建设用地区域间流转可以最大程度的调节土地指标,针对不同类型村镇的发展方式和对建设用地需求的不同,按需分配,调解村镇发展模式,发挥中介作用,实现城镇之间的持续良性发展。

3.2.4 提高居民收入,缩小城乡差距

现阶段部分小城镇人均建设用地远远高于国家标准,其土地利用效率和利用效益低下,存在大量存量用地。通过乡镇非农建设用地流转,将荒废或者生产效率低下的土地统一开发利用,土地流出方获得相应租金,提高自身收入,而相对低廉的租金,则吸引更多的乡镇企业聚集。乡镇企业的发展能够吸收小城镇富余劳动力,增加政府财税,促进村镇基础设施建设及公共服务水平,发挥建设用地的经济效益和土地规模效应,缩小城乡差距,进而推动城乡统筹发展。

3.3 土地流转视域下的特色小镇规划编制体系

随着新型城镇化的推进、"三农"问题的聚焦以及"特色小城镇"的培育，传统乡镇规划的研究方法和规划思路已经无法指导村镇建设。笔者以土地流转为切入点，对比传统小城镇规划体系，提出特色小镇的规划编制体系（图2、图3）。

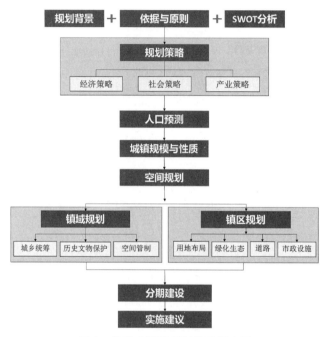

图 2 传统小城镇规划体系示意图

与传统小城镇规划体系相比，土地流转视角下的特色小镇规划更强调对于自身资源优势和产业特色的分析。以自身禀赋为基础，结合相关规划，确定目标定位和功能定位。针对发展中将会出现的核心问题，提出针对性策略。重点研究产业发展，对全镇产业发展进行合理预测，根据村镇环境容量、资源条件预测工业发展的规模，进而确定农村集体建设用地的使用量，结合农业生产特性，适度进行流转。随着土地流转的深入，农业产业链将不断加深延长，使得加工业和产业物流业蓬勃发展，进而带动第三产业发展，村镇的产业由原先单一的农业逐渐转变为多元化产业结构。并利用相应的土地调整手段，对镇域范围内的建设用地和非建设用地提出规划控制。

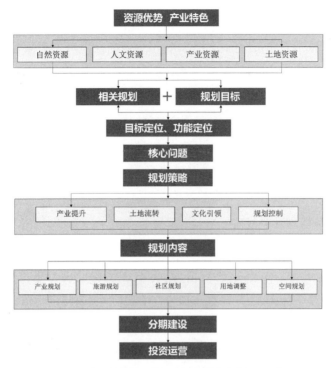

图 3　土地流转视角下的特色小镇规划体系示意图

新的编制体系将小城镇作为一个整体进行统筹研究,不再人为地区分出镇区和镇域。空间规划不再占有绝对重要的位置,而是作为一种手段,为村镇多元化发展提供相应保障。

4　案例实证——宁河区苗庄镇"特色小镇"总体发展战略研究

4.1　规划源起

2016 年,三部委联合发出《关于开展特色小城镇培育工作的通知》,到 2020 年,培育 1 000 个左右各具特色、富有活力的特色小镇,引领带动全国小城镇建设[2]。苗庄镇被确定为天津市 17 个市级特色小镇之一,未来应结合自身优势,推动传统产业改造升级,打造创业创新平台,发展新经济,建设富有内涵的农业特色小镇。

4.2 现状分析

苗庄镇位于天津市宁河区东部,处于宁河向北发展的重要通道上,距区政府约 10 千米,距滨海机场 50 千米,距天津市区 60 千米。地处蓟运河、还乡河及津塘运河三河交汇处,河岸植被种类丰富,自然景观得天独厚。镇域内农业资源和土地资源丰富,大面积的自然耕地、林地创造了良好的生态环境。但镇域内土地集约度差,村庄布局松散,各村庄建设用地发展出现连续扩张的现象。土地闲置严重,农村耕地弃荒、宅基地闲置,严重制约了农村产业用地规模经营优势的形成和发挥。

4.3 规划目标与发展战略

4.3.1 规划目标

以蓟运河为基础,利用已有资源,将苗庄镇建设成天津市独具特色的"健康养老、娱乐休闲、农产品加工研发"为一体的农业特色小镇,为京津冀地区广大市民提供良好的休闲空间。利用其土地资源优势,加强城乡资源交流,促进土地流转,提高农民的收入,实现建设"田园苗庄,安静小镇"的目标。

4.3.2 发展策略

(1)延续定位,凝练小镇特色

延续《天津市宁河县城乡总体规划(2008—2020 年)》对于苗庄发展为"以商业旅游业为主的一般镇,重点发展观光农业和温泉旅游"的定位,以自身农业优势为基础,融入绿色生态与智慧互联理念,结合现代"互联网+""旅游+""智慧+"等创新要素,确定小镇未来的发展特色与定位。

(2)人口集中,土地集约

打破"村界",在镇域范围内进行城乡土地资源的统筹,通过集约利用促进土地由"外延扩张"向"内涵式"发展转变。通过土地流转和土地置换,将零碎的建设用地成片集聚,合理统筹规划建设用地指标,为村镇企业提供完整的用地。结合科学技术,实现传统农业向现代农业的转变。原农业人口经过培训成为绿领,提升劳动力价值,通过科技化操作和精细化耕作创造更多的农业成果,提高收入。

(3)产业升级,错位竞争

利用自身农业、土地、生态、人文等资源,结合现代创新要素,通过高新技术和信息化来改造提升传统产业,支持鼓励企业加强科技创新体系建设,鼓励支持企业开发和引进新技术、新产品。改变生产效率低下的传统农业,应用科学技术,改进生产要素配置,提高生产效率。将种植养殖业、农业物流业、养老产业与旅游产业作为主导产业和特色产业,与周边乡镇实现联动,错位竞争,形成比较优势。

4.4　产业布局

在原有传统优势产业的基础上,逐步弱化第二产业,在镇内形成以第一产业为主、第三产业为辅的产业结构,规划形成以现代农业、健康养老产业、生态旅游产业和运动康体为支撑的主导产业。将全镇看作一个整体,将四大产业进行全域布局,添加生态旅游节点,结合滨河岸线空间、景观自行车道对各节点进行串联,形成"点—线—面"布局的产业空间体系(图4)。四大产业在纵向上形成闭环(图5),将传统农业改造作为出发点,升级成为以种

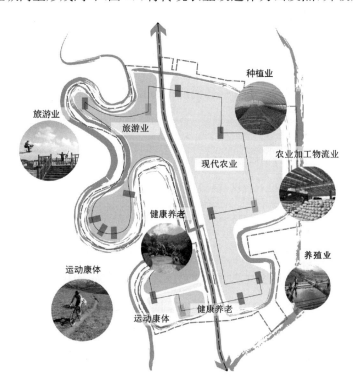

图4　产业全域布局示意图

图片来源:《苗庄镇"特色小镇"发展战略规划》

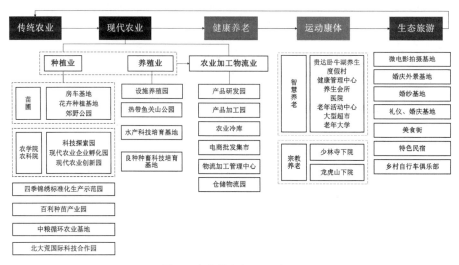

图 5　产业纵向闭环示意图

图片来源:《苗庄镇"特色小镇"发展战略规划》

植业、养殖业、农业加工物流业为主的现代农业,其产品对健康养老、生态旅游和运动康体产业形成支撑,从而将现代农业产品导入市场,产业链终端也可以通过市场流通再对传统农业进行新一轮升级。五大产业在纵向上将产业链做长、做粗,加速市场流转;在横向上做精做细,结合"互联网+""旅游+"和"智慧+",建立运营管理平台,促进产业导向由生产型向消费型转变。

4.5　镇域土地流转机制

4.5.1　农用地流转机制

以现状农用地使用模式为基础,结合村民意愿,规划形成四种流转模式。

(1)种植大户带动模式

一家一户的种植模式不但成本高,而且效果较差。因此,扶持种植大户发展设施农业,鼓励土地大面积种植,鼓励乡镇零散土地向种植大户集中,对于扩大生产、实现规模经济具有重要意义。小规模零散农户与大型农户签订租赁合同,通过流转将原本一家一户的土地集中起来进行规模经营,鼓励专业大户等经营主体之间开展合作与联合,政府在土地利用、税收和农业开发项目等方面给予扶持,改善投资环境,实现竞合发展。

（2）村集体带动

村集体对全村土地集中流转，可以通过租赁、代管等形式与龙头企业和种植大户进行对接。村民通过入股将土地转移到村集体，传统农民逐渐转变为现代"绿领"，目前，村集体带动的模式在苗庄镇现已形成一定优势，苗枣庄村对村域东南农用地进行集中，对流转的土地自主经营。县财政出资引进百利种苗项目，在资金、技术以及政策上对农户进行支持，这一措施不仅提高了土地利用率和生产效益，还极大地鼓舞了农户的种植积极性。

（3）特色产业带动模式

以自身特色产业为基础，依托百利种苗、天祥水产养殖以及棉花示范区等重大产业基地，促进土地以代种、托管、租赁等形式流转，通过规模化生产推进农业发展。引导承包户在土地流转中与原基地衔接，建立种植基地和养殖基地，进一步引进四季锦绣标准化生产示范园项目、中粮循环农业基地和高端大棚项目，横向纵向同步推进，形成规模效益。

（4）招商引资带动模式

在产业投资模式的基础上，将已经形成规模的土地进行包装，借鉴工业投资模式进行招商引资，积极吸引有实力的客户进行投资合作。前于飞庄、后刘瘸庄流转的5117亩土地吸引了中粮集团投资建设的循环农业基地；张凤庄和小茹庄的农民与北大荒集团签订了投资协议，建设了集休闲观光农业、创意农业和旅游度假为一体的稻田文化农业创意园。农民通过入股、分红等形式参与进来，紧密地与当地产业连接，形成产业链条，实现农产品增值，让农民共享土地流转的益处。

4.5.2　宅基地流转机制

农村宅基地流转通过新农村建设的相关措施实现。目前，苗庄镇各村居民点较为分散，村内宅基地闲置情况严重，配套设施严重不足，环境较差，且有向"空心村"发展的趋势。根据《宁河县苗庄镇总体规划（2008—2020）》，通过撤村入镇，将各村原有分散的居民点集中布局，建设多层住宅，改善农民的居住环境，将原始的农村宅基地转变为农用地，如农田、果园等地。增加农用地土地面积，让存量土地发挥其经济价值，保障居民收入。

4.5.3 建设用地调整

苗庄镇现状镇域面积为 6 249 公顷,建设用地 559 公顷,人均建设用地 328.8 平方米/人(表3)。全镇耕地面积 3.98 万亩,人均耕地 2.55 亩,高于宁河区人均 2.07 亩水平。

表3 现状镇域建设用地使用情况统计表

代码	用地类型	面积(ha)	比例	人均(㎡/人)
R	居住用地	354	63.3%	208.2
A	公共管理与公共服务用地	37	6.6%	21.8
B	商业服务业设施用地	68	12.2%	40.0
M	工业用地	49	8.8%	28.8
S	道路与交通设施用地	40	7.2%	23.5
U	公用设施用地	11	2.0%	6.5
	总计	559	100.0%	328.8

根据《宁河县苗庄镇总体规划(2008—2020)》,2020 年苗庄镇建设用地 647 公顷,其中镇区建设用地面积 193.72 公顷(表 4),人均建设用地为 258.8 平方米/人,远远超出人均建设用地面积国家标准(105 平方米/人),居住用地比例偏高,公共设施用地比例偏低。

表4 总体规划镇域建设用地使用情况统计表

代码	用地类型	面积(ha)	比例	人均(㎡/人)
R	居住用地	251	39%	100.4
C	公共设施用地	44	7%	17.6
M	生产设施用地	72	11%	28.8
S	道路广场用地	191	30%	76.4
U	工程设施用地	5	1%	2
G	绿地	84	12%	23.6
	总计	647	100%	258.8%

以土地利用规划为基础,结合村镇职能、现有乡镇企业项目及发展定位,对苗庄镇建设用地指标进行调整,确定村镇规模和建设用地规模。并以环境保护为前提,以村民生产生活方便为原则,指导镇区形态建设和空间布

局。减少居住用地供应,将部分指标转移给镇域内旅游业和农业物流业等相关产业用地,确定镇区建设用地 193.7 公顷,建成生活度假区 66.2 公顷和物流产业园 33.9 公顷。调整后镇域建设用地总量为 292.8 公顷,剩余建设用地指标 354.2 公顷(表 5)。未来可通过土地流转吸引企业投资或从区域角度在宁河区其他乡镇进行流转,惠及苗庄镇的同时,实现区域间土地要素的均衡配置。

表 5　调整后镇域建设用地使用情况统计表

序号	名称	建设用地面积(ha)
1	原镇域内建设用地	647
2	镇区建设用地	193.7
3	旅游产业用地	65.2
4	农业物流业用地	33.9
5	调整后镇域内建设用地	292.8
6	剩余建设用地指标	354.2

5　结语

本文从土地流转的视角探索现阶段"特色小镇"规划建设,深入解析了土地流转对特色小镇产业、经济和资源配置的促进作用,提出以全域规划为基础的编制体系。剖析苗庄镇"安静小镇"的规划建设,在天津市总体规划及宁河县总体规划的基础上,确定苗庄镇的空间地位和职能,探讨村镇产业布局与土地利用调整,重点强调规划职能的空间落实,加强村镇内部以及相邻村镇的区域联系,对村镇建设用地进行合理分配,指导其空间规划。积极探索农用地、宅基地和建设用地的土地流转机制,并针对苗庄镇提出种植大户带动、村集体带动、特色产业带动和招商引资带动四种农用地流转模式,为村镇企业投资提供良好的空间环境,使镇域规划能够更好地指导土地流转工作,对于"特色小镇"规划建设具有一定的创新意义。

参考文献

[1] 齐昊聪. 土地流转视角下的镇域规划模式探索[D]. 兰州：兰州大学，2010.

[2] 中华人民共和国住房和城乡建设部，中华人民共和国国家发展和改革委员会，中华人民共和国财政部. 关于开展特色小城镇培育工作的通知. 建村[2016]147号.

[3] 卢吉勇. 农村集体非农建设用地流转创新研究[D]. 南京：南京农业大学，2003.

[4] 胡方芳. 农村集体建设用地流转问题研究[M]. 北京：中国农业科技出版社，2014.

[5] 田静婷. 中国农村集体土地使用权流转机制创新研究[D]. 西安：西北大学，2010.

[6] 姜宛贝，孙丹峰，等. 镇域尺度农村土地承包经营权流转及社会经济驱动因素分析——以北京市昌平区为例[J]. 资源科学，2012，34(9)：1681-1687.

文化变形视角下小城镇的城市设计策略

——以河北省保定市顺平县为例[*]

段 婷 任利剑 运迎霞

（天津大学建筑学院）

【摘要】 小城镇往往因其地域特性孕育着独具地方特色的社会文化，新型城镇化背景下要求小城镇将文化建设贯彻于规划实施中，需要将"虚"体文化转变为"实"体文化，构建小城镇社会文化网络。以尧帝故里、中国桃乡顺平县为例，现状面临文化识别性差、影响力小的窘境。通过文化意象提炼和文化主题演绎的方式提取其"虚"体文化，从道路、边缘、区域、节点和标志五个方面塑造文化感知空间，从景观、城市、建筑三个层次构建"实"体文化网络，以顺平为例对小城镇的社会文化网络构建提供思路借鉴。

【关键词】 文化变形 城市设计 顺平县

文化建设是城市充满活力甚至再生的重要路径，近年来在小城镇的建设中越来越受到重视，每个小城镇都打出了各具特色的文化口号，但在实际发展中，很多小城镇并没有将这些无形的文化体现在城市风貌的建设上，和大城市盲目跟风、邯郸学步，不仅没有突出自己的城市特色，反而造成了千城一面的窘境。新型城镇化等政策的出台，要求小城镇的规划建设望见山看得见水记得住乡愁，保护和传承城市文脉，以求城市建设"喜新不厌旧"。如何在小城镇的建设中体现文化传承的理念，这就需要

---

* 基金项目：国家科技支撑计划：城镇群高密度空间效能优化关键技术研究（2012BAJ15B03）。

文化"变形"的过程，让文化不再是一种口号，而是小城镇城市生活的组成方式。

1 文化"变形"："虚"体文化转为"实"体文化

1.1 文化"变形"理念

文化变形，即是指"虚体文化"向"实体文化"变形的过程。文化变形的宏观解读，最应该以日本的发展为代表，日本自大化改新起到奈良时代，在各个领域全面模仿唐朝，却没有完全把中国的东西照搬过来，反而形成了自己民族特色的文化。日本在移植中国文化时，和固有文化交织在一起，使中国文化发生变形，产生显著的特殊性，具有较强的独立性，继而丰富和深刻了自身不可替代的民族特性。从微观角度来看，其实很多特色城市局部空间的文化形象的塑造都可以说借用了文化变形的机制，将城市空间进行了从"虚体文化"到"实体文化"的变形。例如北京的798艺术区和广州的红砖厂艺术区，将城市的艺术文化结合城市原有的废弃工厂进行"柔软的变形"，传承了一方的艺术文化，同时进行了创意改革，成为富有艺术和人文精神的新空间场所。

1.2 "虚"体文化与"实"体文化

"虚"体文化便是指无具体的物质形态且不体现在城市空间中的隐性要素，包含着政治、历史、经济、社会心理等多方面的表现形式；而"实"体文化则指切实存在于城市整体风貌、城市空间格局、城市场所、城市建筑、城市活动中有物质承载的显性要素，直观上表现为城市实体和城市空间。比如最为常见的传统商业街的改造案例，将当地的历史文化特色体现在空间尺度、布局模式、材料色彩等方面的商业街实体环境中，使得城市内在的"虚"体文化得到变形转为显性的"实"体文化。

1.3 "虚"体文化转向"实"体文化的必要性

城市面貌是否传承了文脉完全取决于人们对实体景观的视觉感受和知觉记忆。根据心理学家的研究结果，人们对实体环境产生的心理形象如标志物、节点、场所等,通常都会与具有重要历史意义的建筑紧密的结合起来。例如西方城市的教堂往往是这个城市的标志物,并以此为城市中心,形成了市民重要的活动场所。城市的文化内涵也就是"虚"体文化,只有成为物质实体和具体的空间形态,即"实"体文化,才能被人认知体验,最后形成人们对城市的心理形象,完成对城市文化认同感的建立。

2   顺平县发展中的文化建设现状评述

顺平县位于河北省保定市西郊,县域人口 30 万左右,城镇化水平27.72%,是一个有着突出地域文化特色的小城镇。位于京、津、石、保经济圈核心地带,交通区位优越,具有国家级、省市级文物保护单位多处,历史文化悠久,但在现状发展中,顺平的文化特色并未成为显性的"实"体文化。

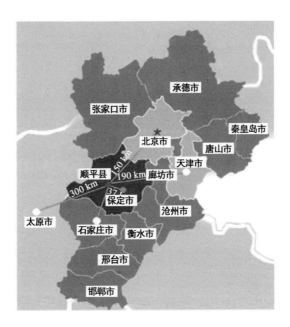

图1   顺平县在京津冀中的区位

图片来源:作者改绘

图 2　顺平县多样的文化特色

图片来源:项目成果

2.1　现状特点:历史渊源久远,地域性强

2.1.1　尧文化

　　顺平县迄今已有4000多年的历史,据《史记》《大清一统志》等其他古书记载,上古时期的五帝之一尧帝就诞生于顺平县的伊祁山。顺平县境内现存有伊祁山上的尧母洞、尧母泉、尧母峰,山下的"龙母潭",有尧帝祭天的坛山,有尧城、大王子城(古城墙)等。

2.1.2　桃文化

　　顺平县桃树种植面积达14万亩,有"中国桃乡"的美誉,至今已成功举办了十五届桃花节,伊祁山景区被国家旅游局确定为首批"全国农业旅游示范点""顺平万顷桃源农庄民俗文化园"。

2.1.3　山水文化

　　顺平县处于太行山东麓,山地、丘陵占3/5,两面环山,一水穿城,城区山环水绕,自然环境得天独厚,有著名的伊祁山景区和龙潭湖景区。

图3　顺平的万顷桃园

图片来源:项目成果

图4　顺平的山川和水田

图片来源:项目成果

2.1.4　历史及特色文化

顺平县拥有国家重点文物保护单位1处,省级重点文物保护单位2处,市级非物质文化遗产名录1项,还有地平跷、孙氏太极拳等特色文化。

2.2　存在问题:可识别性较差,影响力度较小

目前顺平县的区域影响力较弱,三产比重仅占24.4%。顺平县独特的地域性文化特色对内并未明显带动经济发展,顺平县现阶段仍属于"全国扶贫开发重点县";对外影响力还很小,并未形成广泛的认同感,也缺少文化的实体形式使城市充满活力。

2.3　问题缘由:与规划实施相结合较弱

在顺平县中心城区的北部和西部两面环山,环城水系贯穿城区,形成了

优良的城市山水景观。但是良好的山水环境对城区的渗透效果不明显,城市空间与周边山水缺乏空间上的联系。此外城区总体空间控制无序,城区面貌平淡不能突出各类文化特色,街道功能均等同质缺乏特色,公共空间设置较少,建筑肌理偏向单一化;缺乏绿地等开放的城市廊道;环城水系的水质污染严重;缺乏滨水开放文化空间等问题,都导致特色山水景观、地域人文景观等文化未有效融入城市建设中,城区的空间品质未建立在文脉基础上,既不能体现尊重自然传承文化的理念,又不能满足以人为本,建设宜居城市的居民基本诉求。

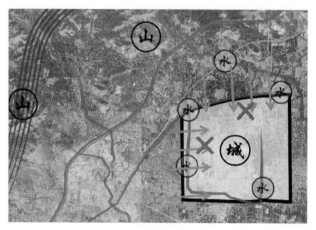

图 5　中心城区与周边山水关系

图片来源:项目成果

3　文化"变形"在顺平县重点地段城市设计中的运用

基于顺平县深厚的文化底蕴,将文化"变形"理论运用到顺平县的重点地段的城市设计中,主要采取以下三个方面的策略。

3.1　提炼和演绎顺平文化特色,构建文化网络

3.1.1　城市文化意象提炼

首先对顺平县的文化意象进行提炼,并结合各文化的色彩形象特征将其归纳为五大颜色文化,如表 1 所示。

表1　顺平县文化意象的提炼情况

文化类型	代表颜色	文化溯源	提炼形式	物质载体	活动支撑
尧文化	紫色	史书记载	间接	伊祁山、唐尧文化园、商业街区	文化节、商业活动
桃文化	粉色	土壤情怀	直接	桃花、桃树、桃子	桃花节、桃采摘销售
绿色文化	绿色	自然本底	直接	视廊、绿道、城市景观	体验、观赏
太极文化	白色	人文流传	间接	太极公园	体验、太极大赛
水文化	蓝色	水义资源	直接	环城水系、演水空间	滨水活动、观赏

3.1.2　城市文化主题演绎

　　根据历史的民间娱乐活动来实现城市文化主题的演绎,例如南京的秦淮灯会、广州荔湾老城的花市,这种传统的文化主题活动一方面将极大地丰富城市文化生活,另一方面将给城市的发展注入鲜活的生命力。将顺平文化演绎为城市五大主题,通过丰富多彩的城市活动,支撑各文化主题在城市空间中的落位、被认知和被体验。比如将尧文化演绎为历史记忆主题,通过唐尧文化公园与传统商业街等活动空间来深化尧文化主题;将桃文化演绎为桃主题,春天打造桃花节赏桃花,夏天在桃树公园里嬉笑游乐,秋天桃采摘、桃展销,冬天酿制桃花酒等,形成一个完整的桃文化主题的营销时间链。

图6　顺平的五大文化主题

图片来源:项目成果

3.1.3 构建城市设计中的文化网络体系

按照城市意象的五要素来构建城市设计中点线面的文化网络体系。

（1）道路

道路直接形成了城市格局，在使用者的视线推移中展现城市风貌，体验着城市环境，对城市形态给予连续性的认识。

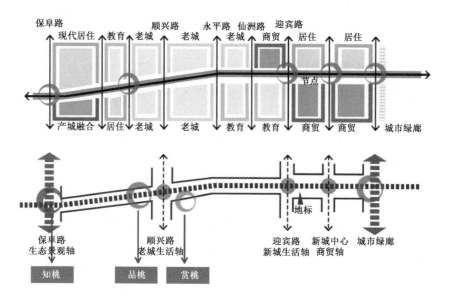

图7 桃源大街的城市设计分析

重新梳理路网结构，在城市门户位置、中心位置结合城市文化特色设计桃文化特色街、尧文化特色街、生态文化特色街、老城文化特色街道。以桃文化主题的街道街桃源大街为例：桃源大街位于顺平中心城区的门户位置，设计目标为桃文化展示一条街，将"知桃—品桃—赏桃"空间相串联。"知桃"通过桃文化主题公园、地标雕塑、桃树等元素建立顺平的桃文化特色认知平台；"品桃"通过桃源大街与各道路交叉口的桃文化街角公园营造顺平的桃文化空间；"赏桃"通过商业、销售和服务中心展示顺平的桃文化产品。同时控制街道界面，留出看桃山的视线通廊，直接的展示顺平的桃文化。此外，设置桃源大街的街道小品设计，以桃花为主题，结合桃源大街用地性质、景观特色和人行活动，确立包括公共厕所、街道座椅、路灯、垃圾桶、公交车站等的选址与具体形态意向。

图8 桃源大街的城市设计平面图

电话亭　　　垃圾桶　　　公交站牌　　　公共厕所　　　　　座椅

图9 桃源大街的街道小品的设计意向

（2）边缘

边缘是线性要素，是指两个不同区域之间的界限，如河岸、路缘、城墙等，边缘的限定加深了人们对城市特色区域的认知和意象的建立。

顺平县的总体城市设计中，也注重了边缘的特色化、精细化设计。比如对桃源大街的街道界面进行色彩控制，以暖色调为主，分为暖黄色系、粉红色系，以充分反映桃源大街居住类、商业类建筑的特征。其中，居住建筑以暖黄色为主，沉稳的暖色为点缀色；商业建筑以粉红色为主，浅灰色、棕红色为点缀色；其他公共建筑为淡灰色系。

（3）区域

区域是面性要素，体验者进入一个较大的面积，从内部来认识区域本身，通常是城市形象的主要构成要素。例如北京菊儿胡同、上海石库门里弄、广州上下九西关、天津五大道租界区等都由于整个片区本身的尺度、形式、色彩等鲜明的特点成为了城市重要的文化符号。

在顺平县重点地段城市设计中将老城区截取一个区域片段设计为尧文化风貌展示区，片区主要功能为商业休闲服务，基于南部的自然水系设计一

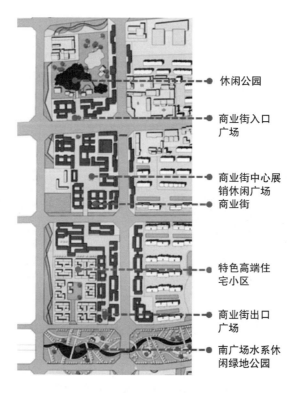

休闲公园

商业街入口
广场

商业街中心展
销休闲广场
商业街

特色高端住
宅小区

商业街出口
广场

南广场水系休
闲绿地公园

图 10　尧文化风貌片区的城市设计平面图

条休闲绿带,依托于特色商业街打造一块传统风貌特色的高档住宅小区,该
区域内的建筑以现代化传统式风格为主,体现尧帝故里的特色。片区内的
建筑色彩控制为淡雅的浅色调,传统风貌建筑以白色为主色调,红色为点缀
色;公共建筑以淡灰色为主色调,深灰色、蓝灰色为点缀色。

（4）节点

节点是点状要素,是具有重要意义的焦点,包含各种连接点、汇聚点、小
广场,甚至是中心区,可供体验者驻足停留,观察和认识城市。

顺平县的城市设计中结合生态自然景观和人文景观分别设置了七节河
南关桥景观节点以及承载了木兰故事的新城节点。以七节河南关桥节点为
例:本节点布置以水系绿地景观为主要特色的城市生活休闲游憩中心绿地,
服务于地块北端的传统商业街以及周边居住区的人群,未来可形成老城的
康体游憩核心。

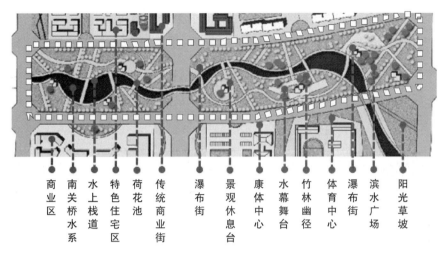

商业区 | 南关桥水系 | 水上栈道 | 特色住宅区 | 荷花池 | 传统商业街 | 瀑布街 | 景观休息台 | 康体中心 | 水幕舞台 | 竹林幽径 | 体育中心 | 瀑布街 | 滨水广场 | 阳光草坡

图 11　体现顺平山水文化的七节河节点城市设计平面图和效果图

（5）标志

标志通常为一个构筑物，常作为一个参考点出现在城市形象中，往往成为城市鲜明的识别符号，而标志性建筑则可以更直接的体现地区文化，成为城市的象征性文化符号。

顺平县的重点地段城市设计中，在门户处、老城中心和新城都建有标志性构筑物以及建筑物。以桃源大街门户位置为例，设置桃文化主题公园，在通往万顷桃林的必经之路上设置桃文化地标性雕塑、种植桃树，形成桃文化宣传平台。

3.2　顺平县的文化"变形"过程

顺平县重点地段城市设计经历了从"虚"体文化到"实"体文化的变形过

程,"虚"体文化被承载于顺平县的城市风貌、城市空间、城市建筑、城市活动中,转变为可感知的"实"体文化,使顺平县的文化具有更为显著的特殊性和更强的独立性、不可替代性。

3.2.1　提取顺平县的"虚"体文化与"实"体文化

顺平县的"虚"体文化便是指记载在史书里的尧帝历史文化、未融入城市生活体验的山水文化、禁锢一方未能走出广阔市场的桃种植文化等。

而"实"体文化则指如望山看水的视线通廊和城市天际线、古文化街的城市肌理保护和体现传统文化特色的多业态开发、以历史故事为基础的城市标志物和以各类文化为主题营造的集聚人们行为活动的城市公共空间,等等。

3.2.2　顺平县"虚"体文化转向"实"体文化的方式

为了做到顺平县城市文脉的延续,需要在不破坏现存的文化意象形式(唐尧文化园、环城山水、万顷桃源等)的基础上,将"虚"体文化投射到"实"体文化的形式中,建立更多的特色文化符号,唤起人们对顺平县文化的认同。

在顺平县的城市设计中,"虚"到"实"的转换体现在景观、城市、建筑三个层面。

(1)景观层次:将顺平县城区的总体设计与周边的自然环境相结合,设定规划目标为彰显文化特色的生态宜居新城。在景观层面建立城市的空间视廊体系、营造城市的绿地景观系统、控制城市的水岸景观系统,把从前未考虑的山水和绿色生态文化融入城市设计中,并落实到实体空间的尺度和绿化控制中。

(2)城市层次:营造城市的特色风貌区,打造城市公共空间系统,控制城市建筑高度序列,将虚体的山水文化和历史文化结合风貌区、公共空间和高度控制被实体承载和体验感知。

(3)建筑层次:确立城市的地标系统,控制城市的天际线和建设强度,在顺平县总体设计中分别在老城和新城建立城市地标,老城地标位于顺兴路传统商业街,展现顺平民俗文化和历史文化的创意商业空间,并保留顺兴路的牌楼,提升顺平老城的可识别性;新城则将历史故事木兰替父从军的典故

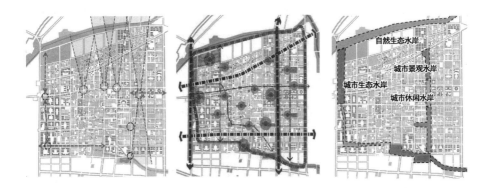

图12 体顺平县城市总体设计视廊分析图、绿地景观系统分析图、水岸控制分析图
图片来源：顺平县中心城区总体设计项目成果

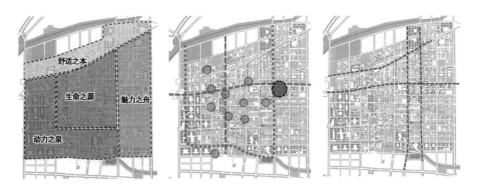

图13 体顺平县城市总体设计特色风貌图、公共空间分析图、高度控制分析图
图片来源：顺平县中心城区总体设计项目成果

融入标志性建筑木兰剧院等新城的公共建筑建设中，做到传统与现代的结合，不仅让新城地标从视觉上有所直接的实体感知，也被内在的"虚体"文化象征所支撑成为新城的重要城市文化意象。

总的来说，通过宏观到微观的这三个层次的城市文化网络的构建，落实到城市空间的塑造上，将这些非物质形态的"虚"体文化切实的转变形成城市可被认知的"实"体文化，营造城市魅力，积极促进城市的文化建设。

3.3 保持文化的可持续性，坚持文化的创新性

在顺平县中心城区的设计更新过程中，不在于追求大拆大建，目的是强

调城市的动态发展,保持特色文化的可持续性,使其像生物有机体随着时间的推移可以不断吸收新的内容,成为创新性的文化。从文化意象提炼和文化主题演绎两个角度来阐明文化的可持续性和创新性,将顺平县传统的文化内涵或直接或间接地提炼成鲜明的文化符号,赋予活动和承载物质,即塑造为城市意象,体现文化的可持续性;同时将文化主题的演绎赋予不同的主题色和支撑活动,则是文化创新性的体现。

4 结语

在顺平县的总体城市设计中,基于文化"变形"的理论,通过景观、城市、建筑三个层次,提炼出城市文化意象来演绎城市文化主题,构建包含城市意象五要素的城市文化网络体系,进一步将"虚"体文化有效的转为"实"体文化,实现点、线、面一系列可被认知的城市意象,传承和创新了顺平的文化特色,提升顺平的整体城市形象。

伊里尔·沙里宁说:"让我看看你的城市,我就能说出城市的居民在文化上追求什么。"这说明城市风貌与文化是相辅相成的,只有"虚"体文化向"实"体文化进行有效"变形",文化建设在城市设计中才能得到体现,最后确保城市文化的可感知和可延续。

参 考 文 献

[1] 方创琳. 中国城市化进程亚健康的反思与警示[J]. 现代城市研究,2011(8):5-11.

[2] 齐放. 文脉要素在城市规划中的应用研究[D]. 长沙:中南大学,2011.

[3] 吴云鹏. 论城市文脉的传承[J]. 现代城市研究,2007(9):67-73.

[4] 华芳,石拓. 文脉传承视角下的小城镇改造规划研究——以浙江仙居横溪镇为例[C]//2013 中国城市规划学会,2013.

特色导向下雄安新区温泉小镇空间营造初探

齐静宜

（中国城市发展研究院）

【摘要】 当前特色小镇建设如火如荼，富有特色的空间环境可以极大提升小镇的活力、魅力和人气；传统小镇规划对风貌考虑不足、不重特色，故特色小镇规划应注重传承和发展文化，注重打造有特色的人居环境，不能千镇一面。本文选取高标准定位的雄安新区为特定区域，以其内"中国温泉之乡"雄县的特色温泉小镇建设为例，基于特色导向，在文化传承和产业创新的空间需求下，以"高标准形象定位差异化策略、组团式特色风貌空间主题化策略和花园式特色景观空间宜居化策略"三大创新路径为实践积累，深入剖析了特色小镇在特色空间营造方面的规划策略。

【关键词】 特色导向 雄安新区 特色小镇 空间营造

1 研究背景

当前特色小镇作为统筹城乡联动发展、引领产业转型升级的创新探索和重要抓手，获得多部委的强力支持，并对规划方向做出建设引导：特色小镇应具有特色鲜明的产业形态、彰显特色的传统文化、和谐宜居的美丽环境、便捷完善的服务设施和充满活力的体制机制。其中，富有特色的空间环境可以极大提升小镇的活力、魅力和人气，然而传统小镇规划重视发展空间，但对风貌考虑不足，不重特色。因此，探讨特色需求导向下特色小镇的空间营造显得极为重要。

特色小镇规划既要考虑美、重视风貌,还要考虑特色;既要考虑空间的精准,又要注重美的营造;既要注重传承和发展文化,又要注重打造有特色的人居环境,不能千镇一面。通过特色风貌空间营造,以体现更高层次的追求。

2017年4月,中共中央、国务院决定设立河北雄安新区,其定位为疏解北京非首都功能集中承载地,重点承接北京疏解出的行政事业单位、总部企业、金融机构、高等院校、科研院所等,坚持世界眼光、国际标准、中国特色、高点定位。因此,探讨雄安新区内特色小镇的空间营造可发挥一定示范带动作用,以更好地服务新区发展。

雄安新区崛起和健康潮流突起为温泉资源显赫的雄县打造特色温泉小镇带来了良好的发展契机。本文选取了紧邻雄安新区核心区的雄县特色温泉小镇,以创新的视角探讨了特色小镇在特色空间营造方面的规划策略。

1.1 有无特色成为评判特色小镇规划好坏的关键

2016年7月,住建部、国家发改委和财政部联合发布《关于开展特色小镇培育工作的通知》,计划到2020年,培育1 000个左右旅游、贸物、教育、制造和科技五大主题特色小镇,同时顺势而为拓展双创、健康和农业三大主题。

特色小镇规划在传统规划基础上更加突出特色创新——文化特色、空间特色、产业特色等以特色为导向的规划。其中,空间特色以文化和产业特色为支撑。

1.2 区位优势成为特色小镇成功与否的重要因素

特色小镇一般位于城镇周边、景区周边、高铁周边及交通轴沿线等适宜集聚产业和人口的地域,相对独立于城市和乡镇建成区中心,原则上布局在城乡结合部。特色小镇的成功,40%因素在于区位。

雄安新区是继深圳经济特区和上海浦东新区之后又一具有全国意义的新区,是重大的历史性战略选择,是千年大计、国家大事。雄县地处雄安新区北部、京津保黄金三角的核心位置,同时处在京津1.5小时和首都二机场1小时交通圈范围内,并有多条区域交通廊道贯穿,成为面向京津主要门户区域和北京至白洋淀休闲旅游带的特色目的地城市(图1)。

1.3 健康休闲与温泉疗养的异军突起

中国已进入休闲旅游时代,追求健康和精神享受逐渐成为休闲度假游

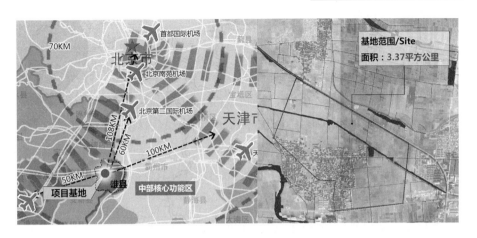

图 1　雄县特色温泉小镇区位与范围图

的主流。健康产业与旅游产业的有机结合,已经成为全球经济发展新的增
长点。温泉度假作为集旅游、休闲、健康于一体的旅游形式,已成为休闲度
假一大热点。

1.4　聚焦雄县特色温泉小镇

雄县地热资源丰富,拥有华北地区最大的地热田;富含优质天然矿泉
水,达到"国家医疗热矿水标准",具有很高医疗价值;并被命名为全国中低
温地热资源综合开发利用示范区。雄县温泉资源在京津冀区域中特色突
出、地位显赫(位列中国第七、京津冀第二)。

雄县特色温泉小镇选址紧邻雄安新区核心区,属于配套服务承接组团
之一。未来随着道路打通,小镇交通地位可获得极大提升,形成北通北京、
东接天津、西联保定、南抵白洋淀的畅通态势。

因此,雄县应顺势而为,突显温泉文化和产业特色,发挥小镇区位优势,
主攻温泉健康和文创旅游方向、延伸创新创业方向,拓展"温泉+"产业链
条,打造雄安新区的特色温泉创意小镇。

2　特色导向下小镇的空间需求

2.1　文化传承的空间需求

特色小镇不仅要有特色还要有文化,文化是特色小镇的灵魂,要建设有

品质、有内涵、有吸引力、让人流连忘返的地方,而不是一个空壳,故挖掘、传承、发展文化变得尤为重要。文化要有历史、有人物、有故事,要鲜活。挖掘和整理后的传统小镇文化要在空间上予以体现,要提供文化场所,要在建筑、雕塑、小品、题匾、园林上予以反映,形成新的小镇特色景观;还要不断结合当前的形势归纳和总结,传承并衍生创新的文化。

2.1.1　深挖独具特色的温泉文化

雄县有着深厚的温泉文化底蕴,担负着发扬中国汤文化振兴的使命,通过对"汤"之史、学、用和道进行深入剖析,全方位解读温泉文化内涵、以期充分挖掘温泉文化产业、实施错位发展,抢占京津冀区域"温泉＋健康产业、文创旅游"的先机。

"汤"之史:中国温泉文化历史悠久、源远流长,文化内涵丰富多彩。中国是温泉利用最早的国家之一,在与中医药文化结合下,衍生出了其特有的温泉文化——洗浴文化、疗养文化、休闲文化和养生保健文化。

"汤"之学:中国温泉文化包罗万象,涵盖百学,在中医药理、文化典籍、民俗民风、养生保健等方面,都有着其独特的丰厚内涵。纵观道、儒、佛、医各哲学流派,温泉养生思想核心是道法自然、和谐平衡、健康养生。

"汤"之用:温泉受众广阔,应用领域大,关联产业众多,行业延展性强。从帝王将相专属的"神水"普及到一般百姓的日常生活之中,其受用人群随着其发展又衍生出了众多新的温泉群体。随着现代健康疗养,生活品质需求的增长,从温泉衍生出的行业越来越多。

"汤"之道:"千年温泉史"、文化"疗养圣地",温泉文化可衍生出"养生之道、健康之道"。中国温泉文化底蕴深厚,在其发展过程中向其他文化借鉴与交融,演绎出独具魅力的温泉多元文化,推动温泉产业进一步延伸与发展。如温泉文化与茶道、酒道、医道、家居养生、节日文化等融合可衍生出"汤"茗文化、"汤"酒文化、"汤"医文化、"汤"居文化和"汤"节文化。

2.1.2　开辟独树一帜的创意文化

雄县除了历史悠久的温泉文化,其古玩雕刻与书画古乐等艺术文化亦特色突出。

古玩艺术:雄县有悠久的民间古玩传统,已初步形成搜集、修复、仿制、销售、收藏一条龙,经营范围发展到铜器、木器、竹器、石器、陶器、书画等,是华北地区仅次于北京、天津的古玩市场。

石雕艺术:2014 年被命为"中国仿古石雕文化之乡",12 人获得省民间工艺美术家和大师称号,现发展到仿古瓷器、木雕、竹雕、角雕、铸铜、古砚等仿古领域,年产值达 3.5 亿元。

黑陶艺术:雄州黑陶属于无釉陶器,于 1986 年创办黑陶厂,具有"质地细腻、古朴典雅、色如黑玉、声如钟磬"的艺术特色,品种达 460 多个,产品享誉海内外。

书画艺术:2008 年被评为"河北省民间文化艺术(书画)之乡",2011 年,昝岗镇被命名为"河北省书画之乡"。民间书画在雄县有着悠久的历史和广泛的群众基础,成立了"雄县耕余书画社""雄县燕南书画院""白洋淀诗书画院"等民间书画组织。

古乐艺术:2010 年雄州古乐列入国家级非物质文化遗产名录。雄县古乐起源于宋元时代,兴盛于明清时期,较完整地保留了传统民族音乐的原有风貌,具有极高的历史价值。

花灯艺术:雄县灯节始于西汉,以示在新的一年里风调雨顺、国泰民安。胜芳花灯多以亭台、禽兽、鱼虫、花卉的题材制作。

因此,一方面应传承非物质文化遗产,培育艺术创新文化与创意文化,另一方面应把文化基因植入产业发展、把文化特色植入空间营造中。

2.2　产业创新的空间需求

传统的小镇规划是留足小镇的发展空间,不以产业为重点;而特色小镇规划要以产业为重点,特别要突出产业选择和产业创新在特色空间的落地和活力彰显,形成不同产业主题的特色空间,多元支撑小镇空间塑造。

2.2.1　融入温泉 5.0 升级趋势、拓展"温泉＋"多产业链条

雄县温泉产业目前多集中在单一产品(泡浴)使用上,对于温泉复合产品的延伸和开发途径缺少涉及,对于温泉一二三产业的联动发展缺少整合。如温泉服务产业以洗浴、餐饮、住宿为主,休闲类、康养类服务设施较少;温泉地产多为主题地产,温泉健康养生养老地产项目较少;新区内以白洋淀旅游为主,温泉旅游项目少且类型不丰富。

　　研究论证目前温泉产业已进入5.0升级趋势,即正向康养保健、休闲旅游阶段迈进,雄县特色温泉小镇应充分发挥温泉产业聚集效应,加强纵横向产业协作,由单一产品向复合产品转型。一方面推动单一模式下的产品升级:明确并突出雄县温泉水成分含量,融合温泉文化之道,对泡浴环境、泡浴方式、泡浴风格和泡浴内容等进行提升,对泡浴功效实施特色化发展路径。另一方面推动复合模式下的产品创新:延伸"温泉＋"产业链条,拉动生态有机农业、智慧健康产业和文化创意旅游发展,促进一二三产业融合,突出小镇产业"特而强",凝聚特色温泉创意小镇的产业吸引力。首先定位生态主调,促进健康创意景观与温泉能源的深度融合,如"温泉＋生态休闲景观"模式;其次突出创意主题,实现健康创意产业集聚,以产业支撑旅游,如"温泉＋健康创意产业"模式;再者,深挖文化内涵,把温泉文化优势转化为温泉健康产业优势,如"温泉＋文旅产业"模式(图2)。

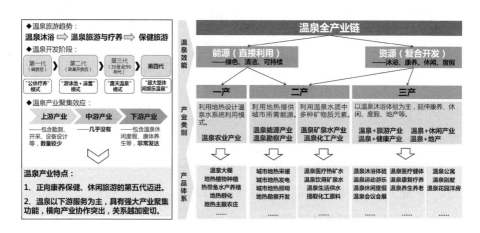

图2　特色温泉小镇全产业链条分析图

2.2.2　多项目支撑、联动化发展的产业空间落位

　　结合客源需求和特色温泉创意小镇的总体定位,形成"温泉健康"和"创意智慧"两大主题,主推温泉休闲、康复养生、健康养老、艺术创意、文创智慧和生态配套六大产业类别;进而推演出温泉休闲体验区、健康养生养老区、智慧创新创意区、生活配套服务区和生态绿色景观区五大空间分区,从而促进温泉一二三产业创新在空间营造中的特色体现(图3)。

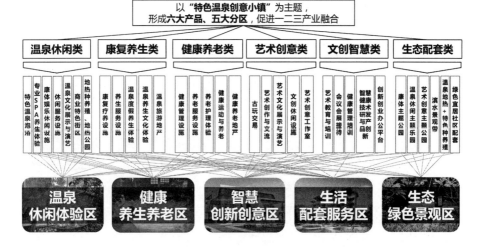

图3　特色温泉小镇项目策划与产业功能分区图

2.3　配套高端化的空间需求

特色温泉小镇应实施高标准配套服务支撑，一方面其被"一个首都、三大国际化"包围，即基地位于雄县国际温泉城内、北侧为白沟国际小商品城、南侧接壤白洋淀国际旅游度假区、西侧紧邻雄安新区核心区，小镇空间定位应走国际化、高端化发展路径；另一方面，特色小镇同时作为雄安新区疏解京津转移人口的配套组团，因此其配套服务空间定位亦应采用与北京同城化的建设标准。

3　小镇特色空间营造的创新策略

3.1　高标准形象定位差异化策略

雄县特色温泉创意小镇总体定位为"中国北方——特色温泉小镇、京津冀——宜居创意绿城、环白洋淀——高端服务中心"，形象定位为"温泉创意城、健康宜居岛"，以期通过温泉体验、提供一站式健康服务，通过文创平台、引领双创驱动发展，通过健康生活、助推全产业链条转型升级，通过生态宜居、融合多景观特色塑造。

3.2 组团式特色风貌空间主题化策略

为充分凸显温泉休闲特色、温泉养生养老和医养特色、温泉生态特色、文创艺术特色、双创智慧特色等,小镇采用组团形态进行不同主题特色空间的设定,形成八大组团空间相得益彰,各组团在空间要素梳理、空间结构和特色风貌塑造上均与自身主题设定相符(图4)。

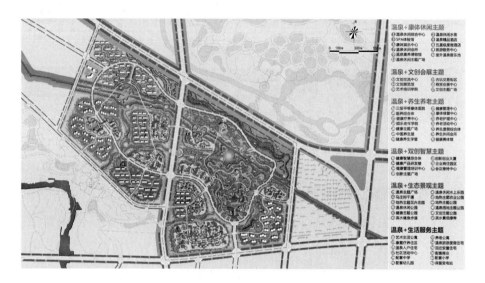

图4　特色温泉小镇总体空间设计图

温泉休闲组团空间:以突出温泉文化休闲特色为核心,规划形成"两街三中心五园","两街"即汤泉文化体验街和温泉康体风情街,沿街底层以温泉文化体验商业功能为主;"三中心"即温泉文化休闲中心、温泉康体娱乐中心和温泉景观度假中心;"五园"即围绕温泉文化与休闲打造五个公园。在特色风貌构建上,将汤泉休闲文化进行要素提炼与景观融合;建筑采用半围合形态,既营造院落主题又对话自然环境;建筑与小品风格采用新中式,色彩与装饰以典雅、沉稳为主调;景观环境充分融合"汤茗文化、汤酒文化、汤居文化"等,打造温泉文化休闲的典范。

文创艺术组团空间:以突出艺术创意文化传承特色为核心,挖掘并放大本地"古玩雕刻与书画古乐"的特色创意文化,并形成特色产业链条,旨在传承与发扬本地创意文化,对游客和艺术创意爱好者、艺术大师构成独特吸引力,提升旅游品质。规划形成"一街区一学院","一街区"即文创风情街区,汇集古玩交易、文创交流与会展;"一学院"即艺术交流学院,集聚艺术创作、艺术培训与展览。在特色风貌构建上,将本地艺术创意文化进行要素提取和景观融合,建筑风格应融合雄县地域创意文化并彰显艺术气息,建筑造型追求精细化设计和"艺术韵味"。

双创智慧组团空间:以突出创新创意特色为核心,围绕健康智慧产业方向,提供双创平台,集聚健康管理与培训、健康智慧研发、双创企业孵化、温泉产品研发与制造等功能,以产业支撑旅游。规划形成"一街一园","一街"即双创荟萃街,集聚健康智慧企业与人群;"一园"即企业孵化园,以街区式办公为主。在特色风貌构建上,采用庭院式企业公园模式规划建筑,园区环境优美,有助于激发创新思维,建筑风格以现代简约为主。

温泉医养组团空间:以突出温泉医养特色为核心,结合温泉在康复疗养方面特性,形成集健康疗养、医养综合、健康管理、康体修复于一体的特色产业链条。规划形成"一园",即规划以建筑围合院落式组织空间,既形成对外服务界面又避免内部环境干扰,塑造医养特色组团。在特色风貌构建上,医养建筑群应统一建筑风格与样式,色彩、装饰和景观应选取有益于康体修复与健康疗养的较为明快的暖色系,并应与周边环境协调。

温泉养生组团空间:以突出温泉养生特色为核心,充分发挥温泉养生特性,成为由中低端观光游向高端度假游转型的重要组成部分,也是温泉小镇特色产业之一。规划形成"一核",即以养生度假、养生休闲、健康养生学、中医养生、健康美体等集聚形成的特色温泉养生产业核。在特色风貌构建上,养生建筑群以开放式、生长式形态建造,周边养生度假住宅以簇群式掩埋在绿色景观中,看去如春笋般从树林花团中生长而出,同时加入一些禅意,营造一种清幽的氛围。建筑风格以中式、新中式为主,色彩以淡雅、通透为主。

温泉养老组团空间:以突出温泉养老特色为核心,以多样化的养老产品和服务应对不同人群的生活需求(如独居老人、托管养老和全龄家庭等),打造可以终生居住的人生之家,提供完善的各年龄段养老服务和居住类型。在特色风貌构建上,选取适老建筑风格和色彩,营造幽居、舒适的景观环境;提供丰富的养老景观环境,打造中老年人休闲养生的健康场所、寓教于乐的高品质养生乐园。

3.3 花园式特色景观空间宜居化策略

以温泉文化为魂，以水绿为底，以彰显滨水生态特色构建小镇整体基底，贯彻"尊重自然"与"可持续发展"思想，以生态涵养小镇功能。绿地与景观设计不仅体现温泉休闲度假区绿化环境空间的丰富多样和鲜明的层次，还强调建筑与环境、环境与人生活的协调。一方面营造出绿色宜居、环境优美的生态休闲环境；另一方面可提升规划地块内部和周边价值，活跃产业经济发展，以其带来的正外部性吸引旅游人口集聚，通过实现景城交融，实现共同发展。

规划从人类"公共活动-私密活动"不同等级的活动特征进行分析，提取"水-绿-花-泉"景观要素，构建"园-林-院-池"的景观层次，通过采用"带状绿脉＋环状绿廊＋院落绿地"的三级布局方式，形成"点、线、面"相结合的绿地系统。具体景观空间结构上，采用绿"心"点缀、绿"廊"贯穿、绿"带"交融、绿"网"相生的策略，以马庄排干渠滨水绿道为核心并将景观沿水道渗透到组团内部，其次在组团空间间隙之中通过布置组团间核心绿道、主题公园、森林绿地、休闲农园等，打造特色景观空间体系(图5)。

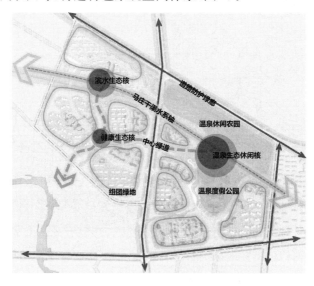

图5　特色温泉小镇绿地景观结构图

其中,滨水生态绿道以突出滨水生态特色为核心,对马庄排干渠水岸进行生态景观改造,通过达到景城交融,实现共同发展。滨水岸道采用分区段特色化发展模式:温泉休闲水岸毗邻特色温泉休闲的滨水界面,融入温泉文化与特色休闲,打造温泉与光、水之间的和谐互动,展现出亲水、时尚的休闲主题水岸;健康休闲水岸依托养生养老片区拓展养生与水绿交融的天人合一理念,打造身体、心灵、环境三位一体的立体养生产品,塑造绿色健康的健康主题水岸;温泉生态水岸作为温泉生态的滨水休闲窗口,组织丰富多彩的休闲环境,融情于景,形成温泉文化、景观之间光晕悦动的生态主题水岸;滨水生态水岸以维护生态自然,纯真之美出发,展现沿水绿心,步移景异,体现人与自然和谐互动、水空间特有的优美生态,打造生态与美的主题水岸。

另外,在景观绿化氛围营造方面,温泉康体休闲主题空间多选用枫香、五角枫等彩叶型中、大型乔木,搭配小叶黄杨、圆柏剪形等常绿小乔木、灌木、绿篱,并在细处雕饰草花,以打造舒适、浓郁的温泉休闲主题;健康养生养老主题空间多采用玉兰、紫藤等以赏花为主的时序植物,配以大叶黄杨、女贞、寿星桃等常绿或寓意美好的植物,以期凸显健康、长寿的疗养环境;文创艺术主题空间多选用银杏、罗汉松等小乔木,配以风华月季、玉簪等灌木、草花、绿篱剪形等,以创造独特、清新的文创氛围;创意办公主题空间多利用桧柏、圆柏等常绿乔木,以及银杏、樱花等观赏植物,镶嵌毛竹、女贞、绣线菊等灌木、草花,以营造自然、简洁的办公环境。

4 结语

雄安新区崛起为京津冀乃至全国带来全新发展机遇,作为新区内独具温泉文化特色和温泉产业特色的雄县,应积极利用当前新型城镇化重要抓手即特色小镇的建设契机,谋求全新的小镇特色空间创新路径,以期为特色小镇空间建设提供借鉴。

参考文献

[1] 尹怡诚,张敏建,陈晓明,等.安化县冷市镇特色小镇城市设计鉴析[J].规划师,2017,23(1):134-141

[2] 汤培源,周彧庞,海峰蒋,等."五特":特色小镇的特色营造[C]//2016 中国城市规划年会.2016.

[3] 汤海孺.空间的创新与创新的空间——浙江特色小镇的背景与生成机理[C]//2016 中国城市规划年会.2016.

出行特征导向的小城镇宜人交通空间优化研究*

夏晶晶　　王余瑾　　张晓巍

（城镇规划设计研究院有限责任公司）

【摘要】　本文通过小城镇居民出行特征的调查与分析，基于出行特征探讨小城镇人性化交通发展的现状与问题，并从宏观、中观、微观三个层面提出了小城镇人性化交通空间的优化对策。

【关键词】　出行特征　小城镇　人性化　交通空间

近年来小城镇建设成为各行业关注的焦点，2016 年住建部牵头组织开展特色小镇培育工作，更是掀起了一轮又一轮小城镇规划与建设热潮。在建设热潮的冲击中，越来越多的人也陷入思考，究竟要怎样建设小城镇？究竟要建设成什么样的小城镇？

顾名思义，小城镇区别于城市和农村，同时又兼具二者的特点，小城镇建设的目标既要具备城市完善的基础设施建设，又要兼顾农村和谐的生态环境基底。由此可见基础设施建设是小城镇发展的必要环节，是人们在小城镇安居乐业的基本条件，更是国家开展"小城镇，大战略"建设工作的重要抓手。

交通设施建设是小城镇生产生活各项活动开展的基础。随着近年来各大城市广泛开展绿道建设、万人骑行活动，以及公共自行车和共享单车的盛行，步行和自行车交通受到越来越多的关注。人性化交通的重要性凸显。

小城镇正处于交通机动化快速发展的阶段，交通问题往往过多关注机

---

* 数据来源：住房城乡建设部全国小城镇详细调查。项目：全国小城镇详细调查与组织研究。

动车交通而忽略了非机动车。为了了解小城镇居民交通出行特征,精确制定小城镇交通发展策略,在 2016 年住建部村镇司组织开展的全国小城镇调研工作中,对小城镇居民出行特征、小城镇道路交通状况进行了调查。本文将基于此次调研数据,从小城镇居民出行特征入手分析小城镇交通现状特点,探讨人性化交通空间的重要性及优化策略。

1 已有研究的综述

1.1 小城镇相关概念界定

城镇一般指有一定数量的非农业人口聚居的、有相当规模工业和服务业聚集的地区,相对于广大的农村地区而言,它是区域政治、经济、文化、科技和信息的中心。我国城镇系统由特大城市—大城市—中等城市—小城市—县城—(乡)镇组成(表 1)。本文讨论的小城镇是指建制镇级别的居民聚集区。

表 1 我国城镇规模等级分级情况

城市	特大城市	大城市	中等城市	小城市	县城	(乡)镇
人口/万人	>500	100~500	50~100	20~50	6~20	2~6

小城镇所辖区域内的道路,按照主要功能和使用特点分为公路和城镇道路两大类。公路是连接城镇与乡村、城镇与城镇、城镇与城市之间的道路,本文不做研究。本文研究的是小城镇镇区内部的道路。城镇道路联系着城镇中的各个组成部分,可分为主干路、次干路、支路、巷路四级。

1.2 国内研究现状

国内对于小城镇交通的相关研究主要集中在两个方面:一是对小城镇交通现状问题及规划策略的探讨;二是对交通出行调查的研究。

对于小城镇交通现状问题及规划策略的研究,主要通过分析小城镇的几个重要特征,即社会经济水平、土地利用特征、居民出行特征、公交需求特征和供给特征,采集小城镇的交通特征指标,重点关注小城镇公交线网规划优化(江新凯,杨晓光,2014);另有研究以某镇为例分析城镇的发展模式和出行特征,建立了路网级配结构合理性判定模型,进而对路网级配结构提出相应的调整建议(马健霄,2008);还有研究以某镇为例,针对珠江三角洲地区小城镇共性的交通问题,从社会经济状况、居民出行特性、道路交通流特征等方面展开分析,提出了相应的对策(顾政华,2004)。

对于小城镇交通出行调查的研究,已有研究从出行次数、出行时间、出行目的和方式、高峰小时等方面分析小城镇的居民出行特征,并进行总结,用于引导小城镇建设(赵慧,严凌,2012);另有研究分析了小城镇居民的出行特征和未来小城镇出行方式结构的构成趋势,提出了小城镇发展的新模式,即均衡发展的模式(董菁菁,等,2013);还有研究以某小城镇为例,对小城镇居民出行特征进行分析,并探讨了未来交通发展的初步策略(许源,2015)。

1.3　小结

目前对于小城镇交通的研究主要集中在路网结构优化和交通出行特征方面。其中道路网优化研究主要运用指标定量分析建立相关模型,提出优化建议;或者从经济社会发展的各个方面进行定性分析小城镇现有交通问题,提出交通优化策略,但结论主要关注道路网络、交通发展策略等方面,对于小城镇人性化交通空间的关注普遍较少。

在小城镇交通出行特征研究方面,往往以某个城镇为例进行研究,调研样本存在一定局限性,不能概况说明全国小城镇居民出行的普遍特征。

2　研究样本及数据调查

2.1　调查样本的选取

本次调研涵盖了全国 31 个省、自治区、直辖市。住建部村镇司在全国范围内随机抽样了 121 个镇进行实地详细调查。此次调查样本覆盖较广,本文选取研究对象为小城镇镇区居民,即实际生活在镇区的居民。

2.2　数据获取与调查内容

每个镇抽样 120 户家庭进行入户详细调查,共调查了 12 000 多户小城镇家庭,采用调查问卷的形式回收有效数据。

在此次调查中小城镇交通方面的调查内容为被调查者的日常出行特征，包括出行方式、出行时间、出行目的、出行频率等，以及小城镇交通空间特征，包括道路宽度、路网密度、主干路间距等。

3 小城镇居民出行特征

3.1 出行方式

小城镇居民出行方式由于出行目的的不同有所差异，但出行方式的占比仍然呈现一定的规律。普遍来看，小城镇居民出行以步行为主，约一半的出行依靠步行；其次，自行车、电动自行车和摩托车出行也普遍较多；公交车和小汽车出行方式占比相对较少。

总体上看，小城镇居民出行方式以慢行交通为主，另外，电动自行车和摩托车等小型交通工具也是小城镇居民的首选出行方式。以上慢行或微型机动车出行方式占比约 75%（图 1）。

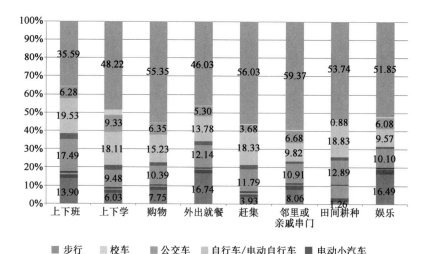

图 1 小城镇居民各类活动交通出行方式

小城镇居民家庭拥有的交通工具类型也间接反映了人们的出行方式。本次调查显示小城镇居民 36% 的家庭拥有自行车，占比最多；其次是摩托车和电动自行车,各占 24%。小城镇居民拥有这三类交通工具的家庭占比达到 84%(图 2)。

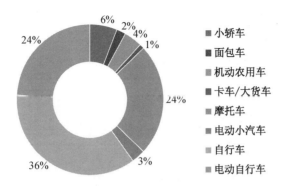

图 2 小城镇居民家庭拥有交通工具情况

3.2 出行目的

本次调研小城镇居民出行目的包括去县城和去市区两个层面。小城镇居民去县城和市区的主要出行目的包括工作、购物娱乐、送货进货、会亲访友、就医看病、接送孩子和办事等。本次调查发现购物娱乐是小城镇居民去县城区最主要的出行目的,占比 28%;其次是会亲访友,占比 21%;此外,看病就医和办事(审批等)占比都达到 15% 以上(图 3)。小城镇居民去县城和去市区的出行目的占比分布基本一致(图 4)。由此可见,县市级的公共服务中心满足了小城镇居民在购物娱乐、医疗、教育这三方面的公共服务设施需求,同时也表明加强小城镇与县市城区的交通联系十分必要。

图 3 小城镇居民去县城主要目的   图 4 小城镇居民去市区主要目的

3.3 出行频率

出行频率反映单位时间内出行次数、出行便捷程度以及交通活力。本次调研由于涵盖的内容较多,对于出行频率只采用简单的问卷调查的方式,调查了小城镇居民去县城和市区的出行频率。调查结果显示,镇区居民去县城的频率以一个月至半年一次为主(图5),去市区的频率主要集中在半年以上(图6)。由此可见,受到距离、公共服务需求以及交通便利程度的影响,相较于市区而言小城镇居民与县城的交通联系更为密切。

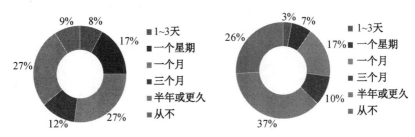

图5　小城镇居民去县城的频率　　　　图6　小城镇居民去市区的频率

3.4　出行时间

单次出行时间是反映出行便利程度的一个重要因素。本次调研发现小城镇居民各类活动的出行时间以10分钟以内为主,90%的出行集中在30分钟以内(图7)。这与小城镇居民大部分采用慢行交通方式出行相吻合。另外,很多小城镇镇区各类公共服务设施用地与商业用地集中在居住区周围(图8),所以小城镇与城市居民的出行时间相比普遍较短。

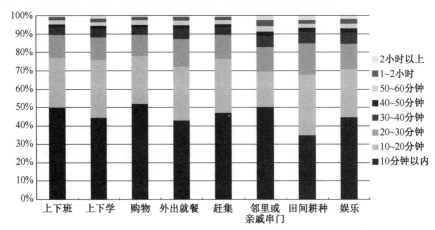

图7　小城镇居民各类活动的出行时间

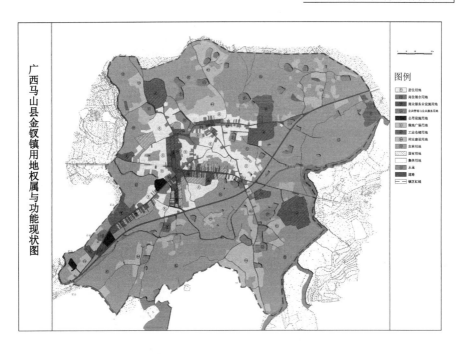

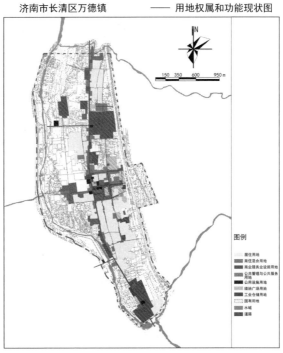

图8　本次调研小城镇用地情况举例

4 小城镇人性化交通发展的现状与问题

4.1 慢行交通占有较大出行比例

步行和自行车是小城镇居民出行的主要方式。特别是在镇区内部,由于镇区用地规模较小、用地功能布局也较为集中,比较适合步行或自行车短距离出行。所以小城镇较大的慢行出行比例给人性化的交通空间提出了更高的要求。面对大城市交通发展重点逐渐由机动车交通转向慢行交通发展的新形势,小城镇应该及早做好发展慢行交通的准备,利用现状小城镇居民普遍选择步行和自行车出行的基础,更好地建设人性化的交通空间。

4.2 固定思维模式下的路权分配

在小城镇的交通规划与管理中,管理者往往仍然固守传统的以机动车为主的交通发展思路。"贪大求快"是不少地区交通发展追求的目标,在这一指导思想下,"大路网、宽马路、快车速"成了很多城镇发展的样板。受到一些大城市机动车占主导的出行结构的影响,很多小城镇的管理者也固守陈规的认为现阶段是机动车发展的快速时期,步行和自行车交通仍然处于附属地位。表现在道路断面上,很多地方的道路由多条机动车道构成,而留给步行和自行车道的宽度很少,还有一些道路只区分上下行车方向而不设置机动车与非机动车的分隔,机动车优先分配道路空间,步行和自行车需求往往被忽略。

4.3 高度混合的交通空间功能

小城镇道路分级较少,交通性与生活性道路分工不明确。这就造成了多种车辆与行人混行,而不同出行方式之间速度差异较大,威胁交通安全。此外,小城镇由于用地规模和人口规模的限制,商业和公共服务设施的等级较低,覆盖半径比较小,进而造成用地功能比较混合,具体表现为商业或公共服务用地一般集中在居住区周围,特别是小型商业一般是沿街布置的。小城镇一般只有一条或几条干路,而较多的公共服务功能用地都集中在有限的几条干路的交通空间周围,这就造成了交通空间功能的多样化。既要满足行人和车辆的通行需求,又要提供人们购物、上学、办事等多种功能的混合空间。在功能如此高度混合的交通空间里,为了使行人与机动车合理分配道路空间,并使各类活动有序进行,设计更加人性化的交通空间显得十分必要。

4.4 既有设计标准盲区

目前小城镇交通设计主要参照的相关规范包括《镇规划标准》(GB 50188—2007),《城市道路交通规划设计规范》(GB 50220—95)。《镇规划标准》中对镇域交通系统的道路分级、道路宽度、行车速度、人行道宽度等内容提出了规划设计指标(表2),但没有涉及道路断面、人行设施等具体方面,对人性化交通空间关注不够;《城市道路规划设计标准》(GB 50220—95)中对城市道路级别与宽度有明确要求,并对自行车道的宽度、速度、间距以及自行车道道路设施有着较明确的要求(表3),但《城市道路规划设计标准》是基于城市大规模的车流与人流量进行考虑的,在尺度和细节等方面不能满足小城镇的特殊要求。

表2 《镇规划标准》中镇区道路规划技术指标

规划技术指标	道路级别			
	主干路	干路	支路	巷路
计算行车速度(km/h)	40	30	20	—
道路红线宽度(m)	24~36	16~24	10~14	—
车行道宽度(m)	14~24	10~14	6~7	3.5
每册人行道宽度(m)	4~6	3~5	0~3	0
道路间距(m)	≥500	250~500	120~300	60~150

表3 《镇规划标准》中镇区道路系统组成

规划规模分级	道路级别			
	主干路	干路	支路	巷路
特大、大型	●	●	●	●
中型	○	●	●	●
小型	—	○	●	●

注:●——表中应设的级别;○——可设的级别。

5 小城镇人性化的交通空间优化

小城镇居民广泛依赖慢行和小型机动车出行的特征十分明显。小城镇管理者固守以机动车为本的道路建设的陈旧观念。目前小城镇街巷空间设计规范过于粗糙,细节设计无章可循。基于上述分析,小城镇交通空间人性化设计显得十分必要。本文将从宏观、中观、微观层面对小城镇人性化交通空间设计进行论述。

5.1 宏观层面:构建系统的人性化交通网络

小城镇以往道路网规划都按照干路、支路、巷路对道路网分级设置,设置的依据主要为道路功能、宽度及车行速度。本文倡导将步行和自行车步道系统独立于机动车道路系统进行考虑,同时在道路断面形式、交叉口处理、公交站台设置等方面与机动车道统筹考虑。步行和自行车道分级不应与机动车道等级(干路、支路等)进行关联,而应该依据步行和自行车交通需求特征和功能来确定级别。例如,某一支路两侧的步行和自行车道可能比干路两侧的级别更高,因此支路上的非机动车道宽度更大(图9)。

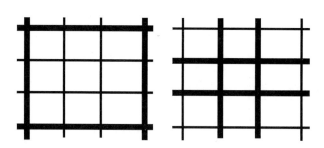

图 9 机动车道干路与支路设置示意(左)、非机动车道干路与支路设置示意(右)

5.2 中观层面:合理设计道路断面

调查发现,现状小城镇道路断面主要为一块板的机非混行道路断面,不仅存在交通安全隐患,在人性化设计方面更是考虑欠佳。笔者建议从以下几个方面改进道路断面设计。

(1)适当加宽主要非机动车道宽度。在步行和自行车流量较大的路段增加非机动车道宽度,给行人提供舒适的道路空间,保障行人交通安全。

(2)干路实行机动车道与非机动车道分隔设置,支路实行机动车道与非机动车道分色设置,明确标示各类车辆与行人的路权分配。在道路宽度足够的情况下提倡机动车与非机动车道分隔设置,分隔带包括绿色植物、围栏、分隔桩等(图10)。在道路宽度不足或者支路的情况下,提倡机动车与非机动车分色设置,通过路面颜色的明显不同提示行人的路权范围,同时也提示机动车注意步行和骑行者(图11)。

图10 机动车道与非机动车道分隔设置 **图11 机动车道与非机动车道分色设置**

5.3 微观层面:改造人性化街巷空间

(1)减小道路交叉口的转弯半径,降低车速,保障行人安全。在以机动车主导的道路设计中,交叉口设计往往留有足够大的转弯半径来保证机动车转弯通过的速度,但较高速的机动车对行人的安全造成威胁。在小城镇中步行或骑行较多的道路特别是低等级的生活性道路,减小转弯半径能够有效地避免车速过快带来的安全隐患,并且缩短了人行横道过街带的距离,便于行人过街(图12)。

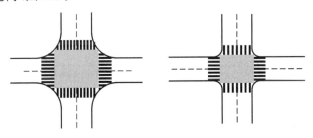

图12 交叉口路缘石转弯半径减小前后对比示意图

（2）营造建筑与街道之间的灰色空间，打造人性化街道。街道的舒适度很大程度取决于人们使用街道进行各类活动的便利程度。很多小城镇街道空间杂乱，临街的建筑并不能与街道本身建立起协调的空间关系。笔者提倡在生活性街道，通过建筑雨棚、门廊、橱窗、路灯、座椅等多种设施建立建筑与街道之间的灰色空间，使建筑面向街道，同时使街道融入建筑（图 13）。

图 13　营造丰富的街道空间

（3）合理设置各类交通设施，营造有序交通空间。有序的交通空间体现在很多设计细节，其中各类交通设施的设置既要满足技术要求，也要满足人性化出行的需求，包括公交站台位置、停车空间设计、过街设施设计等等。在小城镇发展过程中，从粗犷型到精细型的发展将会越来越多的注重设计细节，交通设施从功能性到舒适性是小城镇建设发展的必经之路。

6　结语

随着我国城镇化进程的发展，小城镇交通空间的规划将逐渐转变以机动车为核心的交通发展理念。人性化的交通不仅在大城市，而且在小城镇都将成为提高出行舒适度的重要方面。

打造小城镇人性化的交通空间，需要以人为本的考虑交通出行问题。一方面要求管理者转化思维，重视步行和自行车交通；另一方面需要专业人员从技术领域对行人的需求进行调查分析，从需求出发，在细节层面改善出行环境。

参 考 文 献

[1] 黄建中,吴萌.特大城市老年人出行特征及相关因素分析——以上海市中心城为例[J].城市规划学刊,2015(2):93-101.

[2] 戴继峰.人性化的城市交通空间规划设计实践[J].城市规划,2016(10):74-80.

[3] 许源.小城镇居民出行分析及交通发展策略研究——以海丰县城为例[J].黑龙江交通科技,2015(6):157-158.

[4] 赵慧,严凌.小城镇居民出行特征分析——以浙江平阳县水头镇为例[J].交通规划,2012(7):9-12.

"蔓藤城市"理念下小城镇新区规划路径

——以山东省诸城市南湖新区规划设计为例*

段　婷　运迎霞

（天津大学建筑学院）

【摘要】　新型城镇化背景下对小城镇的发展提出了新的发展要求。小城镇的发展经历着空间形态从单中心向多中心、功能结构从生产型向服务型、产业门类从传统产业向新兴产业发展和转变的趋势。以山东龙城诸城市为例，基于诸城的区域产业同构特征，分析政策推动、区域格局重组和生态优势等发展机遇对诸城新区发展的启示，建设为服务于潍坊、日照、青岛的后花园。借鉴"蔓藤城市"理念，结合案例进一步思考诸城南湖新区规划需要以生态优先为原则进行功能重构。最后提出诸城南湖新区规划设计的三个路径：性质定位层面以服务为主，打造特色小镇；功能层面融入区域生产网络，大力发展服务业，突出交通区位带来的门户性功能，实现生产型社会向发展型社会的转变；空间结构层面打造组团＋绿廊的生态布局结构和三级文化旅游网络。以"蔓藤城市"理念为出发点，为新形势下小城镇的规划设计提供思路借鉴。

【关键词】　小城镇　"蔓藤城市"　生产型　服务型　生态优先

＊　基金项目：国家科技支撑计划：城镇群高密度空间效优化关键技术研究(2012BAJ15B03)。

1 引言

近年来我国的城镇化脚步在快速推进中,小城镇成为推动城乡协调发展的关键环节和前沿阵地,是新型城镇化过程中城乡一体化发展的攻坚堡垒。各地纷纷在新型城镇化的背景下高度重视小城镇的发展。在小城镇建设的过程中,经历了盲目跟风求大求快、只顾眼前忽略长远、农业转移人口规模大但是市民化程度低等的误区,逐渐认识到集约、智能、绿色、低碳是小城镇未来发展的重要特征。将小城镇的发展融入优良的自然本底特色,采用风景性和田园性兼得的可持续增长模式是一种新的趋势,如何适应小城镇的自身发展需求,需要更进一步的思考和探索。

2 "蔓藤城市"理念及适用性

2.1 "蔓藤城市"理念缘起及内涵

"蔓藤城市"理念源于中国工程院院士、中国建筑设计院有限公司名誉院长兼总建筑师崔愷的一次规划实践。2017 年 1 月 13 日,崔愷在由贵州省黔西南州义龙新区管委会、天津大学建筑学院举办的楼纳国际建筑峰会上,将这一理念提出并引起了学界的共鸣。

"蔓藤城市"是一种最大限度地保护自然和田园环境的有机生长规划模式。这个新的规划理念由崔愷于 2015 年在贵州省黔西南州设计的万峰林现代服务业开发区提出和应用。崔愷指出,"蔓藤城市"强调的是人与自然共生的生态格局,让城市融入大自然,而不是吞噬自然。在城市设计上,应将外围山体当作城区的背景,以广阔的农田作为城市景观,让农田成为都市的花园、都市成为农田的客厅,同时把田园作为基地将一个个叶片式组团镶嵌其上,比如将每个村落保留成一片叶子,就地、成组团的、紧凑的进行安置,避免了整体搬迁和集中安置,保留了原有村落的肌理。此外,道路采用自由布局,自由地划分为六大城市功能区,每个叶片都有相对独立和完整的功能,实现生态、产业、和功能的融合,构建"山、水、城、景、田"五位一体的格局。它强调城市的发展过程犹如植物蔓延生长一样呈现出蔓藤似的空间特征,根植于当地生态环境、传承乡土文化、延续空间肌理,探索一种新型营造城市的模式,提供一种新的规划方法和路径(图1)。

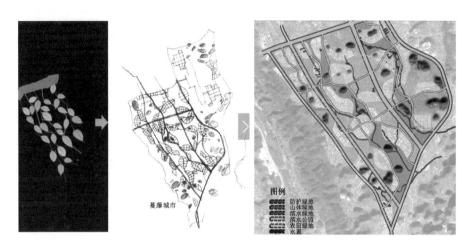

图1　蔓藤城市理念及万峰林现代服务业开发区规划设计实践概念总平面

图片来源:360doc.com/content

2.2 "蔓藤城市"理念的评价及适用范围

中国工程院院士、东南大学教授王建国认为,"蔓藤城市"是灵活、富有弹性、因地制宜、顺势而为的,是生活、生产、生态并重、亦城亦乡的,发展过程是适度开放的、多元的、多方结合的渐进过程。"蔓藤城市"的规划能够包容过去没有反馈调解机制的规划建设过程中出现的问题,也提供了试错、纠错和完善的机会。

中国城市规划设计研究院原院长、教授级高级城市规划师李晓江认为,"蔓藤城市"提供了一个很好的城市功能和新型城市培育的理念,是实现就地城镇化、就地非农化或就地现代化,让乡村渐近地成长为城市的有效途径。

中国城市规划设计研究院副总规划师朱荣远认为,"蔓藤城市"是一种十分适宜小城市(镇)空间生长、时间逻辑的模式。

总而言之,"蔓藤城市"理念主要适用于目前大量的小城镇发展,也适合大中城市的边缘地区的规划,以及适用于超大城市的疏解和双修规划中。

3 小城镇规划发展的新趋势——以服务型小镇融入城市群发展

在新型城镇化时期,伴随着区域发展战略的深入实施,面临城镇化、信息化、工业化、农业现代化等"新"的冲击,新的增长动力正在大力培育中,小城镇逐渐融入城市群的发展,其规划发生着质的变化,具体体现在城镇性质定位、空间形态、产业结构等方面。

3.1 空间形态由单中心向多中心发展

传统的"单中心"城镇空间规划模式往往容易出现投资大,短期建设速度难以跟进的问题,在目前区域发展呈现空间结构网络化的演化特征下,小城镇作为缩小区域差异的关键路径和基本单元,需要转向多中心的城镇空间组织模式,分担产业、生活等不同的城镇功能,拉开城镇发展框架,保证城镇优良的生态基底。

3.2 功能结构由生产型向服务型发展

现代社会的小城镇功能在国家政策要求和经济社会快速发展的背景下,经历了商品流通(1949—1953年)—服务于重工业(1953—1978年)—乡镇企业带领的农村城镇化(1979—1992年)—农村区域发展引领区(1993—1999年)—新型城镇化时期与城市协调发展的重要平台(2000—2013年)—服务功能的回归(2014年—至今)的演变历程。这个发展过程日益凸显了小城镇成为连接城乡纽带的重要作用,体现着集聚人口和商品流动的功能。小城镇不断适应城市群的发展,或成为大城市的卫星城、服务于城市功能疏解,或依托自身特色发展为特色小镇及区域内的公共服务中心。总而言之,小城镇正在逐步实现功能结构由"生产型"向"服务型"的转变。

3.3 产业类型由传统产业向新兴产业发展

在《国家新型城镇化规划(2014—2020年)》中提出,小城镇的发展要和大城市功能疏解协同,保护生态基底,成为改善城市生态环境的生态缓冲地带,构建特色鲜明的产业体系,淘汰落后产业,积极发展战略性新兴产业。

2016 年在《关于开展特色小镇培育工作的通知》中也明确提出,小城镇需要找准自身特色挖掘区域产业特色,以产业为核心来建设。其对产业的要求是可形成比较优势和产业集聚的产业类型,那么这类产业就必须是区别于单一性的传统产业,是能够带领小镇发展、涵盖生产、生态、生活为一体,并产生源源不断动力的新兴产业。

4 诸城市新区的发展基础和机遇

4.1 诸城市南湖新区发展概况

4.1.1 诸城市城镇化的概况:传统制造业为支柱产业,区域产业同构

诸城市位于山东半岛东南部,隶属于潍坊市的县级市,北距济青高速公路和胶济公路 50 公里,南至日照港 80 公里,东离青岛港 100 公里,位于青岛、潍坊、日照的区域发展格局中(图 2)。

图 2 诸城市的位置及区域发展格局

图片来源:项目图

234

诸城市市域规划区总面积 219.46 平方公里,中心城区面积 56 平方公里,市域总人口 108 万人,中心城区人口 27.2 万人。诸城市是全国百强县,截至 2014 年底,GDP 在山东省排名为第 17 名,属于全省中上游,是潍坊市的东部发展门户。

诸城市产业结构方面,一产、二产比重偏高,三产服务业偏低,是典型的以制造业为产业带动的产业结构特征,形成了汽车、食品、服装纺织、整备制造四大支柱产业,这一特征和邻近的高密市、胶州市等山东省百强县相同,不能形成错位竞争态势,不能在区域大中城市的发展中发挥小城镇的功能互补作用(表 1)。

表 1 诸城市与山东省邻近百强县的产业结构对比(2016 年)

地区	产业结构	主导产业	百强县排名(全国)		
			2016 年	2015 年	2014 年
诸城市	8.09：50.81：41.10	汽车、食品、服装纺织、整备制造	68	27	30
高密市	8.21：50.43：41.36	机械电子、服装纺织、食品、化工建材	98	66	68
胶州市	5.4：52.8：41.8	食品、电子制造、服装制造、厨具制造、水产品加工、精细化工	21	19	19

资料来源:作者依据中国统计信息网整理

4.1.2 诸城市城镇空间发展格局:重视特色小镇和生态小镇构建

诸城市目前围绕中心城区形成了"1+3"的空间发展格局,1 个中心城区,以及散落在中心城区外围的 3 个街道驻地区(图 3)。其中沿中心城区的对外交通走廊分散扩展形成工业区,工业区缺乏控制引导,产业空间低效蔓延。城区中心不明显,缺乏优质的公共服务配套设施,城区居住生活环境有待改善(图 4)。在新一轮的总体规划中,提出了"1313"的城镇体系发展格局,即 1 个城市主中心,3 个城市副中心,10 个特色小镇和 30 个生态小镇,强调要营造生态网络,强化内部核心,增强轴线功能和提升滨水活力。

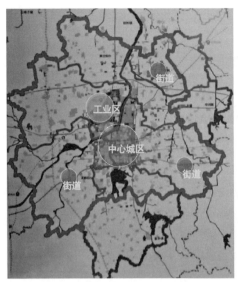

图 3 诸城市发展格局示意图

图片来源:基于项目图册作者自绘

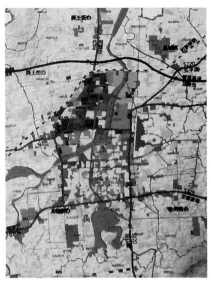

图 4 诸城市中心城区土地利用现状图

图片来源:项目图册

4.1.3 诸城市南湖新区背景概况

（1）上位规划引导

诸城市南湖片区未被划进中心城区总规编制中,周边围绕有中心城区（主中心）、街道（副中心）、高新技术产业区、恐龙文化旅游区,在南湖概念性规划中定位为可体现山环水抱的生态经济区,充分挖掘文化及产业优势,成为现代服务业和高等旅游风景区功能板块。

（2）生态条件优渥

诸城市南湖新区位于中心城区南部,享有"诸城前花园"美誉,北距城区10公里,南临常山风景区,面积62.5平方公里,耕地面积3.5万亩,拥有万亩茶园,拥有环湖、环山两个生态圈,生态优势得天独厚。区内有1座大型水库,2座中型水库,7条河流,南部有常山风景区和恐龙遗址公园,是山东省环保模范城市,全国首批绿色能源示范县、全国城市环境综合整治优秀城市,林木覆盖率达到33.5%,是山东省2012年唯一通过命名的省级生态市,生态条件十分优渥（图5）。

（3）文化资源独特

诸城市是"中国龙城",是中国罕见的恐龙化石宝库,出土了世界上最大的鸭嘴恐龙化石,2012 年建成山东诸城恐龙国家地质公园,内有大型恐龙群墓地"恐龙涧",有十分重要的科考价值,并获批省级旅游度假区。诸城市文化底蕴浓厚,诸冯村是上古名君舜帝的出生地,马庄乡是孔子弟子公冶长的出生地,盛产文人,是《金石录》的赵明诚、《清明上河图》的张择端、现代诗人臧克家、《南渡北归》的岳南等众多文人的故乡,此外北宋文人苏轼曾在诸州任太守,在诸城著有《江城子·密州出猎》《水调歌头》等经久传唱的诗词。诸城派古琴入选联合国教科文组织"人类非物质文化遗产代表作名录",这些独

图 5　诸城市南湖新区的位置

图片来源:项目图册

一无二的文化资源为文化产业的发展奠定了坚实基础。

(4)交通条件良好

诸城市南湖新区围绕中心城区南部,以诸城市南环路为北边界,西环路为西边界,串联城区外围生态旅游片区的旅游路从基地南部经过,规划区对外交通条件良好,龙都街道将北部的中心城区主干道南延至南部的常山风景区旅游路,串联起城区行政中心、恐龙公园、南湖、常山等主要通道,与城区规划协调统筹,资源共享。胶新铁路和青兰高速公路过境市内,是连接山东半岛与内陆的重要交通枢纽,与潍坊、日照、青岛可形成一小时经济圈。良好的区位优势为南湖新融入山东蓝色半岛的区域经济、服务于潍坊日照青岛经济区提供了较为便捷的条件(图 6、图 7)。

4.2　诸城市南湖新区的发展机遇

4.2.1　政策推动——蓝色经济区/新型城镇化/特色小城镇

2011 年国务院正式批复《山东半岛蓝色经济区发展规划》,要求统筹海陆区域发展,加速区域一体化发展进程。诸城是山东半岛蓝色经济区建设的重要内容,需要抓住机遇,充分发挥自身优势,实行跨区域经济合作。

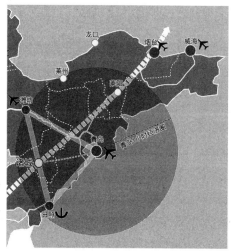
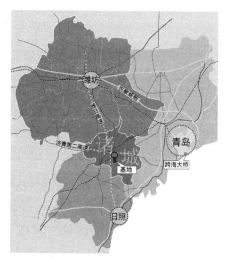

图 6 诸城市在青潍日的交通区位
图片来源:项目图册

图 7 诸城市南湖新区对外交通条件
图片来源:项目图册

2014 年中共中央、国务院印发了《国家新型城镇化规划(2014—2020年)》,要求有重点地发展小城镇,处于大城市服务范围之内的小城镇日益成为大城市的卫星城,相对独立的小城镇依托自身特色发展成为商贸、旅游等特色小城镇。

2016 年住房城乡建设部、国家发展改革委员会、财政部联合发布《关于开展特色小镇培育工作的通知》,明确提出到 2020 年,全国将培育 1 000 个左右各具特色、富有活力的休闲旅游、商贸物流、现代制造、教育科技、传统文化、美丽宜居等特色小镇。"特色小镇"要求以产业为核心,以项目为载体,生产、生活、生态互相融合,具有可持续的发展动力。

山东半岛蓝色经济区上升为国家战略,新型城镇化是我国未来经济发展的主要动力,特色小镇的建设是我国小城镇未来一段时间内发展的主要目标,这些政策导向都为诸城市南湖新区的发展提供了有力的政策红利。

4.2.2 区域格局——潍日城际铁路规划带来的交通区位优势

国家层面,东部沿海地区仍然是我国重点发展地区;山东省层面,"一群一圈一区一带"的新型城镇化格局初步形成,《山东省城镇体系规划(2011—2030 年)》提出济淄泰莱(济南—淄博—泰安—莱芜)、烟威(烟台—威海)、青潍日(青岛—潍坊—日照)、东滨(东营—滨州)、济邹曲嘉(济宁—邹城—曲阜—嘉祥)等五大城镇族群,并且在山东省主体功能区内将诸城列为国家级重点开发区域。青潍日层面,青潍的战略合作全面展开,旅游休闲时代的到来,将迎来来自青岛的大规模游客。

目前诸城已经融入青潍日、山东省、国家层面的空间结构重组中。基于城市规模和交通可达性进行省域影响力研究,诸城市全市几乎全部位于青岛的城市腹地范围内。伴随着潍日城际铁路的开通和在诸城的设站,诸城市未来将不断加强参与区域合作,呈现明显的区域一体化特征(图8)。

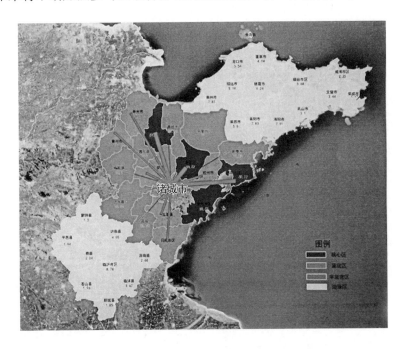

图8　诸城市在青潍日区域格局中的联系强度

图片来源:项目图册

4.2.3　生态优势——以优秀的生态基底互补城市功能

目前小城镇在生态旅游、农产品商品化的作用不断显现,随着城市发展中的大城市病愈发严重,生态环境的逐渐恶化,小城镇需要适应新型城镇化的发展需要,以自身的生态环境优势化解大城市病,服务于区域一体化发展,与城市功能互补,顺应城镇化发展的新趋势。诸城市南湖新区具有优良的生态基底,旅游资源丰富,区别于中心城区的低效蔓延的城市化,优美城市空间品质的缺失,新区应依托于基地的山水田资源,充分发挥生态优势,构建面向大中城市和诸城市区的"后花园"。

4.3 "蔓藤城市"理念下诸城市南湖新区发展的思考

"蔓藤城市"的核心就是保护小城镇的生态性,让生活、生产、生态并重,在这一理念下,对诸城市南湖新区有以下思考。

4.3.1 案例借鉴——以生态优势互补发展三产,重点服务于大城市

（1）海宁与杭州市区

海宁凭借与杭州邻接的优势,推动房地产、旅游业和新兴物流业等的发展,保障了良好的商务环境与生活环境,充分挖掘当地景观特色和人文魅力,打造为人居环境优秀的综合性新城(图9)。

（2）昆山与上海市区

昆山积极融入区域高速公路网,以产业为纽带,依托大浦东国际金融中心和大虹桥国际贸易中心的建设,配套发展现代服务业,互补发展高新技术产业,优化发展特色都市农业(图10)。

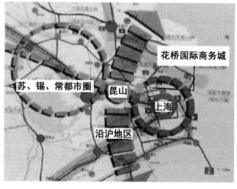

图9　海宁与杭州关系图
图片来源:项目图册

图10　昆山与上海关系图
图片来源:项目图册

4.3.2 生态优先

诸城市南湖新区以生态优先为原则,结合社区聚集融合和村庄整治,结合南部的常山风景区建设和西南部的恐龙休闲旅游度假区建设,形成具有

特色,集文化、餐饮、娱乐、休闲、康体为一体的高级商务旅游休闲度假生活区。

4.3.3 功能重构

需要重新定位诸城市南湖新区职能,储备功能能级,避免与周边城镇高密、胶州等百强县出现功能冲突现象,与青潍日经济区域的功能空间结构相协调。科学规划建设商务金融、高端居住、休闲度假、创新科技、企业孵化、物流会展、生态农业等现代服务业。

5 "蔓藤城市"理念下诸城市新区规划路径

5.1 性质定位层面

5.1.1 服务于青日潍大中城市群的"后花园"

从区域层面来看,周边县市的产业结构甚至主导产业比较趋同,区域产业同构现象明显,不适宜诸城市远期的可持续发展。诸城市应抓住南湖新区的建设契机,将目标锁定为服务型小城镇,推动新的增长极的形成,实现区域错位发展目标。

5.1.2 打造诸城市"特色小镇"展示城市形象

从诸城市市域来看,市区缺乏一个能够体现城市形象的核心地区,既没有明显的城市化中心,也没有展现生态特色的旅游区,城区空间品质欠佳,既有城区主要为城中村模式,改造难度大,亟需一个与中心城区紧密联系的新区集中展现诸城特色。将南湖新区定位为诸城市区南部的"特色小镇",利于拓展诸城市的外界形象,同时提升城区居民的居住品质。

5.2 功能策划层面

5.2.1 融入区域生产网络——基于特色资源大力发展服务业

在青潍日区域的生产网络中,青岛、潍坊、日照等大城市位于塔尖,诸城市等小城镇位于塔基。一方面青潍日等大城市的发展离不开诸城市等小城镇的基础性作用,另一方面,南湖新区作为诸城市的"特色小镇"应积极融入青潍日区域生产网络当中去,依托自身特色,通过交通流实现大城市产业外溢的最低成本原则,在疏解大城市的产业发展的基础上,提升服务业比值,服务于大城市的产业发展,为大中企业营造企业接待服务中心,利用不可复制的特色文化和生态资源建成山东省重要的旅游小镇。

5.2.2 突出网络节点的区位优势——借助区位优势发展门户性功能

区域竞争主要体现在节点的竞争,伴随潍日城际铁路的贯通并在诸城市设站点,一小时经济圈的建成,诸城市交通区位大幅提升,重点推进内陆地区经诸城市连接青岛西海岸新区和董家口港的重大基础设施,一些不以消费目的地为指向的产业门类便会倾向于在便捷的网络交通节点上的、生产成本更低的诸城市集聚,借此契机培育发展区域门户性功能,成为青岛西海岸新区连接西部内陆的重要通道门户地区。

5.2.3 承载城镇中心的多元化需求——生产型社会向发展型社会转变

新型城镇化时期的小城镇发展不同于传统小城镇的受城市功能转移扩散的影响,逐步发展成为城市工业新城、农村的居住新区和公共服务供给中心,小城镇从经济结构、就业结构到公共服务配套水平都在向现代化的小城市方向发展,城镇居民消费水平日益增长。在当下"生产型"社会向"发展型"社会转变的趋势下,需要考虑城镇中心的多元化需求,协调和优化生产空间、生活空间和生态空间,保证公共宜居功能的营造,保护生态功能的可持续,重视休闲度假生活方式的功能策划。

5.3 空间结构层面

5.3.1 组团＋绿廊的生态布局结构

为最大限度的保护诸城市的自然条件和优秀的生态基底,南湖新区规划采用相对自由的空间形态,借鉴"蔓藤城市"理念,引入一条轴线型绿廊为"藤",与中心城区产生便捷的纵向联系,将各类产业及相关服务业组团成"叶"嵌入绿廊之中,同时结合丰富的水系打造四条横向绿廊与"藤"相交,作为新区居住的自然生态景观,形成生产、生活、生态三位一体的绿色格局。

5.3.2 板块＋节点＋游线的三级文化旅游网络

整合现状旅游资源,改变小而散,能级较低的不利现状,以文化体验区、农业体验区为板块,以主题公园、恐龙乐园、康体公园为节点,串联重点项目打造文化体验、自然观光两条旅游路线,在新区构建两板块＋三节点＋两线路的三级文化旅游网络。

6 结语

在新型城镇化的过程中,小城镇的发展正在经历着从生产型转为服务型的大趋势,小城镇的功能定位需要结合自身发展水平充分展示自身特色,伴随消费能力的提升,人们对优美自然生态环境的诉求将日益强烈,这为拥有这一优势的小城镇带来了新的发展契机,面对区域化格局的重组和各种势力的冲击,唯有保持小城镇的本真才是不竭的发展动力,而"蔓藤城市"理念便在这样一种语境下诞生了,强调小城镇的生态性和生长性,是一种就地城镇化的过程,这将为小城镇的发展提供新的规划设计思路(图 11)。

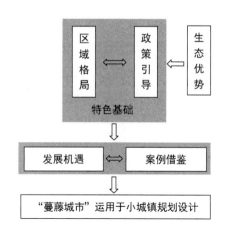

图 11 新形势下小城镇产业发展路径确立的技术路线

参考文献

[1] 刘月月.蔓藤城市:崔愷的跨界实践[N].中国建设报,2017-01-18(005).

[2] 崔愷,康凯,王庆国,等.贵州省万峰林现代服务业开发区规划设计[J].城市环境设计,2016(2):14-19.

[3] 段婷.驱动力转变下小城镇产业发展路径探究——以河北保定顺平县经济开发区为例[C]//2016 中国城市规划学会年会.2016.

[4] 吴闫.城市群视域下小城镇功能变迁与战略选择[D].北京:中共中央党校,2015.

［5］刘凌雯,沈丽君,吕晓.新型城镇化背景下小城镇新区规划思路提升——以常熟市梅李镇新区规划实践为例[J].上海城市规划,2016(6):132-137.

［6］姚敏峰,刘赛.新型城镇化背景下的宜居小城镇规划策略——以福建省宁德市寿宁县南阳新区规划设计为例[J].规划师,2015(6):57-61.

四、小城镇特色化风貌构建与历史文化保护

基于人居环境需求的特色小城镇风貌建设研究

——以武汉市汪集街为例

耿　虹　李彦群　方卓君

（华中科技大学建筑与城市规划学院）

【摘要】　近年来,特色小(城)镇成为小城镇建设的新浪潮,所谓特色小(城)镇,要求小城镇在构建良好人地产三者之间的相互关系基础上,推动生产、生活、生态"三生融合",产、城、人、文"四位一体",从而建设和谐、美丽、宜居的人居环境空间。城镇风貌作为对城镇人居环境外在特征的形象描述,成为构建和谐宜居人居环境的重要建设内容。

　　传统运用城市设计方法对原生性地域景观叠加的小城镇风貌建设缺少对居民行为心理的认知及日常生活需求等特征的深度探索,出现"风雅而适用性不高,貌美而宜居性不强"的问题。为规避城镇风貌与人居需求的脱节,基于马斯洛需求层次理论及人居环境科学论进一步提出人居环境需求层次理论,包括生活居住需求、生产劳作需求、生态休闲需求及精神文化需求四个层次,并针对"小而美"特色小城镇建设提出以人居环境为核心、人居环境需求为导向、营造和谐宜居的人居环境为目标的需求型风貌设计方法,以建设符合小城镇居民主体行为需求特征的特色风貌及人居环境空间。

【关键词】　特色小城镇　城镇风貌　地域景观　人居环境需求　需求型设计

　　2014 年,浙江省在全国率先提出"特色小镇"这一以先进制造业及服务业为主导的新经济社会产业空间模式,引起高度关注。2016 年在国务院有关部委的力推下,特色小(城)镇建设全面铺开,掀起我国小城镇建设的新一轮浪潮。根据住建部《国家特色小镇认定标准》中提出,特色小(城)镇应注重产业特色、风貌特色、文化特色、体制活力四大内容,在合理空间布局及产业发展的基础上,营造富有特色的风貌格局,构建良好人地产三者之间的相互关系成为关键[1]。

1980 年以来,在快速城镇化的进程下,我国小城镇及乡村逐步出现镇村自下而上的自组织发展、大城镇牵引下的他组织发展及城乡要素交换的交织发展三种发展特征。快速城镇化的浪潮推动着小城镇盲目图快,小城镇建设缺乏区域统筹视野,小城镇总体布局散乱无序,地域文化特色不鲜明,城镇建筑整体格局千篇一律。工业入园、村庄迁并、集镇扩大导致小城镇整体环境遭受破坏,城镇公共服务及基础设施落后,人居环境宜居性不强,不仅未形成良性现代城镇风貌,反而丧失了长期以来自组织发展形成的固有的原生风貌特征。

因此,在培育特色小城镇的过程中,城镇风貌成为建设的重点问题,构建特色城镇风貌的核心在于推动生产、生活、生态"三生融合",产、城、人、文"四位一体",协调人与自然的相互关系,建设和谐的人居环境空间。本文基于马斯洛需求层次理论及人居环境系统科学,提出人居环境需求理论,并综合解读人居环境需求下的城镇风貌构成要素及特征,以武汉市汪集街为例,从人居环境需求视角探索应对居民生产劳作、生活居住、生态休闲及精神文化等多维度环境需求的特色小城镇风貌要素及特色构建模式,为特色小城镇风貌建设提供参考。

1　人居环境需求下城镇风貌特征解释

人居环境是人类赖以生存的物质空间载体,也是人类同自然环境之间开展物质资源交换与理性情感交流的空间域[2]。1993 年"人居环境科学"的建立,使得研究学者开始关注空间使用主体与承载体之间的相互关系[3],以不同人类聚居单元(城、镇、村等)为研究对象,从自然、社会、经济及文化等多维度探讨人与自然环境相互影响机制、人居环境行为需求特征等内容。城镇风貌作为对人居环境外在特征的形象描述,表达了人居环境在形制、肌理、格局、色彩、天际线、物种多样性等多个方面的具体特征。因此,特色小城镇应从人居环境视角出发,充分了解城镇居民人居环境需求,才能构建和谐的城镇风貌特征。

1.1 人居环境需求层次构建

无论是特色小镇,抑或是特色小城镇,其行为主体是城镇居民,城镇人居环境是地理空间载体。2017 年联合国"人居三"会议提出,城镇建设应回归人本,营造符合人本需求的城镇特色空间感受。根据人本主义学家马斯洛提出的"需求层次"理论,人的需求分为生理需求、安全需求、社交需求、尊重需求及自我实现需求五个层次。从人居环境学科视角来看,马斯洛所提的五大需求层次与吴良镛院士所提出的人居环境五大子系统具有对应关系。在综合两个理论基础上,本文提出应对特色小城镇构建的人居环境需求层次系统,即生活居住需求、生产劳作需求、生态休闲需求及精神文化需求四个层次(图 1)。

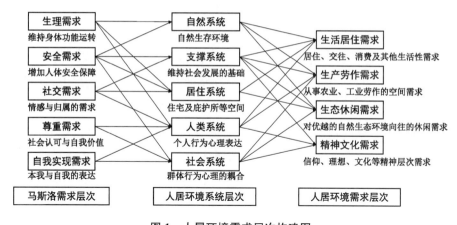

图 1　人居环境需求层次构建图

其中生活居住需求对应马斯洛生理及安全需求,是指人居环境中人的居住、庇护、交往及消费等空间需要,泛指城镇中一切生活性空间,包括社区、街道、市场、学校等;生产劳作需求是基于小城镇农业、工业等生产劳作空间功能性、景观性及适宜性等需求所提出的人居环境需求层次,包含工业园区、农林耕地等生产空间;生态休闲需求是建立在满足基本生产生活需求基础上,由人的自我娱乐感受及休闲旅游趋向性推动形成的对自然生态环境向往的行为需求,其行为载体包含城镇绿地及公共开敞空间、乡村田园景观及自然生态景观等生态空间;精神文化需求是在人的物质欲得以满足的基础上,衍生出的精神层次的感性需求层次,不同于前三个人居环境需求层次,精神文化需求没有明确的物质空间载体,以个人精神感受、文化认知、信仰等为表现形式。

1.2 人居环境需求引导下的城镇风貌特征解释

所谓城镇风貌是指城镇在不同时期历史文化、自然特征和城镇市民生活的长期影响下,形成的有形的实体环境属性和无形的精神面貌特征[4]。包含社会人文层面的"风"及自然环境外在特征的"貌"两个层次。城镇风貌中的"风"是指人文风采、社会风俗、风土人情等具有人文特征的城镇文化的表达,是城镇非物质特征要素的主观整体感知特征;"貌"则是城镇外部自然环境特征的客观表达,包含城镇地形地貌、建筑及外在设施、物质空间等内容,受主观行为主体影响较小。

人居环境是建立在客观外在城镇"貌"基础上,融合城镇"风"特征的整体塑造,城镇风貌作为人居环境的外在特征描述及整体感受,是城镇综合表现宜居性、生态性、景观性的载体。基于人居环境需求引导下的特色小城镇风貌规划,应在充分了解城镇居民的多元个体及群体需求的基础上,针对不同风貌特征要素(表1)进行合理控制,解读城镇不同风貌特征的景观需求,构建视知觉系统展示城镇的"貌",如对城镇风貌核心区、城镇风貌展示轴、城镇特色地标点的体系进行合理规划,并在此基础上,强化城镇文化心理感知要素,如城镇社会学特征、城镇美学特征、城镇管理学特征等形成城镇之"风",综合"风"和"貌"构成的要素在形象、表象、抽象等多维层次上来完善城镇的风貌体系。

表 1   人居环境需求引导下城镇风貌特征载体及要素

人居环境需求层次	风貌表达载体	风貌特征要素
生活居住需求	居住建筑	形制、色彩、高度、立面装饰等
	城镇街道	道路铺装、断面形式、街道立面等
	交往空间	空间尺度、景观小品等
生产劳作需求	工业园区	园区建筑形制、色彩、高度等; 园区开敞空间尺度、景观层次等
	农林耕地	地形地貌、农作物景观层次、水田景观格局

（续表）

人居环境需求层次	风貌表达载体	风貌特征要素
生态休闲需求	农林耕地	地形地貌、农作物景观层次、水田景观格局
	城镇绿地	绿化景观多样性、立体绿化、铺装等
	乡村田园景观	植被季相、种植层次、田园建筑形态、乡村构筑物等
	自然生态景观	河、湖、塘渠等自然水体景观及生态驳岸景观
精神文化需求	城镇文化特征	建筑文化、地域文化、民俗文化等城镇文化景观
	乡村文化特征	宗祠、寺庙及乡约村规等乡村文化景观

2 风貌建设导向——从原生性景观叠加向人居环境需求转变

《国家特色小镇认定标准》明确要求将打造和谐宜居的美丽环境作为特色小城镇风貌建设的主要目标，并要求特色小城镇空间布局与周边自然环境相协调，整体格局和风貌具有典型特征；城镇街巷、社区、绿地、市场等空间应尺度合理、彰显地域特色与文化、舒适美观、适用性强；乡村环境应和谐美丽，农人、农地、农业三者和谐共生，形成良好的自然田园景观风貌格局。因此，本文创新性地提出人居环境需求为导向的需求型设计，以弥补传统城镇风貌建设的不足，营造特色小城镇和谐宜居的景观风貌特征。

2.1 传统小城镇风貌建设：原生性地域景观要素叠加

传统小城镇风貌建设规划路径一般采用 20 世纪初由盖迪斯提出的"调查、分析、规划设计"三段法[5]，具体步骤为首先通过广泛调查提取地域性景观要素，而后综合评价多元要素因子筛选需要保留的地域风貌要素，再以城市设计手法将所提取的原生性地域景观要素进行叠加，从而形成城镇特色风貌（图 2a）。

这种方法的弊端在于所提取的原生性地域景观要素并不能合理地表达原生居民的城镇风貌需求，先入为主的城市设计手法缺少对小城镇风貌尺度的合理把握，缺少对居住主体行为心理的认知导致形成的城镇风貌并不能营造良好的人居环境，从而出现城镇"风雅而适用性不高，貌美而宜居性不强"的问题。

2.2 特色小城镇风貌建设:人居环境需求导向下需求型设计

因此,特色小城镇风貌建设提出从传统原生性地域景观叠加设计手法向以人居环境为核心、人居环境需求为导向、营造和谐宜居的人居环境为目标的需求型设计转变。其核心在于妥善处理好镇、村、人、地、产矛盾与相关关系,充分利用现有的特色地域性景观资源,通过"田、水、镇、村"构筑小城镇特色风貌;同时,推动城镇风貌与乡村风貌的融合统一,避免形成千篇一律、单调沉闷的风貌特征,既不宜人,也不宜居。

具体来说,作为特色小城镇评判的核心指标,和谐宜居的人居环境成为城镇风貌建设的主要目标,在科学全面的对城镇现状风貌认知调查的基础上,总结现状风貌特征属性并进行问题总结,了解现状风貌问题的诱发要素;在此基础上,挖掘城镇地域文化、景观风貌特征,进行综合统筹分析,并引入公众参与评价,深入剖析城镇居民对城镇地域性景观要素的认知度及意愿特征,从而进行合理评价及筛选,获取延续利用的原生性地域景观要素[6];同时,在综合挖掘现状城镇山、水、田、林、城、街等人居环境特征及现状城镇居民的日常生活、生产、生态(休闲)及精神等不同层次的行为需求的基础上,确定城镇主体的人居环境需求特征,整合前面所筛选的原生性地域景观要素,以需求型风貌设计方法建设特色小城镇景观风貌(图 2b)。

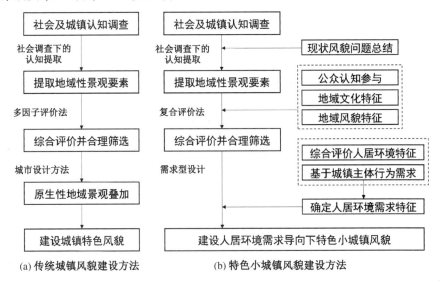

(a) 传统城镇风貌建设方法   (b) 特色小城镇风貌建设方法

图 2 传统城镇与特色小城镇风貌建设方法对比分析

3 基于人居环境需求的特色城镇风貌规划案例

3.1 现状概况

汪集街属武汉市新洲区下辖街镇,地处武汉都市发展区外围,依托汉施公路成为郑城与阳逻联系的重要节点。街道面积142.3平方公里,全域各类水域面积共计5 975公顷,占总用地的42%。汪集名曰"汤城",以汪集鸡汤闻名武汉。

汪集街全域地势较为平坦,无显著山体、低洼地,北高南低,全域呈现"一河两湖、水田间布,南塘北地中间城"的自然景观格局。依据《武汉市总体规划》,汪集街紧邻武汉市生态外环,位于武汉市区域生态系统保护廊道及新洲区生态保护区辐射范围内(图3),西接倒水河,东临举水河,南依三宝湖及涨渡湖生态保护区,自然地理条件优越,生态景观格局良好。

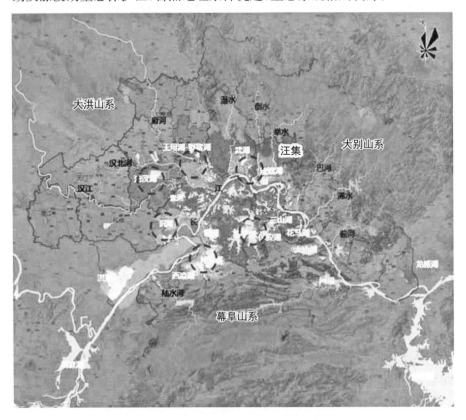

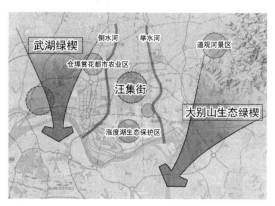

图 3　汪集街生态区位图

3.2　城镇风貌现状问题

2010 年以来,同我国大多数小城镇及乡村建设相似,汪集街镇村发展进入大城镇牵引下的他组织发展,作为武汉市划定的七个远城区"新市镇"之一,汪集街城镇建设具有鲜明的"大都市边缘性"特征。长期以来,受武汉市集聚效应的强烈作用,汪集街建设进程缓慢,建设力度较小。城镇更新建设处于自由选择过程,建设缺乏合理规划,导致缺乏区域统筹视野及科学合理的前瞻视角,在任期制的长官意志下小城镇呈现随机式不均匀散点开发模式(图4),盲目学习及借鉴,从而破坏原有城镇空间布局、建筑风格、街巷肌理、乡村景观等风貌,导致现状风貌特征无法营造出和谐的人居环境,典型性问题凸显。

3.2.1　城镇肌理粗暴,生活性空间风貌差异化

城镇建设早期,在自下而上的自组织发展下逐渐形成传统城镇街巷肌理格局,空间尺度宜人,但随着城镇化的推进,小城镇脱离传统乡村型居住单元特征,演变为城市型居住空间,其建筑、街巷、公共广场等生活性空间发生嬗变,但同时由于建设力度不足,城镇只能实现局部有选择的自主更新,从而形成差异化特征明显的城镇生活性空间风貌[7]。

其中建筑风格差异化最为凸显,不同年代建筑受各时代建筑浪潮推动形成具有不同建筑色彩、形制、高度及外部装饰的建筑风格,由于缺乏统一规划及管理,导致城镇街巷建筑立面参差不齐、杂乱无序,未能营造良好

图4 汪集街全域建设用地现状

的城镇生活感观(图5);同时城镇街巷空间也存在差异化现象,早期自由生长的城镇传统街巷肌理与现代宽硬的水泥街巷肌理相互冲突,同时在新旧交替过程中,城镇路网格局出现多处断头路、锐角交叉口,且路网密度不合理,道路景观性较差(图6),城镇肌理呈现典型粗暴式发展特征。

图5　汉施公路镇区段局部现状

生生路

汪盛路北往南向

图6　汪集镇区街巷现状

3.2.2　田地利用失效,生产型镇村景观破碎化

所谓镇村景观破碎化是指受人为及自然因素干扰,传统连续的镇村自然农田景观在外力作用下演变为彼此相互隔离、不连续的斑块镶嵌体的过程[8]。直观上表现为传统农田耕地、生产园区等生产型镇村景观要素数量增加,但内部空间缩小嬗变、连接廊道被切断的现象。

虽然近年来农村土地流转进程将乡村细碎化农地进行有效整合,在一定程度上能够有效规避现状农地的低效利用和人口外流导致的农地抛荒问题,但由于镇村设施的落后、村际土地权属问题、自然环境的切割及田地利用的失效,传统生产型乡村农地空间仍未形成大面积规模化种植景观环境。如汪集街人胜村将本村800亩土地集中流转分别种植生态草坪和油菜,在扩大种植规模过程中,由于周边土地权属归属其他村庄,无法形成统一的土地流转价格,导致难以推动规模化生产种植景观。同样,在统一划拨征地下,生产园区板块虽然可以形成连续的景观界面,但由于自成一体的生产单元建设导致工业园区被企业围墙切割成一块块相互隔离的生产空间。在汪集工业园,已征地企业12家,但每家建设方案由企业自主决定,政府对园区企业内部建设不加管控,导致现状园区风貌风格多样,破碎化明显。

3.2.3 镇村绿地缺失,休闲性生态资源边缘化

人居环境宜居性的重要评价指标之一就是人均绿地面积指标,汪集街在发展过程中忽视城镇绿地对于城镇风貌建设的重要性,导致街镇全域范围内无任何点状、带状或块状公园绿地,也没有任何广场绿地,仅在汉施公路及高压走廊带下建有防护绿地。在以往城镇规划中,往往将镇区周边的农林用地划归绿地以满足国家相关指标规定,导致镇村严重缺少可供居民日常生态休闲的公共绿地空间。

事实上,作为位于武汉市区域生态系统保护廊道内的河湖型生态城镇,汪集街全域范围内河流、湖泊、坑塘、沟渠、农田、湿地等休闲性生态资源相当丰富,全域范围内水域面积达 5 975 公顷,占总用地的 42%,两大生态湖泊兑公咀湖、安仁湖都是武汉市划定的生态保育型湖泊,生态物种品类丰富(图 7)。但由于城镇建设中对于城镇居民生态休闲需求的忽视,导致丰富的休闲性生态资源被边缘化处理,未能高效利用于城镇人居环境建设中,针对两湖流域打造的滨湖湿地也未能形成良好的景观廊道及居民观赏可达性,导致其景观利用价值低下。同时,城镇生活生产污水废弃物也对城镇生态资源造成污染及破坏,造成生态资源受损。

图 7　汪集景观资源边缘化现状

3.2.4 地域文化解体,城镇人文景观风貌消逝

文化是人类聚居单元的灵魂,无论是大城市、中小城镇及乡村,地域文化作为地区核心价值、地域历史、风俗差异及居民自我认同感的体现,是构成城镇特色风貌的重要内容之一。所谓地域文化景观是人地长期作用的结果和人之地方性生境特征[9],随着城镇化的推进,小城镇传统文化受到现代文明的冲击,传统地域文化景观由均质连续的区域整体走向传统与现代镶

嵌的文化景观空间格局[10]。汪集街作为武汉市新洲区传统商贸重镇,随着阳逻新城的兴起,商贸文化逐渐解体;同样老字号"汤城"品牌也在百花齐放但缺少规范化管理下丧失品牌文化价值及效益;作为水资源充足的小城镇,其临河伴湖,以渔为生的活水文化也在"重工轻农轻旅游"的城镇发展战略中逐渐消退,导致城镇地域人文景观风貌逐渐消逝。

3.3 城镇人居环境需求特征分析

针对城镇风貌建设的发展需求,采用抽样调查分析方法,结合前述人居环境需求下的风貌特征要素,对汪集街城镇及乡村居民人居环境需求特征进行统计分析,共调查样本数387份,其中城镇样本数275份,乡村样本数112份。统计结果见表2。

表2 汪集街镇村居民对城镇风貌特征需求统计表

人居环境需求层次		镇村居民对城镇风貌特征需求		
		城镇居民		乡村居民
生活居住需求	社区住宅	白墙、长窗、坡屋顶、小桃檐	乡村住房	统一住房形制恢复传统立面风貌,同时保留现代化室内功能特征
	街巷空间	长界面、小尺度、有绿化		
	交往空间	适当增加景观小品进行强化		
生产劳作需求	工业园区	增加园区环境景观多样性	农田耕地	自然肌理凸显,田地与村庄呼应化田成景、村聚田中
生态休闲需求	城镇绿地	城在绿中,绿网贯通	自然生态景观	生态为底,亮水增绿构建水田相依的生态景观基底
	郊野公园	景观层次多元,生态可达性高		
精神文化需求	商埠文化	底商上居,尺度宜人,白墙黑瓦、长窗、底商卷门、坡屋顶、小挑檐		
	汤食文化	围绕汤食文化品牌打造汤食文化一条街,规范化管理,并配套建设景观文化小品		
	水文化	强化特色,分区引导;河湖塘渠,串联互通;生态缓冲,柔化成景		

(1)生活居住需求:城镇居民对人居环境中生活性空间的主导需求为社区住宅及街巷空间环境,要求在具有地域性建筑风貌特征的基础上,能够满足居民日常生活起居需求,对城镇生活性交往空间需求不明显,认为当前汪集街现有交往空间能满足基本需求;乡村居民则重点关注乡村住房建设问题,认为当前乡村新建住房风貌混乱,需要进行统一调整。

（2）生产劳作需求：城镇居民认为工业园区工作环境过于单调，园区内外景观层次不够丰富，且与城镇人居空间相互脱节；乡村居民则认为应合理利用自然农田景观，营造良好的乡村生产空间景观环境。

（3）生态休闲需求：城镇及乡村居民普遍认为当前汪集街生态休闲空间处于空白阶段，严重缺乏日常可供居民游憩的户外休闲场所，并提出远期生态休闲场所应围绕河湖、田园等自然生态景观打造。

（4）精神文化需求：调查发现，汪集街镇村居民对汪集街本土地域文化有着极强的乡土情结，从商埠文化、汤食文化、宗教文化、渔文化再到水文化等等，镇村居民普遍认为当前汪集街建设已经没有了过去的文化底蕴内涵，要求城镇建设中将汪集传统地域文化特色凸显出来，尤其是传统商埠文化、特色汤食文化及水文化特色。

3.4 人居环境需求导向下的特色风貌构建策略

综合分析社会调查结果，结合汪集街风貌现状特征及问题，在综合评价并筛选原生性地域景观要素的基础上，提出应对不同层次人居环境需求的特色小城镇风貌构建策略。

3.4.1 生活需求导向：地域性与宜居性融合的城镇风貌

人居生活环境强调在提取地域性特征的基础上，以保证生活性空间宜居性、空间适用性等特征需求的前提下，进行合理引导及整合，构建地域性与宜居性融合的城镇生活居住、街巷交往的人居生活环境。

1）居民住房建筑

在对城镇原有色彩、形制进行提炼的基础上，合理控制居民住房建筑高度、密度、色彩及形制，构建和谐的镇村建筑风貌特征，营造良好的人居生活环境。

其中城镇住房应严格控制建筑高度、体量、色彩和材质，老镇区建筑延续原有白墙黑瓦、长窗、底商卷门、坡屋顶、小挑檐的建筑风貌；新区则加入现代化元素，总体与老区风格相协调，拆除与整体风貌极度不符的建筑。以点式、条式组合方式为主，其他方式为辅。老镇区现有建筑维持在3~4层，新建建筑根据需要设置，容积率维持在2.5左右。对建筑上的附属物，如广告牌、单位牌等进行色调和尺度限制。

乡村建筑立面采用白墙、灰色坡屋顶,可有局部红色坡屋顶;门窗框架喷灰色漆,使之与建筑色调风格统一;局部可保留红砖墙面;清除或隐藏建筑立面多余部件,使村庄整体风貌风貌达到和谐统一;建筑高度以1～3层为主,不超过5层(图8)。

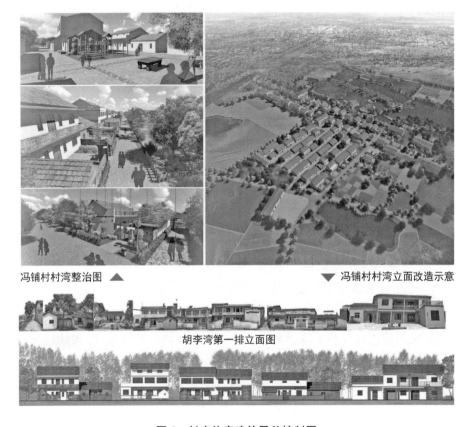

冯铺村村湾整治图 ▲ ▼ 冯铺村村湾立面改造示意

胡李湾第一排立面图

图8　村庄住房建筑风貌控制图

2) 镇村街巷空间

依据水网格局、景观节点和各村庄居民点布局情况,规划汪集镇区的景观游览线路和绿道网络;依据居民点形态结构梳理镇区主次街巷;依据农田的田块规模、肌理和方便居民生产生活联系以及满足农业机械化生产的要求,布置田间道和生产路。

街道应有较好的空间封闭性和较强的空间界定感,生活型道路高宽比以1∶2左右为宜,不应低于1∶4。商业街应着重凸显商贸文化氛围。对街道市政设施如灯具、广告、垃圾桶等统一确定其色调和形式,使之与大环境相统一,尽量避免工程改造破坏街巷景观,以求塑造宜人的街道景观环境。

3.4.2 生产需求导向:自然肌理特征的多元景观风貌

依托城镇现状地域景观要素,打造符合自然肌理特征的多元产业空间景观风貌,满足城镇居民生产劳作的人居环境需求。

1)产业园区景观风貌

规划在迎宾大道以西集聚产业用地,通过现代、简洁的建筑造型展现现代产业园区风貌,在园区内则通过能代表产业特色的标志性建筑或雕塑来体现产业特色(图9)。

(1)空间特色:通过现代、简洁的建筑造型展现现代产业园区风貌,以规划布局的大尺度、严整性、绿化的生态性、景观的现代性为主要特色。

(2)空间肌理:街区的大尺度与小型开敞空间有机结合,重视交往空间和展示空间的布局设计。建筑立面简洁明快,建筑形式简洁大方,适合工业厂房要求,兼具文化内涵,凸显科技文化氛围,风格与镇区整体统一。建筑色彩以蓝灰色、棕色为主,局部可丰富色彩,通过玻璃幕墙凸显现代感和科技感,强调城镇活力。

图9 产业园区景观风貌引导图

资料来源:网络图片

(3)景观绿化:做好园区绿化,在改善园区生态环境的同时,塑造特色园区景观。

2)生产农田景观风貌

以现有的农田景观为依托,形成以田园风貌为特色的景观片区,展现汪集特色的水田相依的田园景观风貌,成为展示汪集农业文化和田园风光的窗口(图10)。

图 10　生产农田景观风貌引导图

（1）空间特色：展现汪集特色的水田风光，同时作为农业文化的体验地。

（2）空间格局：沿城镇主要绿道展开；可设置绿道驿站和景观小品。

（3）景观绿化：修复整理原有的水田景观，保护生态。成规模种植农作物，鼓励原生态的大田景观。鼓励通过艺术化、趣味化、图案化的设计，形成观赏度较高的大地农田景观。选用适宜成片种植的农田作物、果林花卉。形成"村聚田中，蛙鸣蝉声；顺应水脉，适地适田；化田成景，特色种植"的自然农田景观风貌特征。

3.4.3　生态需求导向：绿色渗透与镇村共享的景观风貌

秉承城镇各功能分区景观主题形象一致、主题特色鲜明的原则，根据自然地理划分、城镇功能分区特征在镇区打造多级生态绿地空间，并结合自然田园景观打造绿色渗透、镇村共享的生态景观风貌。

1）绿色渗透下的城镇绿地风貌

依托兑公咀湖、安仁湖两大湖泊及周边自然农田，打造滨湖景观视线通廊，强化沿生态廊道的街区内部景观与生态绿色景观相互渗透。同时按照居民出行半径，规划多处城市公园、社区公园、广场绿地，不同公园应拟定不同主题，在凸显特色风貌的同时，为居民平日休闲游玩提供去处，形成蓝绿交织的城镇绿地风貌特色（图 11）。

2）镇村共享的自然田园景观风貌

依托湖泊、坑塘、湿地、城镇、乡村、农田等原生性景观要素，建设多个田园景观节点，以四条主要的游览线路串联城镇主要景点，辅以丰富的公共活动策划，配套相应的旅游服务设施，以滨湖生态休闲、田园乡村休闲和特色餐饮休闲为主题，服务于本地居民的假日休闲需求，建设镇村共享的自然田园景观风貌（图 12）。

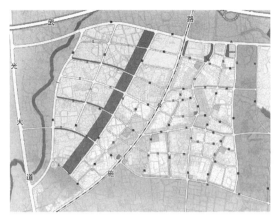

图 11   绿色渗透下的城镇绿地格局

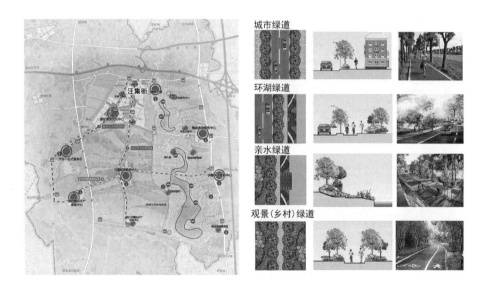

图 12   镇村共享的自然田园景观风貌规划图

3.4.4   精神需求导向:延续历史传承文化的人文风貌

结合汪集地域文化特色及居民精神文化需求,延续历史传承文化内涵,形成独具城镇特色的人文景观风貌。具体包括:① 再现汪集现代商业文化氛围,形成繁盛的商贸景观(图13);② 发扬汪集特色汤食文化,依托现有汪集鸡汤品牌与汉施公路汪集街入口段鸡汤门市,规范销售渠道与市场价格,打造汪集特色汤食一条街(图14);③ 传承佛教文化,修缮、维护现有寺庙,改善庭院环境,控制周边建筑环境的和谐统一;④ 深化水文化产品,提高河、湖、塘、渠、沟等水体质量,结合水产养殖,打造亲水、休闲娱乐的生活氛围,突出村庄的滨水景观特色,使滨水空间成为村庄最主要的景观空间(图15)。

图 13 商贸街建设意向图

资料来源:自摄与网络

图 14 汤食一条街风貌建设意向图

图 15 滨水文化风貌建设意向图

资料来源:网络图片

4 结语

特色小城镇作为近年来我国小城镇建设的主要工作,也将是未来几年小城镇的主要发展目标,城镇人居环境作为城镇核心竞争力之一,直接或间接影响了小城镇的社会经济发展进程。本文以汪集街为例,对以人居环境需求为导向的特色小城镇风貌构建方法进行实证研究,发现基于人居环境需求构建的特色小城镇风貌能够有效地规避传统城镇风貌与居民生活诉求脱节而导致的"风雅而适用性不高,貌美而宜居性不强"困境,在延续原生性地域自然、人文景观要素的基础上,融合城镇居民的需求观与生活生产特征,从而有效保证小城镇风貌能够满足城镇人居环境建设的各个需求层次,从而达到国家特色小城镇构建的宜居性、地域性、特色化共融的认定标准。

参 考 文 献

［1］中华人民共和国住建部. 国家特色小镇认定标准. 2016.

［2］Doxiadis CA. Ekistics：An Introduction to the Science of Human Settlements［M］. Athens Publishing Center，1968.

［3］吴良镛. 人居环境科学研究进展（2002—2010）［M］. 北京：中国建筑工业出版社，2011.

［4］段德罡，刘瑾. 城市风貌规划的内涵和框架探讨［J］. 城乡建设，2011 (5)：30-32.

［5］张国庆，杨真静. 小城镇风貌设计中地域文化的再现与延续［J］. 重庆建筑，2006 (Z1)：35-38.

［6］陈浮. 城市人居环境与满意度评价研究［J］. 城市规划，2000，24(7)：25-27.

［7］张文忠. 城市内部居住环境评价的指标体系和方法［J］. 地理科学，2007，27(1)：17-23.

［8］王云才. 基于景观破碎度分析的传统地域文化景观保护模式——以浙江诸暨市直埠镇为例［J］. 地理研究，2011 (1)：10-22.

［9］Laura R Musacchio . The ecology and culture of landscape sustainability：Emerging knowledge and innovation in landscape research and practice［J］. Landscape Ecology，2009 (8)：989-992.

［10］王云才. 文化遗址的景观敏感度评价及其可持续利用［J］. 地理研究，2006，25(3)：517-525.

小城镇街道整治规划中特色构建路径探讨

——以宿迁市沭阳县新河镇区重要街道综合整治规划为例

郑钢涛

（江苏省城市规划设计研究院）

【摘要】 特色是比较优势，特色是核心竞争力。本文以宿迁市沭阳县新河镇区重要街道综合整治规划为例，致力于改变城镇普遍存在"千城（镇）一面"的现象，并力求提升居民生活质量和城镇活力，规划采用先总后分、先整体后局部的系统性设计思路，对新河镇城镇特色进行研究，明确城镇形象定位，指导区段风貌定位，在此基础上从总体设计、专项设计、实施管理三方面逐层推进设计，探讨城市体型环境的特色构建路径。规划首先从总体设计对街道沿线用地进行优化调整、充实完善业态，然后从建筑整治、交通优化、绿化提升、家具完善、夜景营造五个方面进行专项设计，最后，制作设计图则、明确行动纲领、进行投资估算，指导具体规划实施。

【关键词】 小城镇 街道整治 特色构建

特色是某事物固有的、独特的属性，是区分、识别事物的根本。城市特色，是城市在其发展过程中逐渐形成的、明显区别于其他城市的个性特征，是城市内在吸引力的表征。城市特色包含城市内涵及其外在表现两个方面：城市内涵，是指城市性质、产业结构、经济特点、传统文化以及民俗风情等，是城市发展的内因；城市内涵的外在表现即体型环境，它是一个城市活力与形象的外部载体，是体现城市特色最直接的外在表现，包含城市的山水环境、空间形态、建构筑物等。

当今社会,特色就是比较优势,特色就是核心竞争力。城市的竞争优势,一个重要的方面就是对特色的挖掘和有效利用,也就是对特色的把握和变现的能力。本文以宿迁市沭阳县新河镇区重要街道综合整治规划为例,重点探讨城市体型环境的特色构建路径。

1 项目背景

——形象窗口重任 VS 街道面貌失序

新河镇位于宿迁市沭阳县城西北部(图 1),位于沭阳县的核心辐射圈层,南界新沂河,镇域面积 48.6 平方公里,人口 4.5 万人。镇区位于镇域中部,现状建设用地 1.5 平方公里,人口 1.1 万人。新河镇以花木产业为支柱产业,同时花木产业的发展带动了以旅游业为主的第三产业的快速发展。

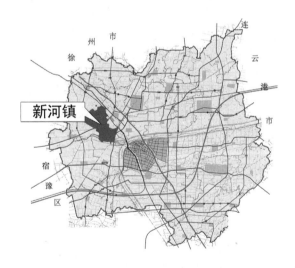

图 1 新河镇在沭阳县区位图

新河镇镇区作为镇域生产生活服务中心以及旅游城镇的展示窗口,承担着完善功能、美化环境、提升形象、打造特色的任务。但就目前而言,镇区给人印象感觉比较热闹、杂乱、破旧。存在沿街生活零售类型店铺、餐饮、物流快递、园林批发、汽修保养混杂布局,建筑质量、风格参差不齐,过境交通直穿镇区造成客货混行,绿化、亮化建设滞后,街道家具类型少、数量不足等诸多问题(图2)。为了将新河镇建设成为从产业、旅游、活力到形象全面提升的特色小城镇,新河镇由此启动镇区街道综合整治的工作。规划范围包括镇区花都大街、常青路、扎新路、桂花街、蔷薇路、梅花大街六条主要街道,总长约3 380米(图3)。

图2　镇区现状街道景观

图3　规划范围图

2 技术路线

——系统谋划、多层推进

本次规划在对现状详尽调研的分析的基础上,通过对相关规划的协调、相关案例研究及各专项研究,思考如下问题:首先,街道整治不仅仅局限于街景设计,更应在关注居民生活、提升城镇活力等方面有作为,要加强功能提升、业态完善等研究;其次,街道整治是一个面向实施的规划,不仅涉及项目众多,而且面临多个管理主体,宜采用类别化分项整治方式,并加强实施管理研究;最后,也是最重要的一点,本规划应致力于改变城镇普遍存在"千城(镇)一面"的现象,所有整治都需要紧紧抓住"特色"二字,最终使身处其中的人们获得地方性、文化性、标志性、识别性兼备的视觉、行为、心灵体验。

规划最终采用先总后分、先宏观后微观、先整体后局部的系统性设计思路,对新河镇城镇特色进行研究,明确城镇形象定位,指导区段风貌定位,以此为统领,从总体设计到专项设计再到实施管理逐层推进设计,探讨城市体型环境的特色构建路径。规划首先从整体层面对街道沿线用地进行优化调整、充实完善业态,然后从建筑整治、交通优化、绿化提升、家具完善、夜景营造五个方面进行专项设计,最后,制作设计图则、明确行动纲领、进行投资估算,指导具体规划实施(图4)。

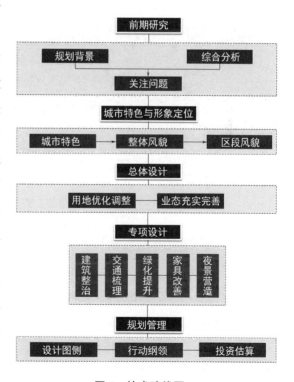

图4 技术路线图

3 城市特色与形象定位研究

3.1 城市特色研究

3.1.1 花木种植名镇、人文生态家园

作为苏北地区花木发源地的新河镇，是沭阳及宿迁花木种植核心区，具有400余年的花木种植历史，目前镇域种植花木4.2万亩，域外发展花木15万亩，已形成苗木、盆景、干花、鲜花四大花木产业基地，素有"花木之乡"的美誉，年销售额超10亿元；拥有网店近4 500家，年销售超5亿元。

镇域旅游资源丰富，文化底蕴深厚，不仅拥有胡家花园、普善寺等历史遗存，还建有古栗林公园、花木博览园等生态旅游区，在省内外享有较高的知名度（图5）。

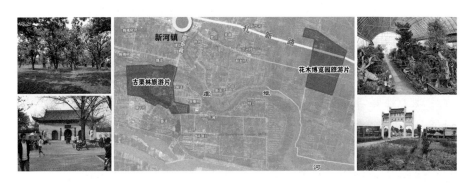

图5 镇域旅游资源分布图

3.1.2 十字主街、格网纵横

镇区现状主体空间布局于沙河西岸，由花都大街和常青路构成主要的"十字"形骨架，并结合桂花街、蔷薇路、梅花大街、扎新路、花苑路等次要街道，形成格网状镇区的主体生活空间。其中行政、学校及医疗用地分布于花都大街北侧，商业沿各条街道两侧多采用"下商上居"的家庭形式布局（图6）。

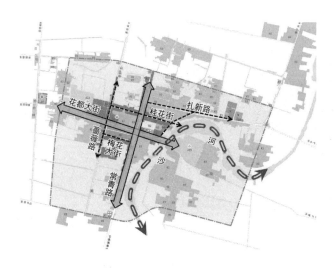

图 6   镇区空间格局示意图

3.2   形象定位研究

3.2.1   整体风貌定位

新河镇人均GDP达到3万元以上，处于县域中等以上水平，人均收入水平相对较高，居民对生活品质提升诉求日益明显，迫切期望改变破旧面貌、丰富商业业态、完善服务设施；另外，新河镇拥有良好的产业基础，优越的旅游资源，已经具有打造花木旅游型城镇的良好基础。事实上，目前镇域相关旅游设施项目已启动建设，作为镇区应该有所作为，更应通过丰富完善的旅游设施配套和极具个性魅力的整体风貌提升新河镇的软实力和旅游品质。由此，规划在《沭阳县新河镇总体规划(2015—2030年)》确定沭阳县镇区"具有花乡特色的田园小镇，宜居宜业宜游的现代新镇"这一城市定位基础上确定新河镇区整体风貌为"诠释花香印象的精致街道、讲述小城故事的旅游驿站"。

3.2.2   区段风貌引导

在镇区整体风貌定位基础上，规划将未来镇区划定六类风貌分区(图7)，在此基础上进一步明确各条街道的风貌定位(图8)。规划确定风貌塑造立足于传统文脉，避免产生过大差别而导致风貌突兀；同时充分挖掘花乡特征，加以强化，用现代、时尚、田园的方式来诠释特色，并统领和指导后续的总体设计、专项设计、实施管理。

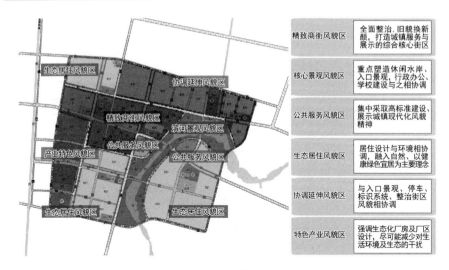

精致商街风貌区 | 全面整治,旧貌换新颜,打造城镇服务与展示的综合核心街区

核心景观风貌区 | 重点塑造休闲水岸、入口景观,行政办公、学校建设与之相协调

公共服务风貌区 | 集中采取高标准建设、展示城镇现代化风貌精神

生态居住风貌区 | 居住设计与环境相协调,融入自然、以健康绿色宜居为主要理念

协调延伸风貌区 | 与入口景观、停车、标识系统、整治街区风貌相协调

特色产业风貌区 | 强调生态化厂房及厂区设计,尽可能减少对生活环境及生态的干扰

图 7　镇区风貌分区引导图

类别	街道名	整治目标	风貌主题		特征简述
重点风貌街道	花都大街	形象展示的重点街道强调各自风貌独特之处	繁花似锦热闹街区	丰富、多彩	
	常青路		绿意盎然景观大道	序列、绿色	
	扎新路		欣欣向荣门户街道	整体、朝气	
协调风貌街道	桂花街	形象展示的次要街道,强调生活环境改善注重风貌的协调统一	温情雅致后庭商居	整洁、秩序	
	蔷薇路				
	梅花大街				

图 8　区段风貌引导图

4 总体设计

该阶段重点对街道沿线用地和业态两方面进行统筹,关注居民生活、提升城镇活力。

4.1 用地优化调整

在新河镇区整体风貌定位基础上进行用地布局优化调整,用地布局与总体规划近期建设相对应,对建成用地进行部分调整并兼顾镇区规模适度拓展。快递物流、苗木批发等功能向外迁出,结合过境交通线路调整,减少对于镇区内部秩序的干扰;镇政府、供销社等单位向外选址新建,腾出空间建设停车场及绿地,改善镇区内部公共空间紧张的状况(图9)。

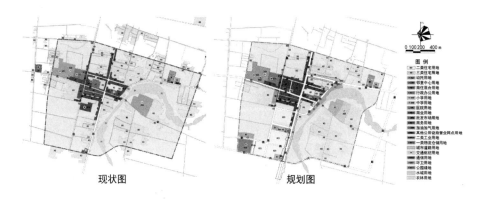

现状图　　　　　　　　　规划图

图9　街道沿线用地优化调整图

4.2 业态充实完善

结合用地优化调整,对街道业态充实完善。花都大街和常青路交叉口周边鼓励提供商贸与旅游综合服务,扎新路规划进一步增强网络创业功能,其他路段提供生活服务及公共服务为主,由此满足镇区旅游服务功能提升及花木电商产业发展的双向需求(图10)。

273

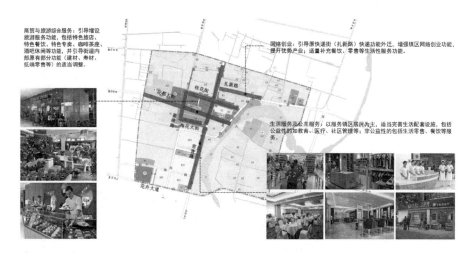

商贸与旅游综合服务：引导增设旅游服务功能，包括特色旅店、特色餐饮、特色专卖、咖啡茶座、酒吧休闲等功能，并引导街道内部原有部分功能（建材、寿材、低端零售等）的适当调整。

网络创业：引导原电快递街（扎新路）快递功能外迁，增强镇区网络创业功能，提升优势产业；适量补充餐饮、零售等生活性服务功能。

生活服务及公共服务：以服务镇区居民为主，适当完善生活配套设施，包括公益性的如教育、医疗、社区管理等；非公益性的包括生活零售、餐饮等服务。

图 10　街道沿线业态充实完善图

5　专项设计

在新河整体街道风貌定位和各条街道特色风貌定位引导下，对街道整治项目划分为五项，分别为：建筑整治、交通优化、绿化提升、家具完善、夜景营造，结合每条街道的实际情况，明确整治的重点、难点项目以及每个整治项目的主要内容和具体措施，做到每条街道整治在综合全面基础上突出重点、亮点。规划采用形象的效果示意，通过直观的街道整体风貌，指导施工图设计和整治措施的有效落实。

5.1　建筑整治——文景弄情、实效兼顾

综合考虑新河所处的地域文化、现状建筑特征、花香情调的表达，确定街道建筑风貌为现代中式风格，在此基础上明确建筑色彩引导和可使用的装饰元素、装饰材料。由此，对需要整治建筑进行具体整治设计，并对建筑附着物、遮挡围墙等进行统一安排。其中，重点整治建筑做到立面整体更新，增强立面凹凸感，契合道路整体风貌；一般整治建筑墙面出新，立面局部改造，协调色彩与材质和附着物；粉饰建筑以清洗、粉刷等措施为主（图 11）。

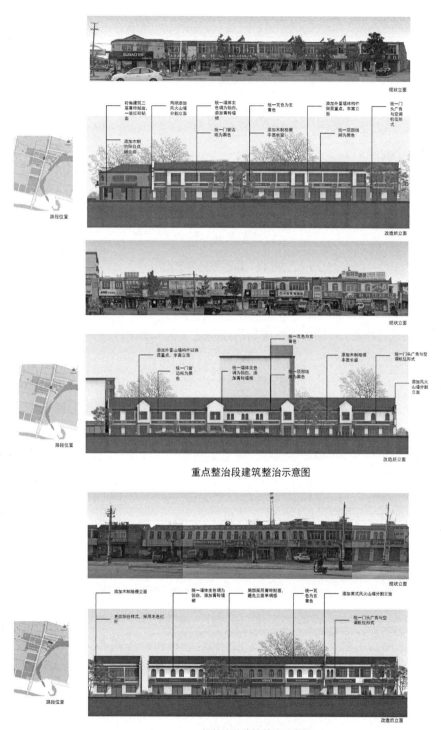

重点整治段建筑整治示意图

一般整治段建筑整治示意图

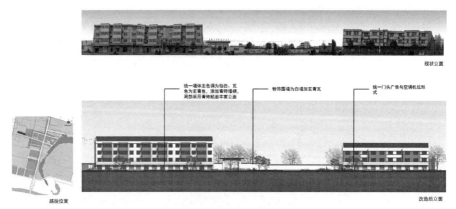

粉饰整治段建筑整治示意图

图 11　建筑整治示意图

5.2　交通优化——路权重组、秩序奠基

规范行车秩序，结合上位规划的路网完善及街道风貌定位，对过境交通调整，逐步实现内部交通的生活化。在有限的道路空间内，合理分配路权，满足车行、路侧停车、道路绿化以及人行空间的需要。优化静态交通，规划以路外集中停车为主，在道路空间较为富余的路段，合理设置路侧停车，在镇区外围划定货车停放场地，满足货运停车需求。另外，根据道路断面分配对管线间距做适当调整，管线统一下地敷设（图 12）。

5.3　绿化提升——层次丰富、一街一景

依据不同街道的功能及景观风貌定位，通过"道路绿化＋街头绿地"形式营造层次丰富、一街一景的绿化氛围。规划对道路绿化进行整体设计，注重树种的功能性与景观性，体现地方特色，同时加强镇区入口、街旁绿地、广场用地、河道绿地等节点空间设计，突出生态性、集约化园林设计理念，营造自然与人文有机结合的景观空间（图 13）。规划还提倡垂直绿化，采用墙面花箱式、地面花箱式、檐口吊挂式、墙面攀缘式四种方式布局，种植本地鲜花、藤类等植物，突出花香主题（图 14）。

5.4　家具完善——呼应主题、精细雕琢

本次街景整治的城市家具包括户外广告、路灯、座椅、花池、雕塑小品、

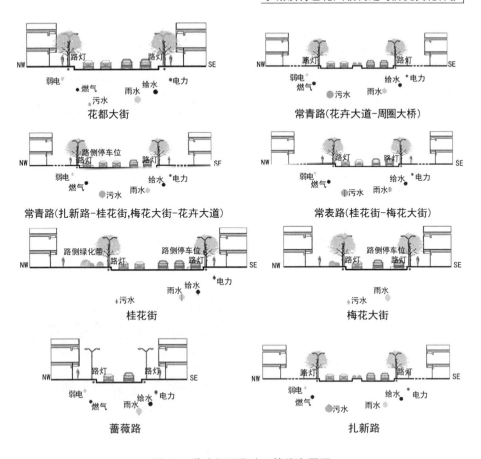

图 12　道路断面及地下管线布置图

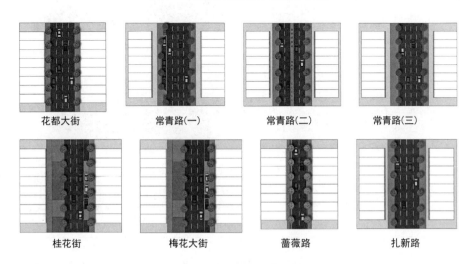

图 13　道路绿化布置图

图 14　垂直绿化示意图

基础家具类型	引导要求	意向图
户外广告	严格控制户外广告的位置、数量及尺寸。预留广告位包括建筑装门面预留大型广告位、公交站牌广告、现状跨界广告及其他小型户外广告	
路灯	以满足街道照明为主,选择造型简洁路	
户外桌椅	以钢架结合木材、仿木质材料为主,实现温暖、舒适的感受	
花池	在街道缘石处、街道树周围等位置可布置花池,以丰富街道绿化	
雕塑小品	雕塑小品应与新河本地特色相呼应,如花木、古栗林、周圈花园等题材,突显地方性	
垃圾箱与生活垃圾收集点	实现垃圾分类收集、造型应简洁实用,便于清理	

图 15　城市家具引导图

垃圾箱与生活垃圾收集点等。要求风格契合整体风貌,以现代中式为主,样式的选择应体现品质及实用性。重点引导花都大街、常青路、扎新路城市家具布局,营造热闹、丰富的商业街道氛围。规划对各条街道的各类城市家具都进行了具体的布局引导,包括位置、尺寸、样式等具体内容,以及各类城市家具保留、拆除、改造、新建的具体数量(图15)。

5.5 夜景营造——温馨亲切 纷而不闹

本次夜景渲染重点在于基础亮化,兼顾各类载体的功能亮化,夜景风格应与花香小镇整体风貌相符,多用暖色灯光,营造温馨、亲切的灯光氛围。其中:花都大街东段,适度渲染商业气氛,将街道灯光、绿化及墙面灯光、店铺内部灯光结合,体现热闹而不喧闹,丰富而不浮躁的夜景效果。常青路北段,强调交通照明需求的同时,丰富两侧绿化灯光,烘托景观大道气氛。扎新路,满足重要交通性道路照明需求,灯光设计应考虑入城方向的序列感,重点亮化三角花园节点(图16)。

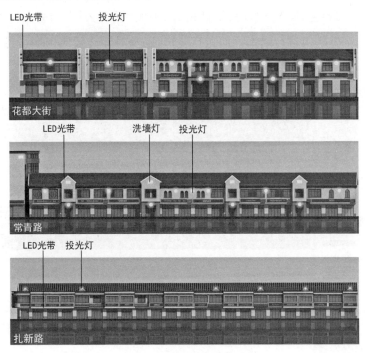

图16 建筑灯光引导图

6 实施管理

本次规划充分听取街道沿线建筑及单位的主要意见,使其充分理解规划内容,调动公众执行规划的积极性。另外,由于本次整治内容庞杂,涉及部门多,规划制定了设计图则、明确了行动计划,并对工程造价进行了估算,以期整治工作有序顺利开展。

6.1 设计图则

规划制定建筑整治图则,在对沿街建筑进行分类基础上,明确每栋建筑在色彩、材料、附属设施等方面的具体整治措施,表达清晰直观(图17)。另外,规划还对常青路、扎新路(西段)两条街道进行了街景详细设计,具体分三部分:第一,对道路两侧人行空间进行景观设计,主要内容包括道路绿化、街道设施、街道小品等;第二,对沿街多处主要绿化节点进行景观设计(图18),主要内容包括公园布局、植被配置、地面铺装、公园设施及小品等;第三,针对部分建筑进行沿街界面花卉装饰,以及对局部建筑山墙进行垂直绿化设计。

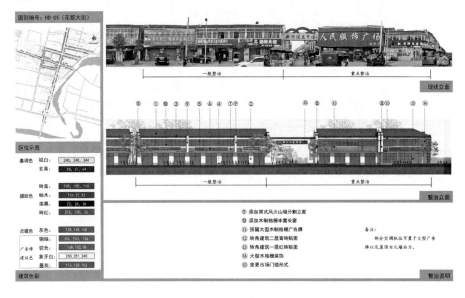

图17 整治图则示意图

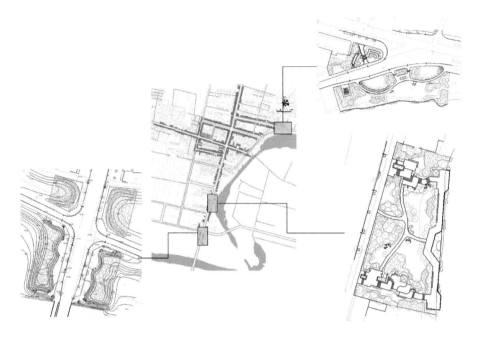

图 18　绿化节点景观设计图

6.2　行动纲领

　　规划结合镇区整治实际,按先"管制"后"整治"、先"地下"后"地上"、先"示范"后"广泛"的原则进行。优先启动影响镇区秩序的功能迁出工作,其次启动道路改造、市政配套设施工程,随后为地上绿化提升、建筑整治等工作,最后为街道家具、夜景等相关亮化提升工程。

6.3　投资估算

　　规划按照整治分项分别对建筑整治、道路、市政管线、绿化、家具、夜景进行投资估算(表 1)。

表 1　项目投资估算表

项目	内容	成本(万元)
建筑整治	面砖、喷砂墙面、分隔条、阳台、窗台、空调机罩、门头广告、山墙、围墙、檐口、格栅百叶	2 000
道路	沥青路面、大理石铺装、石材路面	1 500
市政管线	给水、雨污分流、电力、电信、燃气等管线下地敷设	2 550

（续表）

项目	内容	成本（万元）
绿化	乔木、灌木、花箱、草地及园路铺地	750
家具	路灯、垃圾收集、座椅、广告牌、廊架、亭子	220
夜景	景观照明灯具	100
不可预知	总费用的10%左右	780
总计		7 900

7　结语

　　在规划的指导下，经过有序而精心的施工，沿街建筑、交通、绿化、家具、夜景等得到了全面的提升，凸显了"诠释花香印象、讲述小城故事"的雅致，已成为新河镇乃至沭阳县对外展示的窗口和名片。同时，新河镇中心镇区重要街道的综合整治改善了沿线交通、提升了镇区生态环境，加快了新河镇生态旅游经济、花木产业的集聚发展，产生了良好的社会评价（图 19—图 21）。

整治前

设计图

整治后

图 19　镇区入口整治前后对比图

图20 常青路整治前后对比图

图21 扎新路整治前后对比图

特色是比较优势，特色是核心竞争力。本次整治规划明确了紧抓"特色"二字、以"形象定位"统领的设计理念，先总后分、先整体后局部的系统化设计思路，从总体设计到专项设计再到实施管理逐层推进的设计方法，探讨了城市体型环境的特色构建路径，以期对其他城镇街道更新改造提供一定的借鉴或参考。

参 考 文 献

[1] 胡敏，吴越.小城镇建设的特色构建研究——以汉寿县城建设规划实践为例 [J].湖南科技大学学报（社会科学版），2010(6)：146-148.

[2] 袁中金，朱建达，李广斌，等.对小城镇特色及其设计的思考[J].城市规划，2002(4)：49-50.

［3］任世英,邵爱云.试谈中国小城镇规划发展中的特色[J].城市规划,1999(2):45-47.

［4］徐苏宁.城市形象塑造的美学和非美学问题[J].城市规划,2003(4):24-25.

［5］刘陆阳.强力意志—当代城市特色唯一源泉[J].安徽建筑工业学院学报(自然科学版),2006(3):38-39.

［6］段进.城市空间特色的认知规律与调研分析[J].现代城市研究,2002(1):59-62.

基于山水格局的旅游特色小镇生态规划策略

——以无锡阳山为例

吴文佳　齐立博

（江苏省城镇与乡村规划设计院）

【摘要】　小城镇是衔接城市与乡村的重要过渡环节，人居空间与山水资源高度混合。对于旅游型特色小镇，山水资源既是城镇特色发展的生态基底，又是旅游开发的资源禀赋，在规划中应当充分重视山水格局，重点关注生态保护与旅游发展相互平衡、弹性开发与刚性管控相互协调、视觉感知与定量模拟相互补充、景观体验与旅游功能相互融合。本文以阳山为例，探讨山水格局保护视角下生态规划的一般框架体系，构建包括控制高度体系、梳理水系网络、优化用地布局三个方面的技术路径。首先，从观景点与景观视廊出发，运用 GIS 三维纺锤体模型确定建筑高度分区；其次，在 GIS 平台模拟自然汇水线和汇水区，对水系进行梳理优化；最后，对各类生态因子进行分级评价，根据适宜性分析结果优化用地布局。本文探讨了山水格局视角下旅游型小城镇的关注重点，建立了该类型特色小镇生态规划的一般路径，以期为类似的小城镇可持续发展提供借鉴。

【关键词】　山水格局　特色小镇　旅游　纺锤体　高度　流域　适宜性

1　引言

山水格局一般指在城市空间体系内，决定城市整体布局和空间形态的各要素之间的组织方式及其与山水环境的协调关系，一般表现为尺度、高度、分布、形态、规模等[1]。随着绿色发展的理念深入人心，山水格局保护视角下的城市规划研究逐渐增多，在基于山水格局的空间布局优化[2, 3]、景观体系构建[4-6]、城市特色塑造[7-9]等方面积累了一定的方法与实践。然而，目前山水格局保护在小城镇规划中的应用还较少[10, 11]。

　　小城镇是城镇发展体系中的重要组成部分，也是衔接城市与乡村的重要过渡环节，因而人居空间与山水资源更加交叉、融合，景观内涵更加丰富，山水格局与城市具有显著差异[1]。一方面，由于地域环境的影响，小城镇往往具有良好的山水资源禀赋，远离城市喧嚣的山水格局为其进行旅游开发提供了天然优势；另一方面，旅游开发难免对小城镇原生山水格局产生冲击[12]。因此，山水格局是旅游型小城镇可持续发展的基础和前提，需要在规划中引起格外重视。当前，我国各地小城镇旅游进入快速发展阶段，一些地区生态保护与旅游发展之间的矛盾逐渐开始显露。在此背景下，开展旅游型小城镇山水格局保护研究十分必要。

　　2016 年，住房和城乡建设部、国家发改委、财政部联合印发《关于开展特色小镇培育工作的通知》，培育各具特色、富有活力的休闲旅游、美丽宜居等类型的特色小镇工作在全国展开。特色小镇为小城镇发展提供了新理念、新思路、新平台[13, 14]。作为江苏省公布的首批旅游风情小镇之一，阳山镇的特色发展在旅游型特色小镇中具有一定的典型性。阳山镇位于无锡市惠山区，是中国著名的桃乡，镇域面积 42.8 平方公里。2012 年经江苏省人民政府批复设立 17.5 平方公里的无锡阳山生态休闲旅游度假区。阳山拥有丰富的山水资源，山、水、桃、泉形成四大旅游特色。本文立足阳山山水格局提出生态规划策略，以期建立山水格局保护视角下旅游型特色小镇生态规划的系统框架，为类似的小城镇发展提供借鉴。

2　阳山山水格局分析

2.1　地形肌理

　　阳山地貌以低丘山林和平原为主，度假区内高程 0～187 米，拥有大阳山（最高峰 187 米）、长腰山（最高峰 112 米）、狮子山（最高峰 87 米）、小阳山（最高峰 40 米)4 座山体。长腰山、狮子山坡度较大,山体大部分坡度大于 25 度,最陡峭处达 80 度;小阳山坡度较小,大约在 3~25 度;其余地区相对平坦,坡度在 3 度以下。

2.2 水系分布

度假区内水系网状密集分布,包括河流、鱼塘和人工景观水面三种要素,以自然水系为主,桃博园内部有少量人工景观水面点缀。从分布情况来看,西北部水系较密集,向东向南密度逐渐降低(图 1)。

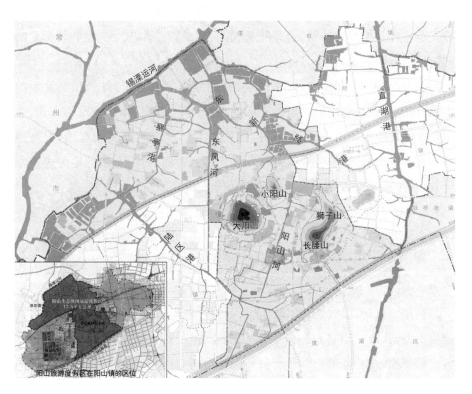

图 1 阳山山水格局现状

3 规划思路

3.1 山水格局视角下的四个重点关注

3.1.1 生态保护与特色发展相互平衡

山水资源既是小城镇生态保护的重要要素,又是进行旅游开发的基础。

应当注重生态保护与旅游特色发展相互平衡,既要保护生态格局的完整性,又要促进小城镇在旅游开发的带动下实现社会、经济、环境协调发展。

遵循"保护优先、改造为辅"的原则,以有效保护环境和引导集中建设发展为目的,将生态安全放在首位,加强建设用地空间管制,特别是沿山、沿河等生态敏感区域应重点加强保护。局部地形改造应与周边环境融为一体,力求达到自然过渡的效果。

3.1.2 弹性开发与刚性管控相互协调

复杂多变的山水地形条件使得旅游项目建设难度增大。应当注重弹性开发与刚性管控相互协调,合理把握游客与山水之间以及各类生态要素之间配置的空间关系与时间进度。

一方面,遵循"弹性递进,永续利用"的原则,坚持人与自然和谐发展的主线,以充分保护利用地形条件为基础,通过梯度开发、弹性开发的方式,在满足近期发展的同时,预留远期弹性开发用地,实现用地高效利用,促进经济、社会、资源、环境的可持续协调发展。另一方面,对生态敏感地区进行刚性管控、严格保护,守住小城镇的生态安全底线。

3.1.3 视觉感知与定量模拟相互补充

旅游特色小镇的规划发展应当以保护山、水、城之间的视觉感知为落脚点,以定量的管控指标为具体抓手,注重视觉感知与定量模拟的相互补充。

在用地布局优化、景观体系构建、城镇特色塑造等方面从人的直观视觉感受出发,营造更加宜人的美学体验。同时,为了加强规划的精度,适当引入定量模拟方法,利用GIS平台进行模拟分析,加强山水格局保护管控的精准性。

3.1.4 景观体验与旅游功能相互融合

旅游特色小镇丰富的山水资源为发展旅游产业、打造特色旅游空间、塑造特色景观点提供了重要载体。应当注重景观体验与旅游功能相互融合,既要充分利用山水资源的景观美学功能,又要协调旅游度假区的产业、服务、交通等多种功能。

一方面,充分利用小城镇的山水资源,塑造丰富的景观体验,凸显山、水等标志性形象特征。另一方面,遵循"依地造景"的原则,依据山水格局协调旅游度假区的功能布局,协调小城镇面临的环境保护、土地利用、产业布局等矛盾,促进旅游业与农业、林业等其他产业的良性互动,形成生态互补、产业互动的共同发展格局。

3.2　技术路线

　　从生态保护与旅游发展相互平衡、弹性开发与刚性管控相互协调、视觉感知与定量模拟相互补充、景观体验与旅游功能相互融合的视角出发,从高度、水网、用地三个方面构建旅游特色小镇生态规划技术路线。首先,基于三维纺锤体模型控制高度体系;其次,基于流域分析优化水系布局;最后,基于适宜性分析优化用地布局(图2)。

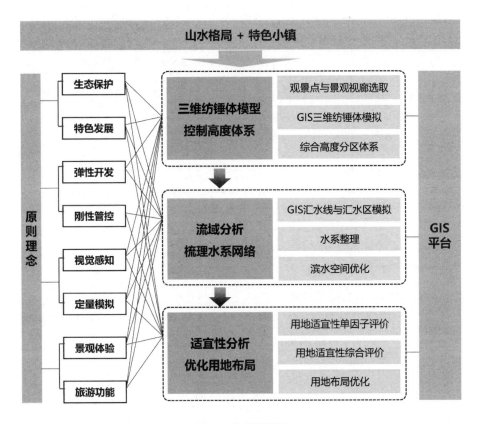

图 2　技术路线图

4 规划策略

4.1 基于三维纺锤体模型控制高度体系

4.1.1 观景点与景观视廊

基于阳山的自然地理条件,以"显山露水"为出发点,突出山水格局空间变化,选择 6 处观景点,包括大阳山、小阳山、长腰山和狮子山 4 处山顶高空观景点,以及东风河与新渎港交汇处、阳山河与西山路交汇处 2 处滨水空间开敞观景点(表 1,图 3)。不同景观节点创造不同的视觉感受。

表 1 观景点与对应视廊一览表

观景点名称	观景点位置	观景主题	视廊内容
观景点 1	东风河与新渎港交汇处滨水空间,田园东方二期附近	近有曲水绕远观山寺幽	山脚处朝东南方向,远眺大阳山、长腰山、狮子山、小阳山四座山体
观景点 2	阳山河与西山路交汇处滨水空间	身在此山中碧水隐乡情	山谷处环视一周,眺望大阳山、长腰山、狮子山、小阳山四座山体
观景点 3	狮子山山顶	此山望彼山桃花相映红	向西和西北方向远眺大阳山、小阳山,向西南方向观看近处的长腰山
观景点 4	小阳山山顶	三山环碧水小径缀田园	向西南方向观看近处的大阳山,向东南方向远眺长腰山和狮子山
观景点 5	长腰山山顶	高低不同山远近纵横水	向西北方向远眺大阳山和小阳山,向东北方向俯瞰狮子山
观景点 6	大阳山山顶	一览众山小四顾风光好	向北俯瞰水域空间,向东俯瞰小阳山、狮子山、长腰山

4.1.2 GIS 三维纺锤体模拟

通过地形图提取 DEM(Digital Elevation Model,数字高程模型)高程数据,在 GIS 平台建立空间数据库,将观景点与对应视廊进行三维化处理,并运用 ArcScene 工具划定视锥(即视点与视景间的连线)。对于不同的观景点,分别运用三维化的随机线切割生成视锥面,从而得到不同观景情境下建筑高度的控制要求。再将各观景点的高度控制 DEM 进行最小值法叠置分析,得到综合高度控制分区(图 4)。

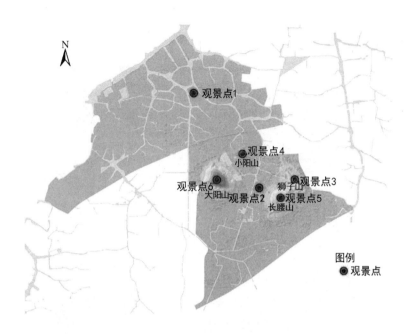

图3 观景点分布图

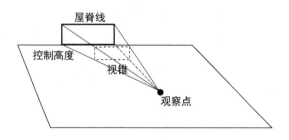

图4 三维纺锤体模型示意图

(1)视廊1:在山脚处东风河与新浧港交汇处滨水空间朝东南方向眺望,视线范围内近处是网状交错的水系以及依山起伏的建筑,远处可看到大阳山、长腰山、狮子山、小阳山四座山体高低错落的景致,形成"近有曲水绕,远观山寺幽"的观景体验(图5)。

(2)视廊2:在阳山河与西山路交汇处环顾四周均可看到山体轮廓,大阳山、长腰山、狮子山、小阳山四座山体形成环绕一圈的山体天际线,营造"身在此山中,碧水隐乡情"的观景体验(图6)。

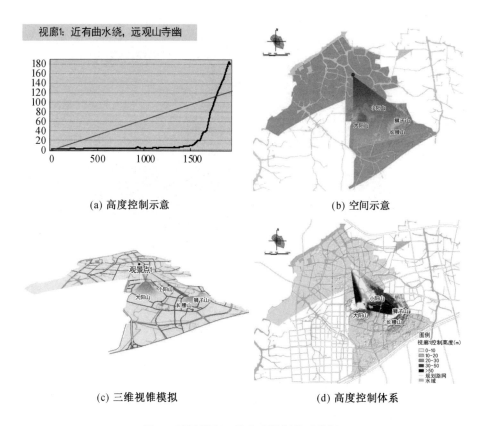

视廊1: 近有曲水绕, 远观山寺幽

(a) 高度控制示意

(b) 空间示意

(c) 三维视锥模拟

(d) 高度控制体系

图5 基于视廊1的高度控制体系分析

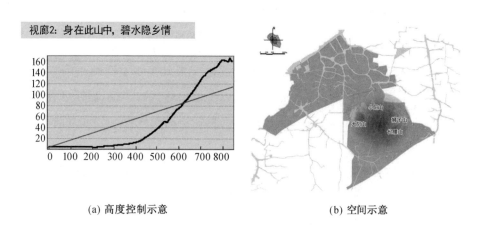

视廊2: 身在此山中, 碧水隐乡情

(a) 高度控制示意

(b) 空间示意

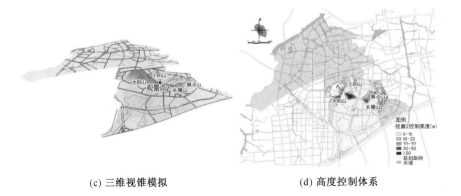

(c) 三维视锥模拟　　　　　　　　(d) 高度控制体系

图6　基于视廊2的高度控制体系分析

（3）视廊3：在较矮的狮子山山顶，向西和西北方向远眺可仰望大阳山、小阳山，向西南方向可观看近处的长腰山，营造"此山望彼山，桃花相映红"的观景体验（图7）。

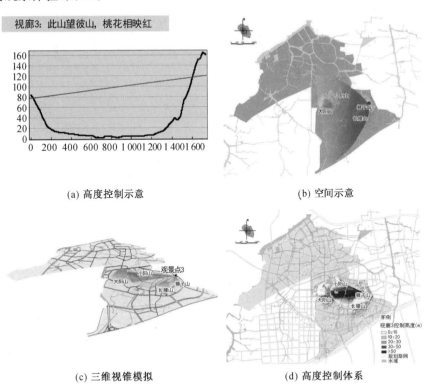

(a) 高度控制示意　　　　　　　　(b) 空间示意

(c) 三维视锥模拟　　　　　　　　(d) 高度控制体系

图7　基于视廊3的高度控制体系分析

（4）视廊4：在小阳山山顶，向西南方向观看近处的大阳山，向东南方向远眺长腰山和狮子山，形成"三山环碧水，小径缀田园"的观景体验（图8）。

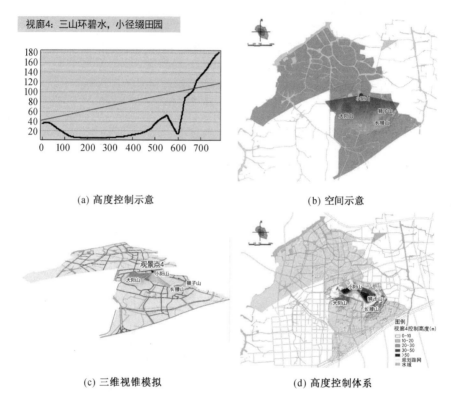

（a）高度控制示意　　　　　　　　（b）空间示意

（c）三维视锥模拟　　　　　　　　（d）高度控制体系

图8　基于视廊4的高度控制体系分析

（5）视廊5：在长腰山山顶向西北方向远眺大阳山和小阳山，向东北方向俯瞰狮子山，形成"高低不同山，远近纵横水"的观景体验（图9）。

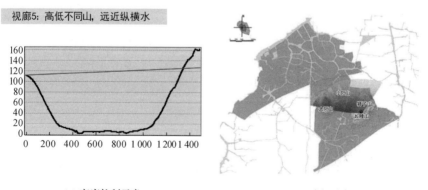

（a）高度控制示意　　　　　　　　（b）空间示意

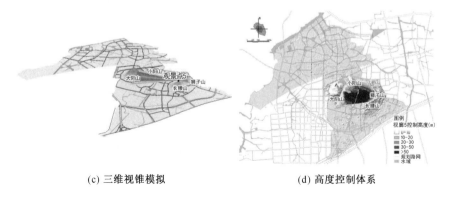

(c) 三维视锥模拟   （d) 高度控制体系

图 9　基于视廊 5 的高度控制体系分析

（6）视廊 6：站在最高的大阳山山顶向下俯瞰，向北可观水域空间，向东可望小阳山、狮子山、长腰山三座山及山脚万亩桃园，形成"一览众山小，四顾风光好"的观景体验（图 10）。

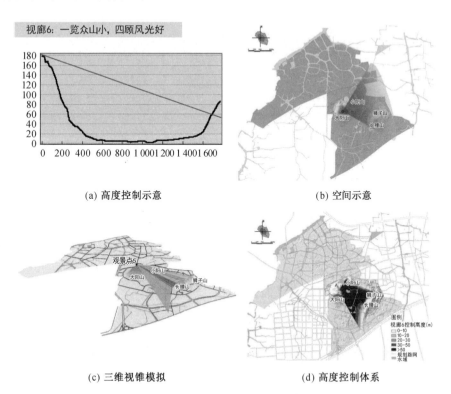

(a) 高度控制示意   (b) 空间示意

(c) 三维视锥模拟   (d) 高度控制体系

图 10　基于视廊 6 的高度控制体系分析

4.1.3 综合高度分区体系

按照观景视线最优的原则,对上述 6 条观景视廊模拟得到的高度控制体系按最小值栅格叠加法进行叠置分析,确定最终的建筑高度控制分区。旅游度假区内大部分区域建筑高度控制在 15 米以下(低层),包括大阳山和长腰山两侧的核心区(葫芦谷现状建筑除外)、南部田园生态片区内村庄建设用地,保证视廊通畅。少数建筑高度控制在 15~30 米(多层),主要为田园东方二期。30 米以上建筑(小高层)仅现状建成的桃源葫芦谷(图 11)。

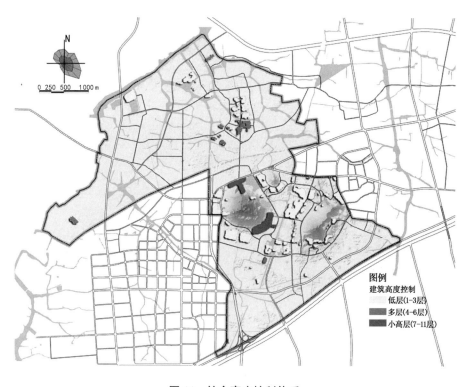

图 11 综合高度控制体系

4.2 基于流域分析梳理水系网络

4.2.1 GIS 汇水线与汇水区模拟

引入 GIS 流域分析技术方法,基于 DEM 进行地表流域分析,提取水流方向、汇流累积量、水流长度、河流网络等。根据水文分析模型自动提取的自然汇水线,将旅游度假区划分为多个子流域,并按照汇流累积量进行相应的分级，明确主次关系(图12)。

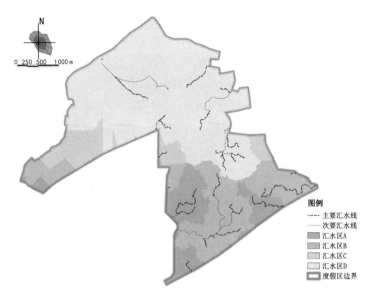

图例
- ---- 主要汇水线
- ······ 次要汇水线
- 汇水区A
- 汇水区B
- 汇水区C
- 汇水区D
- 度假区边界

图 12　自然汇水线与汇水区 GIS 模拟图

4.2.2　水系整理

将提取出的等级较高的汇水线作为规划水系布局的主要河道，充分顺应现状地形走向，疏通区域水系、扩大水面、与镇域外围水系连通，展现水网特色。通过"补水、蓄水、保水"三大措施满足镇域生态需水及旅游度假区景观需水要求(图13)。

4.2.3　滨水空间优化

以自然式、生态性为主基调，统筹兼顾旅游体验的亲水性，设计草坡式自然驳岸、石块式自然驳岸、湿地式自然驳岸、台阶式人工驳岸、悬挑式人工驳岸等五种类型。通过植被群落多样性营造、湿地群落的保护与恢复，结合丰富湿地地形、生物廊道营造，奠定物种多样性保护的坚实基础，优化滨水景观。

4.3　基于适宜性分析优化用地布局

4.3.1　用地适宜性评价

选取坡度、海拔、林地、生态红线、水体、到主要道路的距离等因子(表2)，在 GIS 平台建立数据库，进行单因子分级赋值，得到用地适宜性单因子评价结果(图14)。

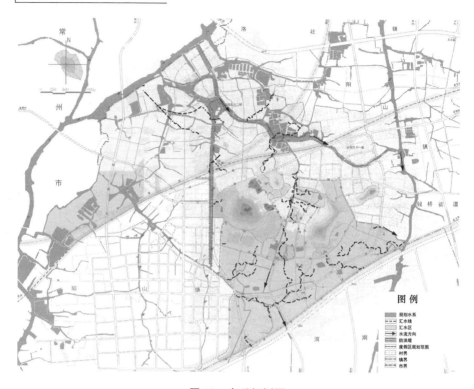

图 13 水系规划图

表 2 生态敏感因子分级赋值

分类		分级赋值	适宜性等级
坡度(°)	＞20	9	不适宜
	10~20	7	较不适宜
	5~10	5	一般适宜
	2~5	3	较适宜
	0~2	1	最适宜
海拔(m)	＞50	9	不适宜
	20~50	7	较不适宜
	10~20	5	一般适宜
	5~10	3	较适宜
	0~5	1	最适宜
生态红线二级管控区		3	一般适宜
水域		3	一般适宜
基本农田保护区		5	一般适宜

（续表）

分类		分级赋值	适宜性等级
交通因子（到道路距离,m）	＜200	1	最适宜
	200～500	3	较适宜
	500～800	5	一般适宜
	800～1000	7	较不适宜
	＞1000	9	最不适宜

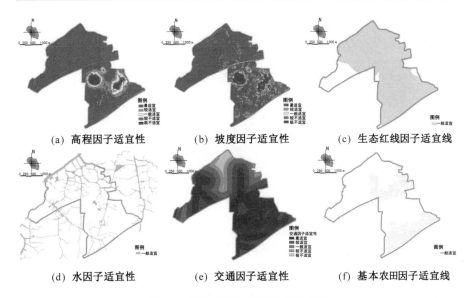

(a) 高程因子适宜性　　　(b) 坡度因子适宜性　　　(c) 生态红线因子适宜线

(d) 水因子适宜性　　　(e) 交通因子适宜性　　　(f) 基本农田因子适宜线

图 14　用地适宜性单因子评价结果

　　将用地适宜性单因子分析的结果相互叠加,得到用地适宜性综合评价结果(表 3,图 15)。在现有经济条件和技术水平下,应在适宜性等级最高的地区优先开展旅游开发,对适宜性低的地区加强生态保护。

表 3　用地适宜性综合评价结果

适宜性等级	面积(ha)	占比
最适宜	81.69	4.67%
较适宜	87.27	4.99%
一般适宜	977.42	55.85%
较不适宜	161.60	9.23%
最不适宜	128.61	7.35%
水域	313.42	17.91%
合计	1 750.00	100%

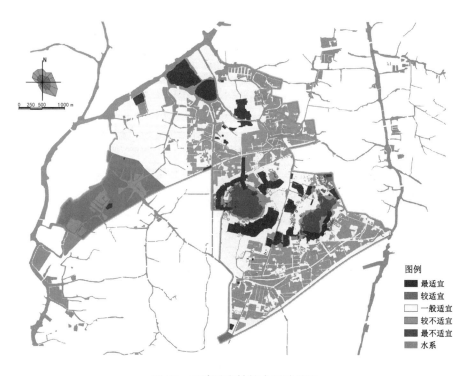

图例
- ■ 最适宜
- ■ 较适宜
- □ 一般适宜
- ▨ 较不适宜
- ■ 最不适宜
- ▥ 水系

图 15　用地适宜性综合评价结果

4.3.2　用地布局优化

按照生态优先的原则,优先保护自然山水,维护和强化生态格局的连续性,统筹城乡用地和空间布局,充分挖掘和利用生态景观资源、乡土文化资源和土地空间资源,合理开发旅游项目,构建自然山水与人居空间充分融合的格局,形成"人在山水中,城在田园中"的独特旅游体验。规划城镇建设用地 195.98 公顷,占度假区总面积的 11.20%。

5　结语

特色小镇建设是推进城镇化的重要途径。旅游型特色小镇的可持续发展高度依赖于其自然资源,应当在山水格局的引导下科学规划,合理保护、利用资源,促进其实现生态、安全、高效、宜居、低碳发展。

（1）注重生态保护与特色发展相互平衡,既要保护小城镇山水本底,又要有效利用山水资源发展旅游。通过对各类生态因子分级评价,加强高适宜性等级用地的旅游开发和低适宜性等级用地的生态保护。

（2）注重弹性开发与刚性管控相互平衡,既要严格保护生态基底,又要因地制宜的对旅游用地采取弹性、梯度开发策略。根据视廊分析和流域分析结果,对沿山、滨水建筑采取相应的弹性布局。

（3）注重视觉感知与定量模拟相互补充,既要从游客的感官体验出发优化空间布局,又要通过定量的模型模拟提高规划管控的精准性。通过三维纺锤体模型模拟视廊,结合游客的观景体验,控制建筑高度分区体系。通过流域分析,结合滨水空间体验,梳理优化水系网络。

（4）注重景观体验与旅游功能相互融合,既要体现旅游型小城镇景观上的美感,又要保证旅游功能的有效发挥。建筑高度体系、水系网络形态、旅游用地布局应当在保护山水格局的基础上结合旅游功能进行优化。

参考文献

［1］颜丹丹.山水格局与城镇个性——小城镇建设中的地域特色探讨［C］.//2012 中国城市规划年会.2012.

［2］彭瑶玲.融真山、真水之美 塑山城、江城风采——重庆山水园林城市规划思考［J］.规划师,2004,20(9):26-29.

［3］戴月.探索山水城市发展之路——以常熟市城市总体规划为例［J］.城市规划,1997(2):30-32.

［4］贾洪颖.城市山水景观规划设计方法初探［D］.重庆:重庆大学,2005.

［5］董向平.基于"山水城市"视域下的城市景观风貌规划研究［D］.保定:河北农业大学,2013.

［6］王瞳.山水格局保护视角下高度控制体系的建构——以泉州历史文化名城保护规划高度控制专题研究为例［C］//2016 中国城市规划年会.2016.

［7］张如林,邢仲余.基于山水要素的城市特色塑造研究——以江山市城市总体规划为例［J］.上海城市规划,2013(1):100-105.

［8］黄灵恩,吴海琴,谢春艳.构筑以山水城为特色的城市风貌——以台州市黄岩区城市风貌与色彩规划为例［J］.江苏城市规划,2008(6):33-35.

［9］余柏椿，万艳华.利用性保护山水特色的控制规划方法初探——以宜昌市五龙片区控制性详细规划为例［J］.城市规划，2000(4):59-63.

［10］陈玢.创新方法潜心规划北京生态涵养区特色小城镇——以密云县巨各庄镇镇域总体规划为例［J］.小城镇建设，2015(4):22-25.

［11］徐丽哲，张定青.新型城镇化建设中的小城镇生态规划策略与方法——以西安市户县秦渡镇概念性规划为例［J］.小城镇建设，2015(7):57-61.

［12］何海霞，陈玉书，钱耀军.生态文明导向下旅游特色小城镇建设研究——以海南旅游小城镇开发建设为例［J］.新经济，2016(23):1-2.

［13］宋维尔，汤欢，应婵莉.浙江特色小镇规划的编制思路与方法初探［J］.小城镇建设，2016(3):34-37.

［14］厉华笑，杨飞，裘国平.基于目标导向的特色小镇规划创新思考——结合浙江省特色小镇规划实践［J］.小城镇建设，2016(3):42-48.

中东铁路沿线历史文化名镇保护规划探析

——以内蒙古牙克石市博克图镇为例

李 婷

（呼伦贝尔市城市规划展览馆）

【摘要】 19世纪末20世纪初，俄、中、日等多个国家民族之间文化交错与碰撞，生成了具有复杂文化背景的中东铁路建筑群，但由于保护不力，许多文化遗迹正在消逝。笔者以内蒙古牙克石市博克图镇为例，通过实地调研，发掘历史文化名镇的历史价值、艺术与文化价值，从镇域范围保护规划、镇区保护范围划定、文物保护单位及历史建筑保护规划、传统街巷历史风貌保护规划以及文化资源保护规划5个方面对博克图镇历史文化名镇的保护进行了探析，以期为我国历史文化名镇的保护规划研究提供参考和借鉴。

【关键词】 中东铁路 博克图镇历史文化名镇 保护规划

19世纪末20世纪初，中东铁路的修筑催生并带动了沿线近代东北地区城镇的发展，创造了具有历史、艺术、科学价值的文化遗存，受到多元文化和审美观念的影响形成了具有时代特征和地域特征的风情浓郁的小城镇，它们是我国历史文化遗产的重要组成部分，也是全人类宝贵的物质和精神财富。中东铁路主要渗透在中国东北地区，包含北部干线（满洲里到绥芬河）、南满支线（宽城子至旅顺）及其他支线，其中北部干线途径海拉尔、博克图、扎兰屯、昂昂溪、哈尔滨、一面坡、横道河子、穆棱直至绥芬河出境，沿铁路线日渐生成了具有复杂文化背景的中东铁路建筑群，而这些历史遗存作为不可再生的宝贵资源没有得到合理保护，其历史风貌、建（构）筑物的外观、质量都存在不同程度的损坏,因此,针对中东铁路沿线历史文化名镇展开保护规划研究,用于指导中东铁路沿线城镇保护、城镇化发展具有十分重要的意义。

1 博克图镇的概况

博克图镇作为中东铁路历史地段上历史遗存较为丰富、历史风貌明显、历史格局完整的文化小镇,是中东铁路这一线性遗产沿线历史城镇、历史街区的典型代表。

1.1 博克图镇的历史沿革

博克图是蒙语,意为"有鹿的地方"。该镇位于大兴安岭南麓,东邻阿荣旗,南与扎兰屯市毗邻,西与乌奴耳镇接壤,北接免渡河镇,全镇总面积约1 049平方公里。镇区具有典型的山城特色,地势南低北高,平均海拔800米,铁路干线东西贯穿镇区,居民沿铁路两侧南北分布。

博克图历史悠久,据考证,距今7000年前的新石器时期,这里已有人类活动。经朝代更迭,清雍正十年(1732年),延博霍托驿站成为城间驿站,即博克图站。清光绪二十七年(1901年),中东铁路修至该地,于大兴安岭岭东建站博克图。1902年,大批俄罗斯人涌入该镇铺路设市,建设材料厂、建机车库、电报所、医院、学校、教堂,博克图镇貌雏形逐渐呈现。1903年,中东铁路通车营运,人口渐增,形成市镇。20世纪30年代以后,日本移民大量移居博克图,多国文化聚集于此,具有异国特色的建筑就是在这样的历史条件下筑建而成。那段历史不仅给博客图镇带来了多民族融合,而且带来物质和精神文化的繁荣。

1.2 博克图镇文化遗产现状

目前,镇域范围内拥有全国重点保护文物单位3处:百年段长办公室、百年机车库、蒸汽机车水塔;市级文物保护单位:博克图沙俄护路军司令部旧址(石头楼)、博克图员警署旧址、博克图宪兵队旧址、博克图烈士纪念碑、博克图白桦寮旧址、博克图俄式石头楼2栋、博克图俄式石头房2栋、博克图俄式砖房7栋、博克图俄式木刻楞13栋(图1)。

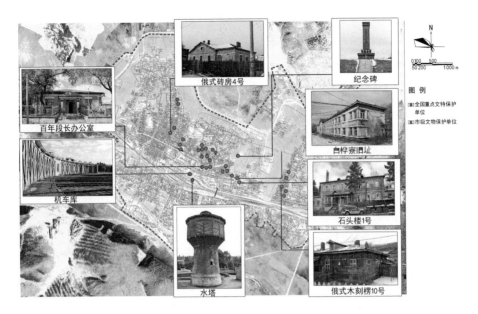

图 1 博克图镇文物保护单位分布图

　　镇区内已公布的历史建筑共计 66 处,其中木刻楞建筑 28 处,砖木石结构建筑 38 处(图 2)。

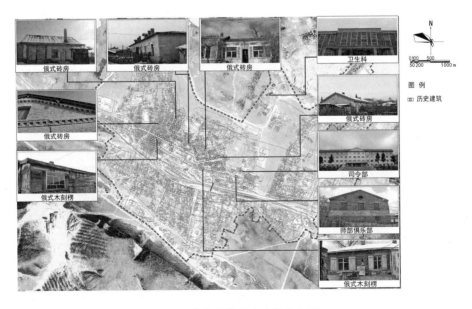

图 2 博克图镇历史建筑分布图

镇区内散落的文物古迹有古井、古树、俄式灶台、日式供水井等。

非物质文化遗产"手工打结汉宫羊毛地毯传统技艺",被评为内蒙古自治区第四批自治区级非物质文化遗产;"林业生产行话"是内蒙古牙克石市林业生产采伐时的口头语言文学,是最具有典型代表性的生产行话,2009年被牙克石市人民政府列入第一批市级非物质文化遗产名录,2013年被呼伦贝尔市人民政府列入第三批市级非物质文化遗产名录。

2017年,凭借悠久的中东铁路历史文化资源和丰富的自然景观资源,内蒙古牙克石市博克图镇入选第一批内蒙古自治区级历史文化名镇名村。

2 博克图镇的历史文化价值

历史文化名镇的独特性不仅源于物质空间格局的历史感,更大程度上源于城镇中的历史文化底蕴及当地原住民延续下来的生活状态,这些均留下了宝贵的艺术和科研财富。

2.1 博克图镇城镇发展价值特色

(1)中东铁路的修建带动博克图镇的形成与发展

1898年中东铁路开始修建,1901年修建至博克图。由于铁路运营里程及区段线路坡度等因素,大批俄罗斯人涌入城镇,开始铺路设市,修筑了建机车库、材料厂、电报所、医院、学校、教堂等,镇貌雏形逐渐呈现。1903年,中东铁路通车营运,人口渐增,形成市镇。该地在中东铁路初始的修建过程中,是俄国铁路施工专家和技术人员的工区驻地,约有万余人屯集于此,甚至还有波兰、意大利、捷克和日本等国家的设计师和施工人员在这里驻留,从那时起,博克图镇便开始充满着异国文化元素。

(2)博克图镇是近代工业化对中国人口变迁影响的真实写照

1900年至1935年,俄罗斯民族势力通过"借地筑路"迅速侵占中国东北,中东铁路周边的铁路附属地成了"国中之国",俄国民众在博克图镇的街区中不仅开展修筑和维护铁路建筑工作,同时建设了大量民宅,并开展商业活动,人口和产业的发展使俄罗斯老街日渐繁荣,中东铁路文化得以演进。博克图镇的历史发展,不仅反映了工业遗产带给中国东北的巨大变化,也反映了该镇从清末驿站发展成铁路沿线重要站点的城镇发展史,更是中国东北近代人口流动迁徙的历史见证。

（3）近代日本侵略战争赋予博克图镇文化多样性特征

1935年至1945年,中东铁路被日本全面占有,俄国的政治、军事、文化等力量从中国东北撤离。这一时期,日本为了促进殖民统治对博克图镇进行了建设,日本的近现代建筑文化与俄罗斯民族在中东铁路沿线留下的传统建筑文化及近代新艺术建筑文化为主基调的建筑文化相融合,至此,小镇形成了以俄罗斯传统文化为基调,并与日本近现代文化相融合的历史文化特征。

（4）博克图镇展现了中国东北近代军事历史

该镇既处于大兴安岭通往松嫩平原的匙锁门闩,也是滨洲西部线的咽隙咽喉,有史以来其军事地位极为重要。铁路博林线与滨洲线在此交汇,成为重要的铁路枢纽。中东铁路时期和日伪时期,博克图是重要的铁路枢纽,地形险要,铁路盘山而上,岭高坡陡,上下行列车必须在此停车加挂机头,进行补给,此外,博克图也是重点军事中转基地。新中国成立后,鉴于其重要的地理位置,成为边防和军事战备需要的重镇,中国人民解放军81672部队（守备五师）进驻到了博克图镇。

2.2 博克图镇文化与艺术价值特色

2.2.1 建（构）筑物价值特色

俄国建筑师结合山地形式、自然气候及生活特征,就地取材,因材施建,形成两大类建筑形式:木构建筑、砖构建筑（可分为纯砖构建筑和砖石建筑）。这些建筑娴熟地组合了各类材料,形成了极富空间感的建筑形态。

（1）木构建筑形态

受俄罗斯文化的影响,建筑师将木构建筑直接或间接运用在博克图镇,形成了独特的木构结构建筑形式,均演绎着俄罗斯农庄的建筑风格。"木刻楞"即是其中之一（图3）。木刻楞是圆木屋的另一种称呼,是以圆木两端上缺口互相咬合衔接叠加而成的外围护墙、以木片覆盖屋顶的木制民居建筑,是另一种木构板房式的木构建筑。

木构板房是俄罗斯乡土建筑的一种,外墙由木制板材建造,内部填充石

图 3　俄式木刻楞建筑（摄于 2016 年 7 月）

灰、木屑，用于保温，外面用长条木板包实并涂漆，起到强调界面转换的作用。木构板房节省材料、工艺简单，在林木资源丰富的博克图镇，取材方便、实用、快捷。博克图镇的木构板房，无论是建造工艺还是建筑材料的选择，都延续了俄式传统。同时，在木构民居建筑中运用的建筑装饰符号，具有固定的特殊含义。一方面，这些建筑符号能够反映出房屋主人的社会地位、道德观念、生活理想以及艺术价值等。另一方面，也体现了当地建筑与周围自然环境的从属关系特点，因此木构建筑不仅是当地物质文化的集中体现，更是精神文化的重要体现。

（2）砖构建筑形态

在俄罗斯建筑文化的影响下，博克图镇的砖构建筑在结构类型上主要分三类，砖石结构建筑、纯砖构建筑、木构与砖石混合使用的砖木结构建筑。这三类砖木结构建筑在建筑风格上均属于俄罗斯民族风格，在屋顶檐口、窗口等重要部位的处理上，都能体现出其造型特点和艺术价值。百年段长办公室始建于 1905 年，初建时作为铁路段段长办公室，目前为民居，建筑整体为砖木结构,上覆铁皮屋顶,砖砌的方式有效增强了建筑细部效果,变化多样,生动多彩(图4)。博克图俄式石头楼,因为楼体墙壁均为石筑,故人们称之为"石头楼",目前为民居,最具特点的是建筑装饰细部赋有鲜明的俄式风格,具体表现在建筑装饰中屋面材质的使用、墙体颜色的选择以及门窗装饰图案元素和线脚轮廓等方面(图5、图6)。

图4　百年段长办公室立面图(摄于2016年7月)

图5　俄式石头房(摄于2016年7月)

图6　俄式石头楼(摄于2016年7月)

(2)博克图镇规划布局价值特色

该镇以对外交通的铁路为核心进行城镇布局,沿交通线路形成了带状用地结构特征,且依托大兴安岭,呈一种山城模式(图7);镇内空间布置以原有俄国铁道职工的工作及生活区域为中心,在平缓区域建立铁路站点,带动城镇的建设及发展,并围绕火车站形成功能布局结构,依次设置了铁道办公室、职工住房、蒸汽机车库等;镇内的街区保持了中东铁路早期街巷格局——呈"轴线"形交通网络,住宅以行列式形态排布其中,格局流线清晰,中心也较为明确。

图7　博克图全景图

(3)非物质文化遗产价值特色

博克图镇先辈不仅留下了珍贵的建筑遗产,而且创造和传承了灿烂而脍炙人口的民族文化,如手工打结汉宫羊毛地毯传统技艺、林业生产行话等。

手工打结汉宫羊毛地毯是博克图镇的传统手工技艺。汉宫地毯被誉为中国东方的"波斯"地毯,地毯以优质羊毛为原料,经过纺纱、染色、编织、平毯、水洗、烘干等工艺制作而成,呈现出雍容华丽、优美抒情和轻歌曼舞般的艺术表现形式。林业生产行话是内蒙古牙克石市林业生产采伐时的口头语言文学,行话语言简练、易懂、上口,提高了劳动效率,是牙克石林业生产的遗存,具有重要的学术研究价值。

3　博克图镇保护规划

3.1　镇域范围保护规划

博克图镇域范围内历史文化保护可分为三个层次。一是把博克图镇区保护规划作为历史文化名镇保护规划的重中之重,按照《住房城乡建设部 国家发展改革委 财政部关于开展特色小镇培育工作的通知》和《国家发展改革委关于加快美丽特色小(城)镇建设的指导意见》要求,打造中东铁路沿线历史文化特色小镇,并对镇区内中东铁路建筑群制定完善的保护措施;二是挖掘镇域内具有历史遗存的村落,申请为历史文化名村,并按照《历史文化名城名镇名村保护条例》和《历史文化名城名镇名村保护编制要求》对其进行保护规划;三是针对镇域内零散分布的文物保护单位,依据文物的规模、功能和级别,在编制村庄规划时划定紫线范围和控制地带,使历史文化得到传承。

3.2　镇区保护范围划定

为了体现全面保护与重点保护相结合的原则,需要摸清博克图镇历史文化遗产的家底,并对博克图镇内历史建筑与环境要素主要分布区域进行划分。通过实地调研,可将博克图镇区划分为核心保护区、建设控制地带和环境协调区(图8)。

图8　镇区保护范围划定图

3.2.1　核心保护区

核心保护区是最能够全面地、有代表性地体现历史文化名镇价值的区域,其保护范围应最大限度地包含具有真实历史遗存的建(构)筑物以及具有真实历史载体的传统风貌遗存。根据博克图镇区内全国重点文物保护单位、市级文物保护单位和历史建筑分布,将核心保护区范围划定为:南以铁路南侧为界限,北以博克图中学南的校前路南小道为界限,向东以烈士纪念碑东侧 15 米为界,向西以先锋南小道为界,面积约为 0.89 公顷。在核心保护区内应使视觉景观要素保持通畅和连续,形成较完整的历史文化风貌。禁止在核心保护区内新建、扩建建筑物和构筑物,所有现存建筑物根据建筑评估与分类,确定保护与整治方式。

3.2.2 建设控制地带

建设控制地带在空间分布上应该位于核心保护区周边,作为背景区域存在,其划定目的是为了使核心保护区内景观风貌、建筑风格和环境特色得到延续,有较和谐的过渡,根据笔者实地调研,将其范围划定为:在西、北和东三个方向分别以镇区范围为基准划定界限,南部以一面街小河南岸为基准去划定界限,面积约为 4.2 公顷。该区域内的空间尺度可能稍有变化,但是历史文化的传统风貌和古建筑物的外观形态不得改变。而对于历史文化价值较低、破损严重的建筑物,可经管理机构批准后拆除。建设控制地带可以新建房屋,但房屋的风格、色彩以及样式等均应采用具有地方历史文化特色的建筑符号和建筑语言,紧邻核心保护区内,建筑层数控制在 1 层,檐口高度不得高于 3.5 米;远离核心保护区范围的区域,高度控制在 2 层,建筑檐口高度不得高于 7 米。

3.2.3 环境协调区

环境协调区的作用为了保证博克图镇历史文化风貌的完整性,体现整体保护与重点保护相结合的原则,笔者将其范围划定为:在南、东和西分别以镇区范围为基准去划定界限,北部以一面街小河南岸为基准去划定界限,面积约为 1.8 公顷。在环境协调区域内,新建建筑在不影响重要文物、自然景观点之间的视线关系的前提下,进行建筑高度控制。

3.3 文物保护单位及历史建筑保护规划

通过对文物保护单位及历史建筑的建筑年代、风貌和质量进行详细分析,结合博克图镇现状,有针对性制定地保护古建筑方法。在搜集、汇总建筑资料的同时,笔者提出四种不同的古建筑保护模式。一是保存,主要针对文物保护单位及保存较好的历史建筑,按照《中华人民共和国文物保护法》

规定,在保存古建筑原有模样、真实还原历史遗存风貌的原则上,按照文物保护单位的相关要求进行日常保养、加固或保存;二是修缮,针对历史风貌和质量都相对较好的建筑进行修缮,使用相同材质进行修复,对于保护对象内部的功能空间,依据实际情况在不改变外观特征的前提下,允许对内部进行适当的维修改造;三是整治,对于表面和形体与历史文化风貌存在冲突的建筑物应进行整治,通过更换局部构建、调整局部颜色等方式使之与周围环境相融合,同时按照原体量、材料、色彩、形式进行改建,使之与历史风貌相协调;四是更新,针对质量、功能和外观均有缺陷,且与周围环境存在较大冲突的建筑可以采用更新的保护方式,在与历史风貌相协调的前提下对建筑进行内部改造和外部更新。

3.4 传统街巷历史风貌保护规划

历史文化名镇的传统街巷要延续传统风貌格局,对于部分历史文化价值较高的街巷,应保持其原有的空间尺度和铺装风格。按照文物保护要求保护好文物建筑及其周边环境,近期重点整治水源街、西一道街、西沟路的沿街立面,恢复大直街、文化路、永安路两侧的传统风貌;严格保护、控制和整治临街建筑立面,使之体现俄罗斯风格民居特色;保护和控制建筑屋顶形式、材质,确保建筑立面风貌的协调;严格控制建筑高度,文物建筑、历史建筑和传统风貌建筑按原高控制,改建建筑层数不得高于1层(檐口高度低于3.5米),且不得超过周边保护建筑高度,以保护博克图镇整体传统空间尺度和轮廓;严格保护道路尺度、街巷肌理和街区空间景观特征(街景风貌、天际轮廓线)等,逐步恢复已经遭破坏的道路,保证博克图镇街道格局的完整性;对街巷风貌环境进行整治,拆除两侧违章建筑,清理影响街巷景观的悬挂的空调、电线、天线、墙面广告、垃圾桶等生活性设施和违章搭建,禁止在街巷内随意堆放杂物、倾倒垃圾;设置必要的指示标识、垃圾桶、路灯等公共服务设施。

3.5 文化资源保护规划

一是做好博克图文化空间的建档和挂牌工作,在做好博克图文化空间普查的基础上,对镇内各类文化空间进行真实、系统全面的记录,建立博克图文化空间档案和数据库。同时,完善文化空间标识系统,做好文化空间的挂牌工作,规范保护形式,增强保护意识。二是保护现存较完好的文化空间本体,大部分保存较好的文化空间已被列为文物保护单位,应按照相应的物质文化遗产保护要求对文化空间本体进行保护、整治。三是适度恢复部分已消失的文化空间,采用多种方式适度恢复部分尚存历史依据但已消失的文化空间,如设立展示牌、复建部分手工作坊、改造现状部分地块为文化展示馆等。四是还原文化空间的文化功能属性,深刻理解文化空间的物质属性与非物质属性的有机结合,以文化空间为载体,还原其承载的非物质文化遗产,突出文化空间的文化功能属性。五是通过多种手段加强对文化空间的展示、宣传,通过展示设施、出版物、广告、专题宣传片、多媒体、网络等多种手段加强对文化空间自身及其承载的非物质文化遗产的展示、宣传,扩大文化遗产的影响力,让更多的人共享博克图的非物质文化遗产,使文化空间成为博克图镇传统文化展示的窗口。

4　结语

笔者所探究的中东铁路沿线历史文化名镇保护规划内容和方法已经在博克图镇开始实施,并取得了较好的保护效果,不仅保护了博克图镇现存的历史文化遗产建筑、延续历史名镇的传统风貌,而且促进了博克图镇的人居环境改善,提升城镇品位,带动了居民生活、生产和经济发展。

参 考 文 献

[1] 石晓夏.中东铁路建筑近代化探索[D].哈尔滨:哈尔滨工业大学,2015.

[2] 魏笑雨,刘松茯.中东铁路历史建筑 多种艺术风格的荟萃[J].中国文化遗产,2013 (1):20-27.

[3] 内蒙古自治区牙克石市博克图镇历史文化名镇保护规划.

"双修"视角下苏南古镇发展策略

——以昆山市锦溪镇为例

李瑞勤　同　海

（江苏省城镇与乡村规划设计院）

【摘要】　历史文化古镇是历史文化遗产的重要组成部分,也是传承与发展地域特色、传播与弘扬地域文化的主要载体。随着城镇化的推进,城镇建设空间快速扩张,古镇发展受到建设冲击,保护工作日益严峻和复杂。苏南作为我国现代化建设先导地区之一,城镇经济发展建设与古镇保护之间的矛盾尤为突出。在我国经济社会发展进入新常态的背景下,国家提出了"城市双修"并大力推进相关工作,"双修"为破解古镇的发展难题提供了新的方法和思路。本文从经济社会、文化底蕴、空间布局方面审视苏南古镇发展存在的后续动力不足、同质化、空间格局破坏等问题,并以锦溪镇为例,深入剖析锦溪现状最为突出的矛盾和问题,通过"生态修复、城镇修补"手段,构建区域生态安全格局,彰显古镇特色,挖潜存量用地和完善交通体系,提升古镇整体面貌,为锦溪古镇发展注入新活力。

【关键词】　"双修"　苏南　古镇　锦溪镇

1　研究背景

1.1　新型城镇化

党的"十八大"提出了"坚持走中国特色新型城镇化道路,推进以人为核心的城镇化,推动大中小城市和小城镇协调发展、产业和城镇融合发展,促进城镇化和新农村建设协调推进"。新型城镇化的提出,要求全国各地健全城乡发展一体化体制机制,加快推动农业转移人口市民化,统筹城乡基础设施建设和社区建设,推进城乡基本公共服务均等化。

如果说传统城镇化的关注点更多在城镇和工业建设的话,那么新型城镇化就是从城镇的单视角转向城镇和乡村协调发展的双视角,从工业推动的单一路径转向工业、服务业、农业互动发展的多重路径。因此,在新型城镇化的过程中,工作重点必然会逐步从大城市向中小城市(镇)和乡村转移,相关政策制定也将会更加关注城镇和乡村,江南古镇必将迎来新的发展机遇。

1.2 城市"双修"

当前,随着我国经济发展进入新常态,城镇发展也相应地进入转型期,从以往快速增长、不断蔓延的粗放式发展模式逐步向低碳、生态、环保的集约化发展模式转变,因此城乡规划方法也必将由增量规划向存量规划转变。当前,国家高度重视这一转变,在 2015 年的中央城市工作会议上,习近平总书记指出"要加强城市设计,提倡城市修补""要大力开展生态修复,让城市再现绿水青山",李克强总理做出了"要通过实施城市修补,解决老城区环境品质下降、空间秩序混乱等问题,恢复老城区的功能和活力""大力推进城市生态修复,按照自然规律,改变过分追求高强度开发、高密度建设、大面积硬化的状况,逐步恢复城市自然生态"的指示。在住房和城乡建设部近期发布的《关于加强生态修复、城市修补工作的指导意见》中,也进一步明确了"生态修复、城市修补"的定位。"双修"给历史古镇的保护和更新指明了方向和发展路径。

1.3 美丽特色小(城)镇建设

城镇是衔接城乡的重要纽带,肩负着吸纳农村人口、服务城乡社会、融合城乡产业配置的重要作用。2016 年 10 月,国家发展改革委员会发布了《关于加快美丽特色小(城)镇建设的指导意见》,指出,要深入推进供给侧结构性改革,以人为本、因地制宜、突出特色、创新机制,夯实城镇产业基础,完善城镇服务功能,优化城镇生态环境,提升城镇发展品质,建设美丽特色新型小(城)镇,有机对接美丽乡村建设,促进城乡发展一体化。

2 苏南古镇特征

江南古镇是在相同的自然环境条件和同一的文化背景下,通过密切的经济活动所形成的一种介于乡村和城市之间的人类聚居地和经济网络空间。在中国文化发展史和经济发展史上具有重要的地位和价值,而其"小桥、流水、人家"的规划格局和建筑艺术在世界上独树一帜,形成了独特的地域文化现象。通过调查分析,江南水乡古镇具有如下共同特征。

2.1 经济社会发达,但后续动力不足

自明清时期以来苏南地区便有着发达的家庭手工业、纺织业、丝绸业,发展到 20 世纪 20 年代,民族工商业也发展到顶峰,是我国重要的民族工商业基地。到 80 年代初期,苏南小城镇把握住改革开放的机遇,利用其在区位、资源、手工业等方面的优势,大力发展多种产业并行的经济模式,大量乡镇企业异军突起,"村村点火、镇镇冒烟"是当时的真实写照,乡镇企业的蓬勃发展是苏南经济一路遥遥领先的决定性力量。

大量的乡镇企业造就了"离土不离乡,进厂不进城"的"就地城镇化模式",小城镇规模迅速扩大。一方面受到大城市的辐射,工业快速扩散;另一方面吸引大量的农村剩余劳动力进镇工作。伴随着经济的发展,小城镇的面貌也得到了极大的改善,各项功能设施开始得到完善,集镇贸易业趋于繁荣。

但由于以往苏南模式过度追求经济发展而忽略了城镇的生态、文化内涵,苏南小城镇普遍存在着工业与居住混杂、城镇建设粗放、历史文化保护不力等问题,城镇发展后续动力不足,亟须发展转型。

2.2 文化底蕴深厚,但同质化发展现象凸显

江南水乡从唐宋以来,在经济和文化上都处在全国的前列。江南水乡古镇作为明清时期水陆商贸城镇的典型的代表,反映出江南地区各历史时

期人类的生活状况、经济体制、生产力、生产关系等社会状况,以及传统哲学思想、道德伦理观念等深层次的文化内涵,具有极高的历史价值。

经过历史的积淀,古镇留下了丰富的历史遗存。类型多样的遗存,独特的城镇格局、多样的街巷肌理、宝贵的建筑艺术,古韵犹存的水巷、河埠、古桥、石板路等等,是城镇发展宝贵的财富。

江南古镇完好地保留着旧时江南的最后一缕呼吸,成为众多旅游爱好者的首选。然而,在江南水乡,星罗棋布的水网间随处都是历史古镇,相距不远的周庄、乌镇、南浔等知名古镇,已被诟病同质化严重,而同质化严重影响着古镇的长远发展。

2.3 空间因水而建,近代来多元化发展

水是江南水乡环境的母体,古镇因水而生,因水而发展,它的形成和发展,是一部水与人的变迁史。以水为中心的自然风貌、生活环境,直接影响了古镇的民居风格、城镇格局以及文化形态。联合国教科文组织考察江南古镇时,为其下了一个定义:江南水乡古镇是一种介于城市和乡村之间的人类聚居地,并在一定的地域形成完善的以水为中心的网络体系,它具有高度的历史文化价值,是江南水乡地域文化的集中体现。

江南水乡古镇因水成街、因水成市、因水成镇,经济的因素使得水乡城镇的平面布局与其主要流通渠道——河道有着十分密切的关系。因为河道形态的不同,城镇呈现出不同的形态特征(图1)。

上海市青村镇　　　　　　浙江省南浔镇　　　　　江苏省周庄镇

图1　因水而建的江南水乡古镇空间格局

(1)沿一条河流布局而形成的带形城镇,这种城镇规模一般不大,空间上沿一条河流带状布局,如上海市的青村镇。

（2）沿着"十"字形河流布局而形成的星形城镇,一般为中小型城镇。沿交叉的河流向四方伸展,具有较好的交通条件,如南浔镇。

（3）沿着多条交织的河流布局而形成的团形城镇,这是最具代表性的江南城镇平面形态。规模相对较大,商业繁荣,经济相对发达,常是所在地域的中心城镇,如周庄镇。

但近代以来,由于城镇经济的迅速发展,特别是乡镇工业的兴起,众多的江南古镇在这场变革中受到巨大的冲击,一些历史上留下的非常有价值的古镇环境和风貌发生了剧烈的变化。更由于缺乏合理的规划与管理,以及人们对历史文化的认识不足,使许多江南古镇遭到不可挽回的损失。苏南模式对古镇空间造成一定破坏,古镇普遍存在居住和工业混杂,企业污染古镇环境等现象。

3 锦溪现状评判

3.1 区位交通条件优越,但知名度有待提升

锦溪镇位于昆山市西南 23 公里处,东与淀山湖镇隔湖相望,南与上海市青浦区商榻镇接壤,西与周庄镇相邻,北与张浦镇、吴中区甪直镇交界。位于上海 1 小时交通圈范围内,能便捷的达到上海、昆山、苏州和周边其他古镇,区位交通条件优越(图 2)。

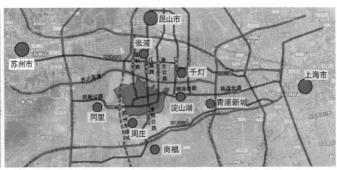

图 2 锦溪镇区位交通图

　　但与周边的周庄、角直、同里等开发成熟的古镇相比,锦溪的知名度相对较低,通过 2016 年四古镇的游客占比(图 3)可以明显看出这一现象,对游客尤其是省外游客来说,周庄、同里、角直等知名度较高的古镇是快速便捷的选择。但也正是得益于此,锦溪古镇开发强度并不高,较好地保留了江南古镇的传统风貌和居民的原始慢生活状态,这也给锦溪镇未来的发展提供了独特的后发优势。

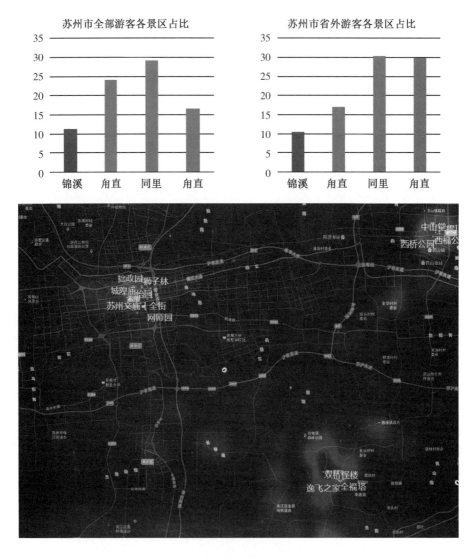

图 3　锦溪知名度与周边对比

图片来源:电信/移动的手机大数据

3.2 资源丰富而独特，但彰显不足

锦溪镇是典型的江南水乡，"水"是锦溪古镇之魂，"满溪跃金，灿若锦带"，所以得名锦溪。境内水域纵横，河流交织密布，水域面积占总面积的42%左右，有大小湖泊、沼泽、湖荡等16处，大小河流约228条。城镇河湖相通，街巷依水，桥廊相连，坐落在"五湖三荡"环抱中，自古有"金波玉浪"的美誉。

锦溪镇历史文化底蕴深厚，人文荟萃，是中国民间博物馆之乡、中国历史文化名镇。留有诸多历史文化资源，主要有水文化、商贸文化、宗教文化、水冢文化、砖窑文化等特色历史文化资源。此外还有丰富的非物质文化遗产，是锦溪独特的招牌，赋予了城镇鲜活的血液，"三十六座桥、七十二只窑"的古老民谣，凸现出江南水乡的独特神韵（图4）。

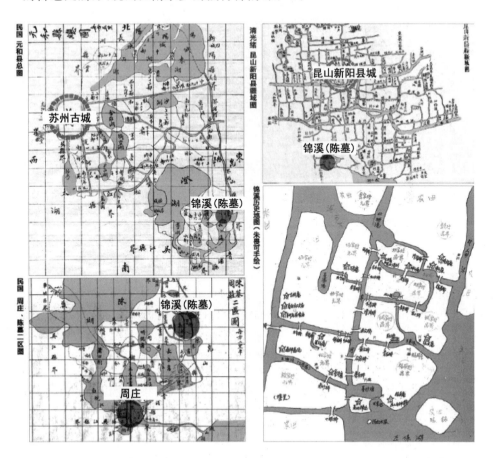

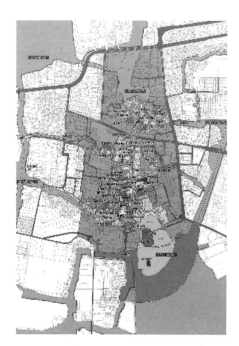

图 4 锦溪特色资源

图片来源:锦溪历史文化名镇保护规划

现状特色资源彰显不足。虽然拥有多样的自然、历史、文化等资源,但锦溪仍以古镇、古街作为城镇的主要特色,文化弘扬和物质利用相对脱节,现有文化遗存并未得到有效的传承。"博物馆"文化陷入运营困境,与周边的同里、周庄、甪直等同质化发展,并未深入挖掘和彰显古窑文化、湖荡文化、商贸文化、水冢文化等独特的优势条件,因此锦溪在与发展较为成熟的周庄等古镇的竞争中必然难以为继,亟需结合自身特色,找准定位。

3.3 空间小而紧凑,城镇更新困难

锦溪古镇规模不大,总体形态较为紧凑,街坊、街巷的组织结构清晰,街道较窄,两岸的街市在空间、视线上联系紧密。古桥、古街、民居保存得较好,建筑风格清雅,统一而富有变化。古镇内沿河建筑体量不大,空间尺度

宜人,建筑类型丰富。特别是临河建筑,体现了江南水乡特有的风格,以二层砖木结构为主,前店后宅、前店后坊为主要特点,院落空间的布局强调安静安详的生活气息(图5)。

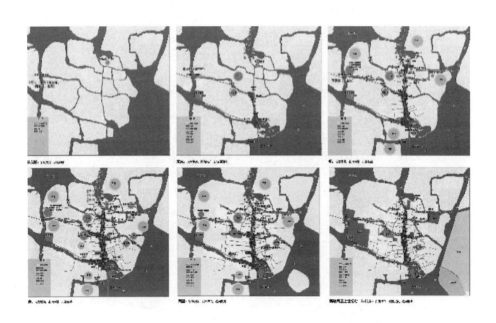

图5　锦溪古镇区空间演变示意图

但与苏南其他古镇一样,锦溪也存在着古镇更新困难的问题。首先,道路体系和停车问题尤为突出,古镇区现状道路狭窄、线型曲折(图6),贯通性较差。受河道阻隔影响,古镇区内部道路多为断头路,使得古镇南北向交通连通性较差,尤为突出的是太平路和文昌路。停车问题严重,节假日高峰期停车矛盾突出,非机动车违规占用机动车停车位,导致机动车停车问题更加尖锐,违停现象严重;其次,古镇环境品质有待提升,居住和工业混杂,工业用地和仓储用地占较大比例;居住用地多为三类居住用地(图7);锦溪古镇区的建设历经多个朝代,不同朝代,不同式样的建筑、景观聚集在同一区域内,整体风貌协调度有待提高。镇区内建筑色彩纷杂,缺乏古镇特有色彩。

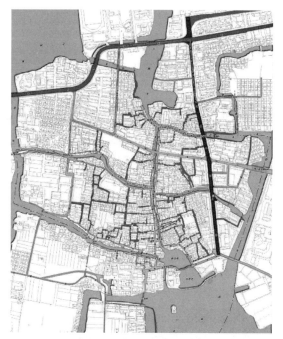

图 6 锦溪古镇区现状道路

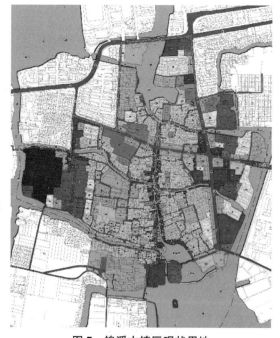

图 7 锦溪古镇区现状用地

4 发展策略建议

抓住"城市双修"和"美丽特色小(城)镇"建设的机遇,在充分分析锦溪古镇现状特征的基础上,对症下药,突破"就古镇论古镇"的发展模式,全域统筹发展,倡导"内外兼修",即古镇内部进行修补和提升,外部进行特色挖潜和彰显,走全域多元特色发展道路。

4.1 生态彰显:构建区域生态安全格局

保护和彰显锦溪古镇现状良好的生态基础,明确城镇发展的禁建区、一级限建区、二级限建区和适建区,构建区域生态安全格局。并以生态安全格局为底图,强调科学发展、资源整合,划定城镇增长边界,明确城镇发展的限制条件,防止城镇的无序扩张。保护古镇古迹与风貌,处理好城镇发展与历史文化保护的关系。依托建设用地空间管制,引导城镇发展方向,对城镇建设用地空间布局进行指导,从保护城镇生态环境的角度提出城镇土地利用建议。

4.2 特色发展:区域协同与自身特色挖潜相结合

充分借力区域发展,融入区域整体发展格局,实现区域一体化发展。同时还要立足现状基础,放眼镇域,深入挖掘和彰显自身特色,找到古镇的"魂",确立古镇个性,实现全域特色发展,努力避免与周边古镇的同质性竞争发展,努力走差异化和链条化的多元发展路线,实现古镇的提档升级。

首先,拓展镇区职能,将内敛的古镇空间向外拓展,将古镇的展示空间向外辐射,融入运动、健康等元素彰显古镇湖荡、古窑等多元特色文化。利用现状自然的湖荡、生态田园、古窑等资源条件,以亲近自然、享惬意生活为主题,在南新路西侧的生态湿地打造面向本地居民与外来游客的生态休闲产品,并以南新路为媒,串联湖荡、古窑、古镇,打造成为城镇"个性"展示的廊道(图 8)。

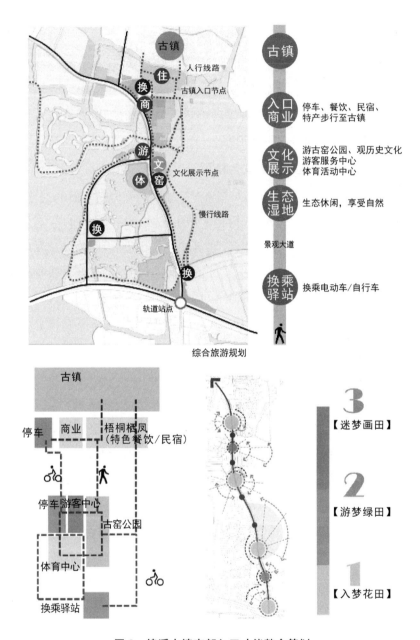

图 8　锦溪古镇南部入口功能整合策划

然后,打造全域旅游,系统梳理乡村地区特色资源,分点打造旅游点位,点点相连串接成面,塑造以古镇为核心的乡村旅游集群,倾力打造集文化体验、田园度假、运动休闲、康体养生、赛事竞演、乡居体验为一体的全域特色发展新局面(图9)。既突破了古镇"单一、同质化"的发展瓶颈,又能实现一三产业联动,推动城镇由单一古镇旅游向全域旅游的转变。

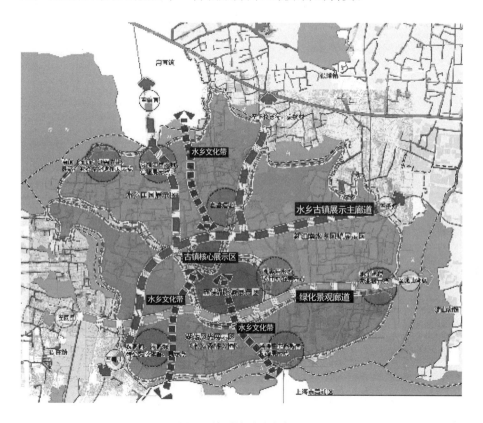

图9　锦溪镇域特色彰显

4.3　存量挖潜:历史文化遗产保护与城镇发展耦合

通过详尽的现状调研,找出古镇中影响城镇风貌的地块,作为重点改造用地,梳理出现状空地和闲置用地,为未来城镇发展和项目投放提供空间载体;通过相关规划解读,将规划与现状用地进行叠置分析,挖掘出古镇未来置换用地性质的用地,如古镇工业和仓储用地置换,明确未来城镇建设的总体方向和空间结构(图10)。

图10 古镇区存量用地挖潜

4.4 畅通出行:道路网络优化与停车改善相结合

4.4.1 道路网络优化

梳理外围路网体系,构建畅达的交通体系。充分对接区域交通体系,结合轨道交通站点的设置,对南新路和太平路进行改线,打通城镇南北向交通主路,提升其通行能力和对外交通的衔接能力,破解现状南北向交通联系不畅的瓶颈,构建快速畅达的对外交通体系。

优化古镇内部街巷,慢行为主、车行为辅,保护和重现古镇的慢生活。如针对长寿路对历史镇区造成的分割,将车行道改为步行道,引导车流外围绕行,从而保障南北历史镇区的完整性(图11)。

4.4.2 停车改善策略

针对古镇停车混乱的现状问题,关注停车秩序整治与高峰期停车矛盾缓解,总体思路为"堵疏结合、建管并举",主要从规划、政策、建设、收费、经营、管理、科技等多个方面引导停车规范化。①堵:加强停车秩序管理,突出公交优先,抑制古镇内小汽车的过度使用。在古镇外围设置3处停车场,配置公交、自行车等设施;②疏:因地制宜、挖潜改造,设置临时车位等增供手段,缓解重要区域的矛盾。结合现状绿地、空地等设置临时停车位,疏散车流;③建:推进停车产业化、民营化政策,加快公共停车设施建设。通过科学选址,新建永久停车场,缓解停车压力,减少路内停车;④管:鼓励建筑配建对外开放、智能化的管理系统。

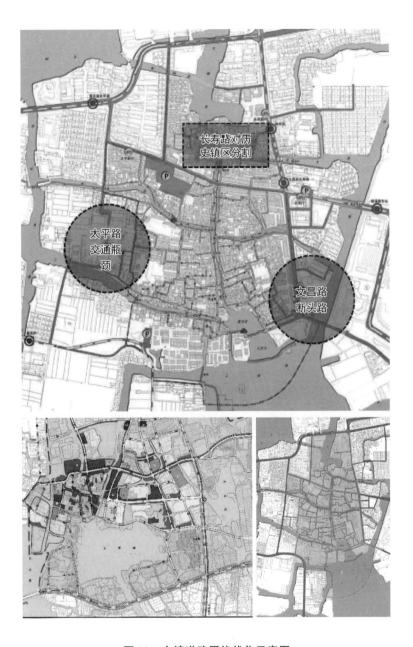

图 11　古镇道路网络优化示意图

　　针对非机动车停放问题，结合街道现状基础和街道沿线风貌特征，对古镇每条道路的非机动车停放给出具体的指引措施，引导建设停车、休憩二合一的非机动停车设施，兼顾充电功能，逐步引导古镇非机动车停放规范化(图12)。

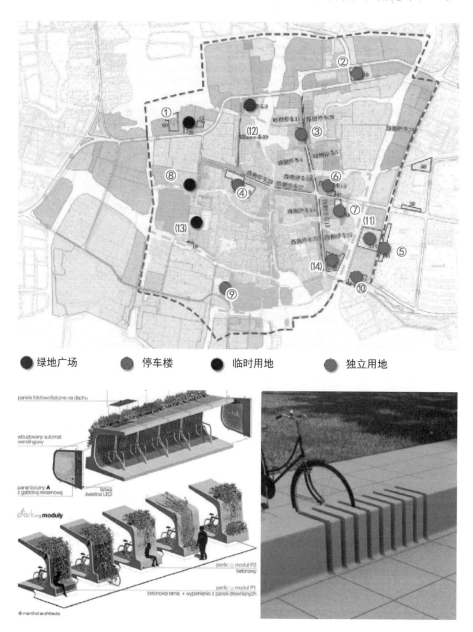

● 绿地广场　　　● 停车楼　　　● 临时用地　　　● 独立用地

图12　锦溪古镇停车场选址及非机动车停放设施引导示意图

积极推进智能化停车诱导系统建设，及时发布区域停车信息，提高泊位利用率，减少车辆无效绕行，重点区域实现智能化管理（图13）。

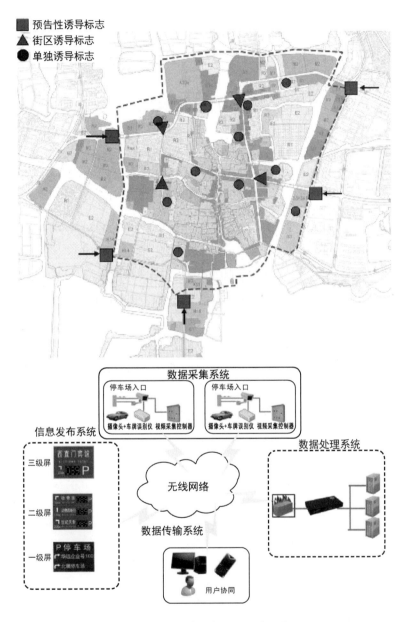

图13　锦溪古镇停车诱导系统示意图

5 结语

"双修"视角下的古镇更新改造是一个极其复杂的过程,涉及的面广,工作量大。由于古镇的特殊性,一方面存在着迫切的改造和发展需求,另一方面又有着严格的保护要求,规划要在两者之间找到平衡。要跳出就古镇论古镇的发展模式,放眼全域,找到古镇自身的特性,避免与周边同质化发展;对古镇区要对症下药,制定针对性强、作用显著的规划改造策略,以保护的角度对古镇进行改造提升,以最小的成本实现最大的成效。

参考文献

[1] 阮仪三,邵甬.江南水乡古镇的特色与保护[J].同济大学学报(人文·社会科学版),1996(1):21-28.

[2] 姜平.江南水乡金三角:乌镇 西塘 南浔[J].中国国家地理,2002(2):25.

[3] 段进,季松,王海宁.城镇空间解析:太湖 流域古镇空间结构域形态[M].北京:中国建筑工业出版社,2002.

[4] 单霁翔.城市文化遗产保护与文化城市建设[J].城市规划,2007,233(5):9-23.

[5] 熊侠仙,张松,周俭.江南古镇旅游开发的问题与对策:对周庄、同里、(角)直旅游状况的调查分析[J].城市规划学刊,2002(6):61-63.

[6] 张琴.江南水乡城镇保护实践的反思[J].城市规划学刊,2006(2):67-70.

[7] 谢小敏.苏州地区水乡古镇空间拓展研究[D].苏州:苏州科技学院,2008.

黄土高原沟谷型聚落民居变迁及城镇建设问题*

郝从容

（太原师范学院管理系）

【摘要】 山西省交口县双池镇位于吕梁山脉的东麓,是典型的黄土高原沟谷型聚落。本文以该镇为例,通过实地调研的方法,分析了自明清以来不同时期的同类小城镇民居在外部形态、内部陈设及整体分布方面所呈现的变化,发现民居传统特色逐渐消失,城镇地域风貌逐渐淡化,且民居分布的密集度近年来急剧增大,分布范围迅速扩大。针对此现状,提出了基于民居变迁的黄土高原小城镇发展策略。

【关键词】 黄土高原　河谷型聚落　民居　变迁　传统特色　地域风貌
小城镇　发展策略

1　黄土高原及其窑洞民居

黄土高原是世界上最大的黄土沉积区,位于中国中西部,包括太行山以西、秦岭以北、青海日月山以东、长城以南的广大地区,横跨中西部7省,面积53万平方公里[1],分为山地区、黄土丘陵区、黄土塬区、黄土台塬区、河谷平原区。黄土高大部分为厚层黄土覆盖,水土流失严重,生态环境脆弱。

窑洞是黄土高原最典型的居住形式。窑居是黄土高原人适应自然条件的一种选择。黄土结构为"点、棱接触支架式多孔结构",土体疏松,垂直节

* 基金项目:山西省社科联重点课题"山西省传统村落精准扶贫模式研究"(SSKLZDKT2016116)。

理发育[2]，宜于凿穴，同时，黄土中细粒物质如黏土、易溶性盐类、石膏、碳酸盐等在干燥时固结成聚积体，使黄土具有较强的强度，直立性强，可以保证挖好的墙壁不坍塌[3]。因此，深厚结实的黄土为窑洞的生存和发展奠定了基础[4]。建成后的窑洞具有冬暖夏凉、就地取材、建筑费用少、成本低、节约土地、施工所需人员少、对环境的破坏力度小、建成后使用寿命长、绿色环保等优点[4]。

受沟壑纵横、支离破碎的地形所限，除较大的黄土台塬区、河谷平原区外，黄土高原的聚落多为零星分布，独立于村落之外的窑洞也很多见。近年来，随着城镇化进程的加快，较宽阔的丘陵之间的河谷地带成为主要的人口聚集地，为当地小城镇的发展提供了有效的空间。交口县双池镇便是其一。

2 双池镇概况

双池镇行政上隶属山西省吕梁市交口县，地理上位于黄土高原的东部，西接吕梁山，东临晋中断谷，地貌为黄土梁筛丘陵，平均海拔 1 000 米，东、西为丘陵山地，大麦郊河由北向东南纵贯全境，形成了黄土丘陵地区曲流宽谷的地貌特征。

双池镇的经济传统上以农业为主，主要的农作物有小麦、玉米、谷子、豆类，近年来采矿业和冶炼业甚盛，矿产资源以煤炭、硫铁矿、铁矿的储量较为丰富，主要的乡镇企业有炼焦、炼铁、炼磺、耐火材料和煤炭等，运输、车辆修理、商业、服务业也较为发达。[5]双池镇历史悠久，历史上是晋西名镇之一。由于传统的商业贸易兴盛，故有"旱码头"之称[6]。由于地处较偏僻，镇上保留了清、民国、新中国成立等不同时期的老宅院和民居。这些传统民居与改革开房后新建的排院及矿产经济后催生的新式住宅楼共存一方，反映出镇子的历史变迁，也将传统与现代的矛盾呈现在城镇规划和建设者的面前。

3 双池镇民居外部形态变化

从双池镇目前所保存民居来看，该镇民居的外形和功能的变化经历了以下几个阶段。

3.1 清代大院

双池镇保存有为数不少的清代民居建筑,最早的可以追溯到清咸丰年间。清代中叶双池镇已经出现具有一定规模的商业店铺,并且日渐形成商业网络。业主们经商发达以后,在谷地周边或较远的地方依山就势兴建宅院。这种宅院多为二进或三进窑洞式四合院(图1),结构完整、功能齐全、布局规整,既保持了晋西传统窑洞民居的共性,又继承了晋中民居的风格。这种民居的房屋是在土崖立面上挖土成窑,经青砖饰面,正房有砖砌檐饰,显得古朴庄重(图2)。穹窿形立面,木格门窗,木质屏风,木雕工艺细腻、娴熟,雕刻图案精美,造型优美,集北方的厚重与南方的灵秀于一体(图3)。两面有云梯直达屋顶,屋顶视野开阔,可休憩、纳凉、瞭望(图4)。目前建于这一时期的宅院有的大体布局尚存,但部分建筑或因年久失修濒临倒塌,或因功能退失已被废弃,有的则被后期建筑从内部分隔,原有格局已不复存在,只留下一间半宅或残垣断壁,参差不齐地与新建房屋簇拥在一起。

图1 窑洞式四合院

图2 房屋立面

图3 木雕

图4 云梯

3.2 民国老宅

民国初年,双池镇有110家店铺,主要经营绸缎、粮食等行业。民国三十五年(1946年),民主政府对工商业实行保护政策,私营企业得以恢复和发展[7]。一些家道比较殷实的家庭新建靠崖式或夯土式住宅院落,这些宅院,大体延续了清朝的建筑风格,没有太多新的变化。清末至民国初年,当地农村的富裕家庭多维系三世、四世甚至五世同堂的直系血亲大家庭,而贫困家庭则趋向成家以后即分开另过的家庭模式,因此普通家庭的住宅,大多为单孔或单排靠崖土窑,住宅规模趋向简单(图5),窗户和门楼装饰也不比之前(图6、图7)。由于选址逐渐向坡底下移,夯土加整体外砌青砖的窑洞逐渐增多(图8)。

图 5　普通家庭住宅　　　　　　图 6　门楼装饰

图 7　门楼装饰　　　　图 8　外砌青砖的窑洞

3.3　新中国成立时期窑洞及房屋

新中国成立初期，由于社会制度、经济体制和家庭结构的改变，窑洞民居趋于简单化，在建筑规模、装饰工艺、功能完备性等方面都没能胜出。院内的房屋格局较为简单(图9)，窑洞门窗的装饰性也不比之前，窗户由简单的四方形格子代替了原来的拱形精美木雕(图10)，遵循了从简的原则。由于房屋选址进一步下移到河谷，砖拱式窑洞逐渐代替靠崖式土窑，并出现了后墙开窗的例子，这使窑洞的通风条件得以改善。这一时期的院落正门有明显的时代标记(图11)。

聚落吸纳了东部汾河谷地的建筑元素，出现一定数量的坡顶房屋建筑(图12)，使得作为农商结合地带的双池镇呈现出民居类型的多元性和复杂性特征[8]。

图9　院内房屋格局

图10　四方形格子窗户

图11　院落正门

图12　坡顶房屋建筑

3.4　改革开放初期砖砼窑排院

这一时期的民居主要分布在远离山脚的平坦河谷地带，整齐地以排房院落的形式并列分布。由于经济发展,人口增加,单位陆续建设职工宿舍。宿舍以院落为单元,整齐排列(图13)。院内于正北和正西面建有正房和偏房,房屋大部分为一层砖拱式窑洞,其中以扇面形砖拱窑洞居多,其次为传统的椭圆顶式窑洞(图14)。窑洞用烧制的青砖砌成,砖的规格也比清代和民国小。屋门和院门的造型基本上保持了当地的窑居特色。其他零散的房屋在建造时,有的在保留窑洞基本特色的基础上,窑脸有所改变,或增加了拱形屋檐,或窑顶用砖砌成镂空图案,有的则完全没有了窑洞的风格(图15)。

人们对生活质量的追求使得做饭和取暖逐渐分离,厨房从窑洞中独立出来。取暖方式也有所改变,起先,住户利用厨房的土炉灶烧暖气给窑洞供热,后来,出现了独立的锅炉房这一功能性建筑。锅炉房的出渣口一般建在院落外面,院门口有堆放燃煤的场所(图16)。

图13 职工宿舍

图14 椭圆顶式窑洞

图15 完全没有窑洞风格的房屋

图16 锅炉房的出渣口

3.5   90 年代二层楼排院

这一时期的民居分布呈现两种趋势,一是进一步向河床两旁的平地延展,形成中心镇区的新街,二是进一步向周边岔谷纵深延伸,形成"后沟"等辐射型街区(图 17)。前者在形态上延续 80 年代的独门排院(图 18),但表现出与之前不同的三个特点:住房由一层改为二层,目的是在有限的面积上增加居住空间(图 19);二是院门较为宽大,便于车辆出入,并与高大的建筑比例协调(图 20);三是传统的窑洞民居的特色逐渐消失,表现在院门和住房门窗样式上;四是前店后宅、商住两用式住宅流行,建筑的后窗门(临街的窗门),开得越来越大,甚至出现了后凉台,目的是便于做买卖(图 21);五是外表装饰更加靓丽,出现了瓷砖、马赛克贴墙、琉璃瓦饰边的例子;六是家宅平安的文化意识尚存,但镇宅瑞兽的形象由立体转为平面(图 22)。

图 17   辐射型街区   图 18   独门排院   图 19   二层住房

图 20   宽大院门   图 21   后凉台   图 22   镇宅瑞兽

3.6   资源经济时期社区住宅楼

双池镇所在交口县境内矿产资源得天独厚,煤、硫、铁、铝是储量较大的四大矿产,石膏、石灰碳、白云石、耐火黏土等矿产也有分布。1984 年后,采煤、冶铁、生铁铸造、炼焦、煤炭运销和炼磺等产业崛起。进入 21 世纪后,矿产资源经济得到空前发展,成为推动县域经济发展的主导力量和重要产业基础,带动了其他各行业的发展,县域经济急速增长[9]。经济的增长推动了生活模式的改变。这一时期,单元住宅楼成为主要的居民住宅(图 23),住宅楼底层多为商用。同时出现了别墅式住宅(图 24)。独门宅院仍有建造,但院中增加了车库这一功能建筑(图 25)。建筑材料采用钢筋、水泥等,建筑外观色彩鲜艳靓丽,但由于燃煤和运输带来的粉尘影响,常蒙有较厚的黑灰。住房前后通透,通风好,采光好,采用小区集中供暖,取暖方便,并且有太阳能热水器供使用。门窗和大门改为大格方形(图 26),本地化特色进一步消失,非本地化元素日益增多。

图 23　单元住宅楼

图 24　别墅式住宅

图 25　车库

图 26　门窗和大门

3.7　经济结构调整时期新式住宅楼

随着煤炭资源整合和新型城镇化建设,双池镇建起了农村居民搬迁安置小区(图27),部分居民建起独立的现代化住宅(图28),房屋的居住条件进一步改善,但程式化和模式化现象明显,住宅的传统特色继续消失。不仅如此,西洋建筑的元素被引入(图29),地域风貌有被破坏的趋势。

图27　农村居民搬迁安置小区

图28　独立的现代化住宅

图29　西洋建筑元素

4. 双池镇民居内部形态变迁

传统的窑洞民居建筑,内部陈设主要由土炕与灶台构成。这个用黄土与砖块砌成的土炕(图30),是窑洞内最为重要的一部分,集做饭、吃饭、休憩、接待客人等功能与一体,妇女们做衣服、缝补,都是在这个地方。土炕也是家里小孩子嬉戏玩耍的重要场地。土炕的右边连接的是灶台(图31),灶台与土炕连接,中间建有特殊的过烟结构,灶台在做饭的过程中,加热了土炕,土炕把热量传递到了屋内,这样,一个土炕便起到了做饭与取暖两个功能。土炕与灶台占据了一间窑洞将近一半的面积,另一半便是人们用来在室内活动的重要空间,叫做"脚地"(图32),这不仅是妇女做饭与操持家务的地方,也是用来放水缸、碗柜、椅子等物品的地方,窑洞后边靠墙的地方,一般左右两边会放两个大的木质立柜,中间有一部分空余的地方,上一个小门或拉一个帘子,里面用来堆放一些杂物。[10]

图30 土炕　　　　　　　　　图31 灶台　　　　　　　图32 "脚地"

随着时代的更迭,窑洞的内部结构布局和陈设都发生了革命性的变化。起先,为了阻挡灶台的油烟、灰尘,窑洞被隔成了里外两间,灶台在外间,土炕在里间,出现了灶台与土炕的分离,里屋也摆进了立柜、缝纫机、收音机等家具。接着,轻巧的炉子代替了笨重的灶台。再后来,取暖条件进一步改善,暖气出现,同时,受外来文化的影响,窑洞内部也分出了客厅、卧室、厨房以及储物间等功能分区。火炕的功能渐渐被减弱,出现了木板床,灶台大多被废弃。墙壁、屋顶的装饰讲究起来,电视柜、沙发、写字台、电脑桌等各种现代家具用品陆续进入。当地民居建筑结构与功能的变化,反映了居民生活方式的变化。[11]

5 双池镇民居布局变迁

随着人口的不断增加,双池镇居民住宅区不断扩大,呈现以下蔓延趋势。

5.1 自上向下延展

过去,山区人口较少,人们都把窑洞建在黄土层深厚的山坡较高处,且分布稀疏。后来,窑洞选址逐渐下移,发展到山脚。当没有足够的土崖建造窑洞时,住宅向河谷低洼地带广泛延伸,逐渐逼近河床。

5.2　辐射型延展

越来越多的住宅建在河谷地带,与商业设施和公共建筑一起沿河纵向分布,形成多条街道。街道与河谷平行,距河床越近,街道越新。与此同时,人口逐渐向大麦郊河河谷两边的狭窄支流河谷侵犯,形成了沿支流河谷呈放射状分布的特点。

5.3　密集连片型延展

受限于地形和面积,小镇内部的住宅密度逐渐增加,镇子变得拥挤。同时住宅和工厂逐渐向南北延伸,与相距较远的北边的桃红坡镇和南边的回龙镇几近同城,大有连点成片发展的趋势。

6　基于民居变迁的双池镇城镇发展策略

6.1　保留民居传统特色,延续黄土地域风貌

面对民居传统特色逐渐消失,城镇地域风貌逐渐淡化的现状,应采取以下保护建议:①对城区进行详细的片区规划,分出新城区和旧街区,对不同的区划进行分类规划和建设,旧街区侧重保护,新城区注重合理发展。②对旧街区的老窑或老宅进行详细登记,记录其建造历史、保存现状、现住户信息等内容,建档保存。③对于破损不严重、仍可以居住的老窑或老宅,鼓励住户在对其进行内部改造和外部整修的基础上,继续居住。政府应对修复难度较大的老窑或老宅给予适当的经济补贴和技术支持,尽量保留传统建筑的风貌。④对于废弃的窑洞,政府可以征用,投资并进行加固修缮,用于他用。对于结构功能比较完整的典型窑洞进行复原修缮,开辟为家乡博物馆,用于传统民居展示或体验。⑤在建立基因组团的基础上,提取本地传统住宅的风格要素,并将其运用于新住宅的施建,使新住宅在改善内部设施的条件下,在外观设计上尽量保留传统元素,体现地域风貌特色。

6.2　控制城镇规模,分散部分人口

综合双池镇的区位、地形、交通等条件,其定位应为工矿和商业为主的

小城镇。因此,适当地控制城镇规模,分散部分人口,改善基础设施建设、优化环境应为今后的发展要务之一。面对人口集聚过快的现状,应将人口向周边城镇扩散,或结合煤矿复垦、美丽乡村建设,引导部分人员回乡发展乡村旅游。

6.3 改变单一经济结构,开辟经济增长点

双池镇在过去的几十年里长期依赖矿产资源,近年来随着多数煤矿生产被叫停,经济发展出现滑坡,人民生活水平受到影响。为此,一方面,双池应继续发展商业经济,平衡周边大城市与广大乡村的发展,发挥其乡村连接外部资源的重要平台的作用。另一方面,积极开辟新的经济增长点,引进新型化工、新型能源、新材料等产业,促进产业升级、经济转型,同时改善基础设施,提升环境质量,保持小城镇特色,为休闲农业与乡村旅游的发展提供集散服务。

参 考 文 献

[1] 李军环. 黄土高原窑洞民居[J]. 国土资源,2006(3):58-61.

[2] 袁晓波,尚振艳,牛得草,等. 黄土高原生态退化与恢复[J]. 草业科学,2015(3):363-371.

[3] 赵梅绍,姜鑫,侯文达,等. 黄土高原地下窑洞开发思路探究[J]. 安徽农业科学,2014(6):1754-1756.

[4] 谢浩. 从黄土高原窑洞到现代掩土建筑[J]. 混凝土世界,2009(3):74-78.

[8] 霍耀中. 山西碛口古镇历史建筑文化相融现象探析[J]. 中国名城,2011(10):33-37.

[5][6][7][9] 山西省交口县地方志编纂委员会. 交口县志[M]. 上海:中华书局,2002.

[10][11] 党安荣,郎红阳,冯晋. 陕北窑洞民居建筑的变迁与保护探讨[C]//绿色乡土建筑与传统聚落更新学术研讨会. 2009.

五、小城镇特色化发展背景下的乡村发展

乡土中国的社会性规划：
基于鄂东某传统村落的社会实践[*]

姚华松

（广州大学广州发展研究院）

【摘要】 面对全球化、城市化和现代化前所未有的冲击，传统的"乡土中国"已渐行渐远，乡村正在经历经济、社会和文化等多面向和不同程度的解构与重构。数不清的个案和普适性的认知是"乡村怎么了，乡村回不去了"，换言之，乡村不仅是作为一个寄寓乡愁的载体，更加是作为一个"问题的场域"而存在。笔者认为，对于乡村的建设和规划，社会性规划比物质性规划更加重要，更加迫切，我们审视和观察乡村的视角应该发生转向，即从"乡村发生了什么，乡村怎么了"转向"如何重拾乡村的价值，如何激发乡村的活力"。从社会规划的角度，结合作者自己的切身经历和实践行动，详细回顾了参与其家乡乡建活动的心路历程，系统阐述了乡村社区社会性规划的工作方法和实践模式，借此试图探讨"乡土社会"复归的可能性路径。

【关键词】 乡村建设 社区参与 社会性规划

1 中国乡村常态化图景

城市化、工业化以及市场经济的组合体制下，配合以户籍制度的放松，

---
* 基金项目：国家自然科学基金项目（41671143）、国家社会基金项目（12CSH030）、广州市"羊城学者"科研骨干项目（12A023D）。

中国农民的流动性、活动能力和范围得到很大释放,城市和乡村之间的经济、社会与文化互动日渐密切,传统的"农民"身份摇身一变成为"农民工"(或"进城务工人员"),他们中的多数人进城打工获得物质性收入,极大改善了家庭生活质量,却很难获得身份性认同,他们中的多数人认为"根"依旧在农村老家,城里人也认为他们是"外地人""外乡人"。平日的常态化农村,就剩下留守的老人、残疾人、小孩和少数妇女。

在华人世界公认的最重要节日——春节期间,中国的"春运"无疑是世界上最壮观和最大规模的人口流动现象。换言之,"回家过年"已经深深扎根于中国 6 亿农民的心田。农村最热闹的时候莫过于春节前后一个月左右,家人团聚欢度春节。笔者眼里,春节是一个窥视当代中国乡村社会变迁和人际互动的良好契机,因为在这一时段作为乡村的事实性行为主体发生汇聚,乡村人口结构和规模谱系趋于完整,可以有效规避平日"空心村"必然引致的乡村社会建设主体的客观缺失。从乡村社会学的基本视角,我们要回答的一个基本问题是村民的组织与行为特征及其特定的结构与功能。笔者的观察结果是,农村的年轻人忙于各种应酬和社交活动,要么迷恋赶场聚会,要么沉迷于赌博打牌,吃完东家吃西家,老人则忙于准备年货与接待宾客,弄得心神疲惫,寒假期间的小朋友们更多是自娱自乐以及完成寒假作业。两个基本的感觉是:其一,不同年龄层的人相互之间缺乏有效的沟通和深度交流,"家"的感觉消解些许,"做家"(home making)的努力程度不够[1],各玩各的,各忙各的,尤其是作为一个村聚落的集体活动更是少之又少,从前的作为"乡土社会"最核心特质而存在的"熟人社会"、生产与生活方式的时空并置性和集体性消失殆尽,取而代之的是原子化、碎片化与个体化现象日趋严重。其二,无论年轻人还是老人都较之从前更加忙碌,时间观念总体上明显更强,"没时间""没空"等作为城市性典型表征的词语从新时代农民那里可以脱口而出,不难看出,市场经济、城市化和工业化及与之相伴的快节奏和功利化的生活方式把乡村原有基于乡缘关系的共同体、惬意悠闲的慢生活等乡村特有的生产和生活方式冲蚀殆尽。

同时,乡村不仅是作为一个寄寓乡愁的载体,更是将其作为一个"问题的场域",各种客观存在的乡村问题触目惊心:赌博成灾,垃圾成堆,环境污染,生态恶化,交通建设滞后,官吏贪腐,送礼成风,空巢家庭,留守儿童厌学叛逆,读书无用的论调盛行,两性关系混乱,情感表达与交流严重缺失,等等。我们既往认定的作为对抗久居都市而浸染的匿名性、物质主义、功利化和"陌生人社会"的作为"家"和"故土"的精神家园正在渐行渐远,"我们的家到底在哪里""我们的精神家园去哪儿了",深深拷问着每个人的内心。

面对这种境况,理论界产生了强烈的反响。尤其在我国实施城镇化战略大背景下,各种城市病层出不穷的大环境下,"郊区化""逆城市化"成为"过度城镇化"的应然性产物,甚至成为趋势,各种反城市主义、乡村主义、乡村情结、乡愁、故乡、家空间等相关主题的成果层出不穷[2-9],学者们较多从文学、地理学、经济学、管理学、规划学、民俗学等视角对"乡愁"开展论述。其中最引起关注的是近年以在校研究生、青年教师为主的博士春节回乡记,俨然已成为一道奇特的风景,最有影响力的作品大致包括:上海大学王磊光博士的《一名博士生的返乡笔记:近年情更怯》,中国社科院常培杰博士的《回乡偶记:双重视域下的农村生活》,《财经》杂志社记者高胜科先生的《春节纪事:一个病情加重的东北村庄》,广东金融学院黄灯老师的《一个农村儿媳眼中的乡村图景》。最近,黄灯还出版了专著《大地上的亲人》,该书通过对 3 个村庄亲人生存的描述,以此观照转型期中国农民的整体命运,并试图勾勒其生存和命运抗争的复杂图景[10]。与此同时,"乡村建设研究""中国社会学""澎湃网"等知名公众号也推出系列"返乡记"发布平台,并力邀温铁军、贺雪峰等相关领域专家加盟论道。总体上,上述研究和讨论有助于明晰和理解当代中国乡村的深刻转型过程与机理,较好解答了"乡村发生了什么,乡村怎么了"这一问题,但囿于局外人的身份和地位,已有研究依然无力回答"如何重塑乡村价值,如何激发乡村活力"这一命题。换言之,已有研究者往往有意无意站在城市的外部立场和从知识分子理性逻辑的角度去审视和观察乡村变迁,更多充当一个故事讲述者的角色,而不是一个改良者和实践者。已有相关研究缺乏对村民自立、自发和成长与发展的信任和认知,缺乏从社区营造和社会工作角度去发掘、挖掘、培育和建构乡村社会资本。同时,大量以地理、规划、建筑背景的科研工作者在"乡愁"的牵引下,开展了大量乡村规划,问题是多数规划停留在物质层面(physical planning),真正意义上的社会性规划(social planning)鲜见,上述规划很少触及当下中国乡村的根本问题:原子化和碎片化的乡村。因此,笔者以为,乡村的社会规划师当务之急,是通过社会工作和社区营造的工作方法来开展规划,这也是乡村社会性规划的根本所在。

2　基于社会性规划视角的乡村建设实践

笔者一直从事城市社会学、社会地理方面的教学和科研工作,专业视角尤其强调社会建设(society building)和社区营造(community making)、社区能力构建(building community capacity)和公共空间营造(production of public space)等,其中自组织(self-organization)、赋权(empowerment)、自我形塑技术(self-shaping technology)、参与式发展(participatory development)、规训(discipline)、动员(mobilization)、社区参与(community engagement)、合作(co-operation)与协作(co-ordination)是社会建设过程中的关键词。笔者认为,这些关键词就是社会性规划的关键词。

带着上述理论和知识储备,加上众说纷纭的乡村溃败论、乡村沦陷说,笔者认为:之于当下的中国农村,一味的哀叹意义不大,实践比描述更有力量。我们研究和观察乡村的视角应该有一个转向,即从物质性规划转向社会性规划。于是,笔者从 2015—2017 年连续 3 年春节期间对鄂东一个传统村庄(湖北省黄冈市浠水县团陂镇下辖的 FX 村)开展了乡村建设的尝试性探索。FX 村是中国中部典型的自然村,自然地理方面,该村所在的团陂镇位于典型的鄂东丘陵山区,自然生态呈现"七山二水一分田"的基本格局,全村耕地数量少、质量差、耕作难度大。村民们种植的农作物以水稻、小麦、棉花、花生、芝麻、红薯、油菜等为主,基本处于自给自足的状态,少量节余供出售。近年来,由于作物种植与外出打工所获得的收益在村民收入上形成的"剪刀差"效应,该村大批农民开始外出打工,村里农业发展整体衰败,大量田地荒芜。根据本次研究的实地调查,2016 年底,全村农民人均纯收入 1 701 元,而这样的收入是以外出务劳工作为主要收入来源。人口结构方面,截止到 2017 年 2 月,FX 村共 18 户人家,人口总数为 93 人,其中在家务农或镇域范围内务工人口 44 人,远距离外出打工 49 人。该村人口分布与流动状况见表 1。

表 1　FX 村人口分布与流动状况

总人口	留守人数	外出人数	外出男性的打工地、职业(男性)	留守爷爷从事	外出女性从事
7	5(爷爷奶奶+3子女)	2(年轻夫妇)	兰州、木工	务农、散工	随夫(帮手)
6	4(爷爷奶奶+2子女)	2(年轻夫妇)	武汉、木工	散工	随夫(帮手)
9	2(爷爷奶奶)	7(2年轻夫妇+3子女)	呼和浩特、装修工长	务农、散工	随夫
5	2(爷爷奶奶)	3(年轻夫妇+1子女)	锡林浩特、装修工长	近域打工	随夫
3	2(父母)	1(女)	广州、家居		
5	2(奶奶、大伯)	3(年轻夫妇+1子女)	武汉、装修老板		随夫
3	0	3(夫妇+1子)	西宁、装修老板		随夫(帮手)
3	2(父母)	1(子)	宁波、家居		
7	3(爷爷奶奶+1子女)	4(年轻夫妇,1子女+1子)	深圳、磨具	务农	打工(磨具)
9	2(爷爷奶奶)	7(3年轻夫妇+1子女)	武汉和浠水、教育	近域打工	打工(教育)
5	4(爷爷奶奶、妇、1子女)	1(夫)	佛山、磨具	务农、散工	
5	2(爷爷奶奶)	3(年轻夫妇+1子女)	西宁、漆工	务农、散工	带子女,打工(商贸),分居
6	4(爷爷奶奶+2子女)	2(年轻夫妇)	西宁、木工	务农、散工	打工(成衣),分居
4	0	4(父母+2子女)	西宁、工长、泥工		打工(泥工)
4	0	4(父母+2子女)	晋江、成衣		打工(成衣)
6	1(爷爷)	5(奶奶+年轻夫妇+1子女+1女)	武汉、电脑耗材	村干部	打工(小区物管)
5	3(奶奶+2子女)	2(年轻夫妇)	淄博、磨具		打工(成衣),分居
1	1	0			

资料来源:作者统计得出(2016 年 2 月)

　　2015年春节期间,笔者耗时20天对所在村庄19户共计99人进行了一对一的深度访谈,撰写了《2015春节回乡笔记:湖北浠水县FX村》,整体勾勒了村庄人口外出打工谱系及发展诉求。

　　2016年,笔者发起组织和策划了"第一届陶家仓论坛",旨在回归社区的本义——共同体,把全体村民团结起来,让全村人作为一个集体,共同做一点快乐的事情,坐在一起谈一些务实的话题,共同参与一些老少皆宜的运动与游戏,从而沟通邻里感情,丰富过年氛围。我将公众参与作为论坛最重要原则,从论坛时间、地点、议程、话题、活动、志愿者、奖品、主持人、发言者等各方面都做到征求乡亲们的意见和建议。具体议程包括上午的专题论坛与下午的文娱活动。专题论坛采取1+3+X的形式开展,即1名主持人、3名主讲人和台下随机发言相结合,主要围绕子女教育、打工体验、家庭关系、留守者心声和家乡建设等5个话题展开讨论(图1—图3),以下是关于论坛的详细情况。

图1　论坛现场

(摄于2016年2月28日)

　　(1) 子女教育:中国尤其农村的家族文化概念中,下一代的成长和发展,几乎成为家长人生的全部意义所在,对父母而言,"望子成龙""望女成凤"的初心从来不曾改变。论坛前两位发言者YCH(武汉某高校教师)和YHM(本地一所完全小学校长)都表示,小孩是性格定型的关键时期,农村孩子的

图 2　论坛现场

图 3　论坛现场

纪律性相对差,平日缺乏管教,很多留守儿童性格倔强,对父母尤其是留守的爷爷奶奶缺乏起码的尊重和敬畏,他们建议,对农村孩子的教育应该适度严苛一些。3 岁女儿的妈妈 KY(目前在黄冈市区某超市上班)认为,子女教育最重要的是花时间陪孩子,培养孩子开朗、大方与乐观的性格,她也坦言,对子女的教育亏欠太多,自责自己把过多时间用在刷微信朋友圈等方面。

儿子今年上高三的阿叔 YHT(武汉某装饰公司老板)也表示,花时间陪孩子是最重要的,他们家的晚上晚饭时间是 21:20,因为那是他儿子下晚自习到家的时间,晚饭时间是每天他和儿子之间唯一的交流与沟通时光。为了孩子的学习,YJ(目前在晋江从事成衣行业)计划年后在镇初中附近的农民租房(多数人也外出打工了),一边照顾孩子,一边在镇上的超市上班,周末回家。总体上看,对子女的教育成为所有家庭的第一要务。某种意义上,父母用心陪伴子女的时间和精力,可以衡量对子女的爱有多少。家长需要与子女保持平等关系,相互理解与宽容,让子女从小养成负责任、诚实、外向与开朗的品性,有事多沟通与对话,多换位思考,家长不能采取传统父权制、家族制主导下以长辈权威自居的方式,不能用知识霸权强加于子女,是大家的共识。

(2) 打工体验:这个话题契合城市化、现代化背景下的农村打工潮的兴起。主讲人 WJH(目前在兰州从事装修工作)、XWP(西宁某装饰公司老板)、YAP(目前在淄博从事模具行业)都认为,城市是谋生和赚钱的地方,在城市打拼、生存和发展,非常坎坷艰辛;但城市对其而言,没有"根"的感觉,作为落脚地的城市,缺乏支撑,城市里没有家,没有故乡,只不过,现实情况是,农村缺乏就业机会,外出打工成为不二选择。过年期间,大家互致问候,见面最普遍的打招呼方式是"啥时候走?""买到票没有?",换言之,正月十五之后外出打工,成为年复一年的条件反射。正月尽了,你若还在家里呆,人家就认为你在外面混不下去了,走也得走,不想走也得走——外面至少有就业机会,家里是一点都没有。面对笔者提出的"10 年、20 年之后怎么办? 还外出打工吗?"这一问题时,三名主讲人一致表示,希望落叶归根。关于日后打算,WJH(目前在兰州从事装修工作)分享了其在兰州的见闻,兰州近郊农民近些年受益于政府推行的精准扶贫工程,依靠政府组织农民大规模种植玫瑰,政府负责聘请专家全过程指导和解决市场销路问题,当地农民实现脱贫致富奔小康。其实,长期以来的打工体验,让这些打工者保持着勤劳与勤俭的习惯,但在技术支撑和市场销售方面,他们存在天然短板。WYB(目前在深圳从事模具行业)、JXB(目前在西宁从事装修工作)、YGB(目前在晋江从事成衣行业)等台下发言者也纷纷表示,他们想回归家乡发展,只要政府在城乡沟通、项目与平台支持、土地集中化和资本化、农民教育与培训等方面做一些实实在在的事情。

（3）家庭关系：家庭关系始终是农村关系网络中至关重要一环。狭义的家庭关系只涉及家庭内部不同成员之间的关系，广义的家庭关系还牵扯家庭男女不平等、宗族政治、暴发户歧视家族中的穷人等，本论题主要指狭义上的家庭关系。LSY（目前在呼和浩特做家庭主妇）、YMZ（目前在晋江从事成衣行业）、TYE（目前在杭州从事成衣行业）等3名主讲人认为，家庭关系最重要在于和睦，不同代际的人，知识、想法和眼界不同，无论父子、婆媳、兄弟还是夫妻之间应该多理解包容，不同角色应该尝试改变各自持有的知识和想法，放下和放低姿态，主动积极沟通和交流，不要拿长辈、父权和夫权等去实施霸权行为，而要倡导民主协商机制。TYE（目前在杭州从事成衣行业）表示，过去她一直和老公把家庭建设的重点放在财富积累方面，而疏忽了子女的教育，亲子关系淡薄，新的一年她计划辞工，全身心扑在培育子女上。夫妻关系方面，YMZ（目前在晋江从事成衣行业）觉得，男人们在外打拼不易，女人应该多帮衬男人们，买个材料，送个辅料，晚上备盆洗脚水，给男人按摩按摩，都是女人应该做的。台下的ZGL（在家务农）表示，她最羡慕的不是赚多少钱，而是一家人相互尊重，相互理解，和和气气。可见，家庭和睦是家庭关系建设的核心目标，和家族财富积累同等重要，正所谓"家和万事兴"。

（4）留守者心声：作为留守者的主体，爷爷奶奶们稍显羞涩。在主持人的引导下，YHX（在家务农）、LJP（在家务农）、LKD（在家务农，隔壁村）等留守妇女表达了对外出打工子女的祝福和意愿，"多搞点钱""多交一点钱补贴家用"，同时都表示充分理解和体谅子女们的艰辛，希望他（她）们在外面多注意身体和饮食，健健康康、平平安安是最大的福气。台下的YTP（在家务农）表达了对儿子电话太少的抱怨，说他不需要太多钱，而是希望多通通电话，多拉拉家常，多听听孙子和孙女的声音。他的发言引起了大家的共鸣，掌声一片，真实地道出了对于很多留守者而言，在外打拼的儿女们的精神慰藉某种意义上比单纯的物质抚恤更加重要。

（5）家乡建设：2015年，陶家仓最大的变化是，由全村人出资修建了一条3.5米宽的进村水泥路，极大方便了乡亲们日常出行。YHB（目前在浠水县教育局工作)认为,家乡才是最温暖的地方,在外发展多好,都不应忘记家乡,有责任和义务建设家乡。他表态,将尽全力在各方面继续支持家乡建设。YHM(本地一所完全小学校长)提议,联合其他邻村建设环村公路,实现更便捷出行。此外,作为片区中心小学的校长,鉴于目前学校教师办公、电脑、篮球场等基本教学科研设施和器材严重不足,学校硬件和软件建设缺乏资金等现实情况,他真心希望,众乡贤及爱心人士今后可以为家乡学校(同时也是绝大多数人的母校)的建设与修缮尽一份力量。本次论坛并未开设为学校建设募捐资金环节,笔者拟于 2016 年与交好的同学朋友一道共同商讨筹划此事。WSY(在家务农)则具体到陶家仓的具体建设需求方面:建议进一步修路通到各家各户,建设一间祠堂,作为村里的祭祖、议事的公共空间。WJH(目前在兰州从事装修工作)表示,应该在村头立一个纪念碑,刻上一些村史、修路的捐款人姓名和捐款金额等基本信息。

图 4　小朋友朗诵

图 5　拔河比赛

关于论坛成功的原因,笔者试图归结为如下几点。

(1)大约 1 年的规训期:2015 年初笔者所在村庄有了微信群,作为群主,笔者有意识地策划和组织各种活动,比如每个周五晚号召大家唱歌,甚

图6　跳绳比赛

至学狗叫、学鸡叫,以活跃气氛;再比如常年针对育儿教育、父子关系、婆媳关系、分居夫妻情感交流、留守儿童教育、隔代教育、家里的财权归谁等议题让一个人现身说法,其他人积极参与讨论,开始阶段很多人羞于发言,但在默默关注和倾听,慢慢地很多人开始告别羞涩和腼腆,落落大方了很多,情感表达的意愿大大增强,对很多事情有了自己的想法跟观点,看问题的视野和眼界逐渐宽阔了,思维方式也理性了很多。换言之,此举旨在培育和根植一些现代市民意识到村民们的心田。

(2)"社区参与"得到较好贯彻:从参会人数看,除了笔者所在村庄90多人悉数到场外,还吸引了邻村及笔者同学和朋友过来捧场,大家参与的积极性很高。从志愿者文化移植角度看,很多年轻人都积极分担了很多工作,所有小朋友都分别担当了迎宾员、递茶水、递麦克风、发放奖品、引导嘉宾入座等工作。

(3)充分挖掘、激发和动员乡村各种资源:农村社会建设需要专业知识扎实、农村记忆丰富和拥有深厚乡村情怀的实践者和探索者,组织一帮热心肠、有干劲、有活力的年轻人参与,开展实实在在的讨论与活动,才能塑造乡村社会资本,重现乡村活力。

2017年,"第二届陶家仓论坛"如期举行,笔者特意设置了一个第一届论坛回顾的环节,不少人纷纷表达了论坛对长知识增见识、提升村民精气神、凝聚村落认同感、丰富过年气氛、净化麻将打牌等习俗的重要意义。大家的共同感受是论坛应持续举办下去,打造成为陶家仓精神文明建设特色和靓丽的文化名片。上午的论坛正题设置了6个主题,分别是:打工体验、妇女发展、老年人问题、儿童发展、农村教育和家乡建设。与上年的变化是"公众参与"的原则更加明显,每个主题设定了2名主持人,在介绍话题背景和各自观点后,邀请3名发言人上台围绕相关议题开展对话。总体上,大家的状态更轻盈了,更加畅所欲言了,讨论也更加深入了。印象深刻的观点有:在外打工,要踏实做人做事,一步一个脚印,广交朋友,真诚待人;老人谦逊的表达了长江后浪推前浪,年轻人则希望老人在家保重身体,别总是操心和担心;父母应该在各方面做出榜样,尽量给孩子提供一个好的家庭环境,良好的原生家庭对于子女日后发展至关重要;3个小朋友都表示希望和爸爸妈妈在一起,让那些留守家庭的父母倍感惭愧和心理压力,虽然留守经常是没有办法的家庭选择;读书的意义不在于以后赚多少钱,而在于拥有更加智慧的头脑和更加理性的行为处事的思维方式,无论如何,多读书是改变命运的最重要渠道,尤其是农村;对于家乡建设,大家希望全体村民更加团结一心、互助互爱、和谐发展,未来期许陶家仓能够有一个小规模的文娱广场(简单的健身器材、篮球场、乒乓球台,平日村民们可以打打球、活动活动筋骨、晒东西、聊天纳凉、议事公共空间、小朋友放学写作业等)。

下午的文娱活动,笔者特意增加了一个感恩活动:晚辈给长辈洗脚,儿子为爸爸洗,儿媳给婆婆洗,女儿给妈妈洗(图7)。

图7 儿子给妈妈洗脚
(摄于2017年2月16日)

场面很感人,不少人留下了激动的眼泪,因为很多人是第一次给父母洗脚,也因为很多人是第一当众大声说:妈妈(爸爸),我爱您!您辛苦了!坦言之,"大声对爸妈说爱"在农村很稀缺,情感表达的需求非常旺盛、非常迫切。此外,本次论坛还增设了为村里贫困户现场捐款及发起成立"十三高小教育基金"(用于资助家庭贫困和品学兼优的学子)等项目。

3 评论和讨论

关于当下乡村社会的需求状况,笔者认为,转型期中国农村最大的问题之一是原子化、碎片化和个体化,最稀缺的是对组织化的需求。村民在物质生活方面有较大改观,但思考、表达、议事、交流、讨论等能力不够,这极大影响和制约其精神生活的质量。从社会建设角度,乡村的社会规划和社区营造不仅仅是建筑和构造的事情,而应该落脚到各类人群的全面发展与各种需求的满足上。从社区建设目标层次看,比起道路硬化、停车场及文娱广场等乡村硬件建设的物质性需求,笔者更看重"引智""自立自助""互帮互助""社区能力建设""公共空间营造""优化思维方式和更新传统观念""增强村落社区认同感""弘扬传统乡土文化"等村民的精神性需求。这种精神需求的涵盖内容及其合理化表达方式和能力,要求村民在日常生产和生活实践过程中不断提升自我发展能力,通过长期的学习、训练和互动,形成发现社区问题、分析社区问题和解决社区问题的社区发展能力,这种能力可以生生不息,兵来将挡,水来土掩地解决各种问题。在笔者看来,这种能力及其习得过程也就是基于生活方式的"乡村城镇化"的基本含义和本质要求。

关于"乡村溃败论"基调下的乡村急需外部优质资源和资本的输入的观点,笔者持谨慎甚至保守态度。2016年4月,某知名建筑设计网负责同志得知笔者的乡建活动非常感兴趣,提出把笔者家乡列入他们的客户名单,意指他们出资出技术出理念"再造新农村",被笔者婉言回绝。笔者的基本考虑是,在一个传统淳朴的典型样板农村社区,笔者希望经由全体村民经过3~5年的共同努力、共同学习和共同成长过程,自组织和自发衍生出属于村落本身的具备相当社区发展能力的社区发展主体。换言之,村民不应失去一个社区发展能力和通过自身提升和发展的机会，至少，这种乡村社区发展的机会不应被剥夺。我们要相信和信任村民的能动性和可塑性，相信他们作为社会能动者的个体和自组织的集体能力，只是他们需要被激发、培育和引导。我们千万不能忽略乡土社会的生存智慧，后者往往可以通过个体形塑技术的协同与整合，实现乡村社会与文化资本的再生产，进而强化其社会意义上的自组织、自立与自强的能力。笔者不否认其在村落社区发展能力提升过程中的引导性作用，尤其是第一届论坛之前的一年，笔者有意识的组织和发起多次讨论，鼓励大家积极思考和发言，就村民关心的特点问题和议题。但第二年，笔者明显感觉村民们的主动性和积极性大大提高了，很多人习惯性在村微信群里抛出问题，引发大家积极讨论，从村里的大事小事到个体的心理感受，大家都愿意公开发表意见开展议论有事大家一起商量的氛围开始生根发芽和根深蒂固。毫无疑问，这就是乡村社区发展主体形成的重要标志。

关于笔者对所在家乡乡建活动的普适性意义和代表性问题，笔者想表达，在现代化的进程中，在当下中国的语境下，对任何一个村庄的透视，对任何一个群体的透视，都可以获得隐喻时代的效果，实现对乡村变迁真相的指证，因为村庄和个体的生命体验无不与国家发展大背景、大时代深刻关联。中国乡村最大的本质规定性就在于"乡土性"，就在于千丝万缕的社会、文化尤其是情感面向的粘连性。笔者这种嵌入式的社会性规划方式，可以最大程度复归到"熟人社会"，可以最大限度规避"外来者"角色可能引致的先入为主的外部植入，从而尽可能接近乡村真实的事实呈现。个人理解，转型中国乡村社会性规划的核心是社区关系的重建和生活意义的重塑，社会性规划的本质是就是重新找回人与人之间的关系，让在工业化、现代化和城市化后原子化的个人重新融入到整个社会生活中。乡村社区有相对好的社会与文化基底，做农村社区营造，就要最大程度复归"乡土性"，尽可能顺应乡村社会、文化尤其是情感面向的粘连性特质，研究者需要最大限度嵌入农村的社会和文化情境中去。故而，做社区尤其是农村社区的事情，用心、用情怀、远比用技术更重要，要从一个沉浸在旁观者的乡愁中抽离出来，成为一个真正意义上在场的村里人，作为一个合格的乡村社会实践者，不能只是记录者,不能只是先锋者,不能只是志愿者,要身体力行成为社区共同体的一分子,一个真正意义上的社区深度参与者。

关于从实践层面务实推进乡村社会性规划的延伸性话题,笔者还想提几件事:(1)2016 年 6 月 20～24 日,笔者组织了一次义捐活动,旨在帮助同村一名身患重疾的小朋友筹款治病,三天时间共筹得爱心基金 3.6 万元。笔者认为,这次活动遵循了基于信任的共同体、自组织的单位、互助和志愿的理念、全过程的公开透明(含财务)等"社会建设"的基本要义。(2)2016 年 3 月至今,笔者所在家乡微信群"浠水乡音"发起组织每周六晚 8～10 点,邀请一名嘉宾分享一个主题,话题涉及家乡习俗、童年记忆、父爱如山、母爱如水、子女教育、创业心得、永世恩师、城市管理、男女情感等,意义深远,沁人心脾,引发强烈共鸣。(3)2017 年 1 月 25 日(农历腊月二十七),作为发起人之一,笔者参与策划了家乡的两个知名微信群("浠水乡音""陈润书友会")开展浠水首届男子篮球友谊赛,提出了"篮球贺岁,乡情最珍贵"的口号,旨在让天南地北的浠水人以篮球为名增进乡情乡谊。(4)2017 年 1 月 26 日(农历腊月二十九),笔者组织发起了全村人一起团聚吃长桌宴,费用采取全村人自愿集资的方式,席间邀请 3 位老人讲述村落历史和过年的演迁历史,全村人给祖人敬酒,年轻人给老人敬酒,夫妻好兄弟互相敬酒,大家互致新年问候。据悉,这是解放以来全村人第一次集体吃年饭,最重要的,大伙一致商定这一做法将年年延续。(5)2017 年 3 月 7 日,一个旨在打造在粤浠水人的徒步部落——"浠水帮"正式成立,同名公众号同时发布。笔者和另外两位兄弟组织在粤浠水老乡们每周末爬山一次(2016 年我们一直在推进这项集体活动,只是没有申请公众号),锻炼身体,信息沟通,交流情感,一举多得,我们鼓励小朋友积极参与,我们在努力寻找在外浠水人的"家"的感觉与温暖。

乡村建设不只是一个地域和空间的概念,乡村建设不能撇开大量进城谋生打拼的外乡人,不能不关注他们的精神生活和精神需求。坦白说,很多进城务工人员在城市的感受是,城市只是一个赚钱的地方,他们在城里租房了,甚至买房了,但对城市没有很强的依恋感,没有产生"家"的感觉。换言之,城里的房子只是房子,而不是家,家需要情感投入和关联,需要通过特定行为、行动和力量进而形成人的情感认同和归属,"家"的前提是"做家"。而将"无根的城市"(rootless city)变成"落脚城市"(arrival city)的过程,就是"做家"的过程。无论发起义捐和读书分享,还是组织篮球赛和爬山部落,我们都意欲通过社会资本的异地移植、生产和再生产,在落脚城市形成发展共同体,营建一个新的精神家园。在这一"做家"的过程中,我们不只是收获了身心愉悦,更重要的是,每个参与者因为学习效应而或多或少受到感染和影响,进而产生自发的现实行动力。自笔者在 2016 年春节组织了村落论坛后,2017 年笔者所在县城有另外 3 个村也举办了类似活动;2017 年在北京、上海、惠州等地也有老乡陆续发起组织了当地的读书分享、周末郊游部落和篮球俱乐部。在这些活动中,笔者清晰地感受到了学习、觉醒、自发、自组织、章程、行动力的痕迹,也看到了社区发展过程中人的主体地位的确定和人的社区能力建设的形成的过程。毫无疑问,这是社区(包括乡村社区)形成和发展的自然之道。

最后,本研究就目前如火如荼的乡村(村镇)规划也提出一些启示或警示:(1)比起物质性规划,乡村(村镇)的社会性规划更加重要:社会性的体现不止于乡村学校、医院、交通、道路等基础与公共服务设施等规划与布局,还应包括村民社区建设能力的教育、村民社会参与机制的供给和村民公共性思维和公民化意识的训练。(2)质性分析和质性思维非常重要:在开展乡村(村镇)规划过程中,很多目标不一定非要可视化,不一定非要图纸化,可更多替代为各种质性文本或材料,比如更丰满、丰盈、有趣、有温度和生命力的故事与情节,家庭与宗族关系在乡村(村镇)规划中更加起作用;族人、村官、村民、知识分子等不同角色的立场及立场变化、村民甲乙丙丁的参与度;话题讨论的过程与争论过程;矛盾如何化解、各方如何博弈和最后敲定。(3)乡村(村镇)规划不能沿袭城市(镇)规划的思维:不能止于传统的人口(预测)、产业(布局)、交通(规划)、空间(体系)、生态(环境)等宏大目标,而要做到真正意义上的脚踏实地,要把规划目标真正落实到村民的各种需求满足和农民的全面发展。

参 考 文 献

［1］张少春.“做家”:一个技术移民群体的家庭策略与跨国实践［J］.开放时代,2014(3):198-210.

［2］YIFU. T. Topophilia:A Study of Environmental Perception,Attitudes and Values［M］.Columbia Columbia University Press,1974.

［3］YIFU. T. Space and place:The perspective of experience［M］.U of Minnesota Press,1977.

［4］YIFU. T. Space and place:humanistic perspective［M］.Springer,1979.

［5］Papastergiadis N. Dialogues in the Diaspora:Essays and Conversations on Cultural Identity［M］.London:Rivers Oram Press,1996.

［6］Daniels I M. The "untidy" Japanese house. Miller D. ed,Home Possessions:Material Culture behind Closed Doors［J］.Oxford:Berg,2001:201-229.

［7］Blunt A,Varley A. Geographies of Home［J］.Cultural Geographies,2004 (11):3-6.

［8］吴莉萍,周尚意.城市化对乡村社区地方感的影响分析——以北京三个乡村社区为例［J］.北京社会科学,2009(2):30-35.

［9］道格·桑德斯.落脚城市［M］.陈信宏,译.上海:上海译文出版社,2012.

［10］黄灯.大地上的亲人［M］.台湾:台海出版社,2017.

基于适宜性评价的生态敏感地区
乡村聚落控制引导
——以河北安新县白洋淀地区为例

王 雨 段 威

（江苏省城镇和乡村规划设计院）

【摘要】 本文结合河北省安新县白洋淀地区乡村建设总体规划的调查与思考,以用地适宜性为技术手段、以问题为导向,探讨生态敏感地区的乡村聚落控制与引导。通过采用 k-means 聚类法将白洋淀地区具体分为 4 类:适宜建设区、一般适宜建设区、较不适宜建设区、不适宜建设区,并以此为依据,划分村庄增长边界,明确村庄发展类别和推进措施,以期探寻生态敏感地区县域乡村建设的发展路径,对乡村地区可持续发展提供理论依据,弥补生态环境敏感地区乡村发展策略的缺失,从生态环境的角度指导下一步的乡村建设。

【关键词】 适宜性评价 生态敏感地区 乡村聚落控制引导 增长边界
白洋淀

1 引言

截至 2013 年我国的城镇化率已达到 53.7%,然而乡村地区作为占我国国土陆域面积 95% 以上的庞大主体,仍然是人类聚居的重要载体[1],也是城乡建设和发展的重点地区。而在近年来如火如荼的乡村建设中,乡村的关注点也正在经历由传统物质建设的改善到对"三农"问题、乡村复兴、环境改善等治理问题的转型探索中。

土地盲目扩张不仅造成资源浪费，而且容易导致生态环境破坏，尤其是对生态敏感地区中的乡村造成生态不可逆的影响。因此，如何合理解决发展与保护的问题，保障乡村地区的可持续发展，具有紧迫性和必要性。本文以河北安新县白洋淀地区的乡村为例，以问题为导向，以适宜性评价为手段，探讨生态敏感地区的乡村聚落控制与引导的方法。

2 研究区及数据来源

2.1 安新县白洋淀地区特征概述

湿地是地球上重要而独特的自然生态系统，被称为"地球之肾"，具有涵养水源、蓄水防洪、调节气候、维护区域生态环境等作用。白洋淀是华北地区最大的淡水湿地，被誉为"华北明珠"，对保证环白洋淀流域、华北地区、北京等重要城市的环境安全具有重大意义。然而近年来对湿地资源不合理的开发利用，致使白洋淀地区面临严峻的生态环境问题，如湖泊枯萎、生物多样性下降；泥沙淤积、调节气候功能减弱；水质污染、富营养化严重等。

虽然早在 2002 年，白洋淀地区就已成立了省级湿地自然保护区，但仍有大量村庄和人口存在于保护区核心区内（图1），其生产和生活都不可避免地会对湿地生态环境造成影响。

2.2 数据模型构建

2.2.1 用地适宜性简介

用地适宜性评价方法于 20 世纪 60 年代由美国宾夕法尼亚大学的麦克哈格教授提出，目前已应用于农、林、牧及城市用地等多个研究领域[2]，是在调查分析用地的自然、社会经济条件基础上，根据生态保护和修建的要求进行的全面、综合的质量评价，以确定土地的适宜程度。

2.2.2 适宜性评价模型

采用多因素综合评价模型评价各因子的综合适宜性[3,4]，本文提出乡村地区用地适宜性分析模型如下：

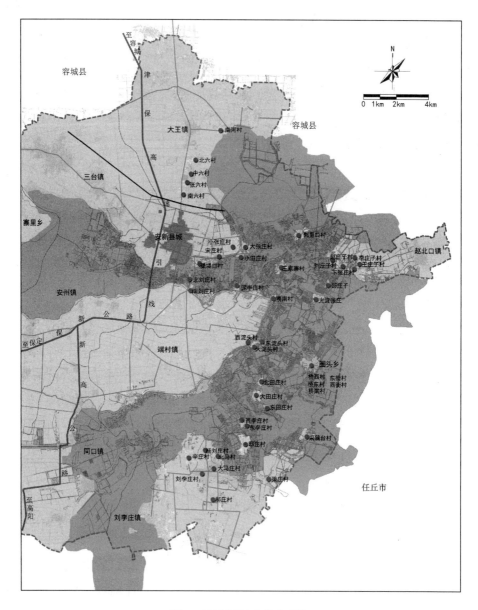

图 1　研究区村庄分布现状

$$S = \sum_{i=1}^{n} B_i \times W_i$$

式中,S 为某土地单元适宜性评价的总得分(指数和),B_i 为第 i 种评价因子
的得分,W_i 为第 i 种评价因素的权重,n 为参与评价的因子数量。

2.2.3　建设用地评价等级构建

用地评价一般根据建设用地的自然条件、社会经济条件以及法律法规所确定的生态保护措施，并结合修建要求进行综合分析[5,6]。本文将建设用地的适宜性程度划分为4个等级，即适宜建设区、一般适宜建设区、较不适宜建设区、不适宜建设区（表1）。其中，不适宜建设区划为基本生态控制区，在此区域内禁止一切建设活动，以确保生态安全；将适宜建设区划为建设控制区，建设用地一般不能超越此区域；将一般适宜建设区和较不适宜建设区划为生态缓冲区，用于作为基本生态控制区和建设控制区的隔离。

表 1　建设用地评价等级

适宜等级	等级说明	建设区划分	生态控制划分
适宜建设区	适宜作为建设用地	适建区	建设控制区域
一般适宜建设区	作为建设用地效果不明显	限建区	生态缓冲区
较不适宜建设区			
不适宜建设区	不能作为建设用地	禁建区	基本生态控制区域

2.2.4　数据来源及处理路径

研究中以实地调查数据和部门资料数据为基础，以 ArcGIS 为空间平台，采用 GIS 空间分析工具进行。

首先，通过区域实地调查收集资料；其次，利用 RS（遥感）和 GIS（地理信息系统）平台，建立多指标数据库，结合地方实际情况，制定分析指标体系；再次，确定各指标属性值，建立评价模型；最后，通过分析评价结果，指导区域发展。

3　白洋淀地区的实践

3.1　影响因子的确定

影响区域生态敏感性的因子很多，如高程、坡度、植被、水域等。在分析白洋淀现状特征的基础上，遵循因子的可计量、主导性、代表性和超前性原则，选取对土地利用方式影响显著的河流、湖泊、植被、土地利用现状、建成区等影响因子作为生态敏感性分析的主要影响因子。其中河流、湖泊、植被作为生态限制性因子。

3.2 各因子的评分及叠加规则

为了在定量化的过程中更具有可计量性，将影响因子中的部分因子再次细分为多个子因子。每个子因子对应于 ArcGIS 软件中的一个图层。然后确定单因子内部各组分的适宜性评价值，评价值一般分为 5 级，用 1、2、3、4、5 表明其作为生态敏感性的高低（表 2）。利用 ArcGIS 软件的权重叠加模块，对综合影响因子的图层按照一定的权重进行叠加运算，并将生成的权重评价图层与限制性因子进行最大值叠加，得到最终的用地适宜性分析图（图 2）。

表 2　用地适宜性分析中自然因子的评分标准各因子的说明

因子		分类条件	评价分值
自然因子	河流	<60 m 缓冲区	1
		60～100 m 缓冲区	2
		100～140 m 缓冲区	3
		140～200 m 缓冲区	4
		>200 m 缓冲区	5
	湖泊、湿地	<1 km 缓冲区	1
		1～1.5 km 缓冲区	2
		1.5～2 km 缓冲区	3
		2～3 km 缓冲区	4
		>3 km 缓冲区	5
	植被	自然密林	1
		经济林	3
		灌木草丛	4
		荒山、植被覆盖较差	5
社会经济因子	土地利用现状	水田、水域	1
		林地	2
		草地	3
		旱地	4
		工矿、居民地	5
	建成区	>2 km 缓冲区	1
		2 km 缓冲区	4

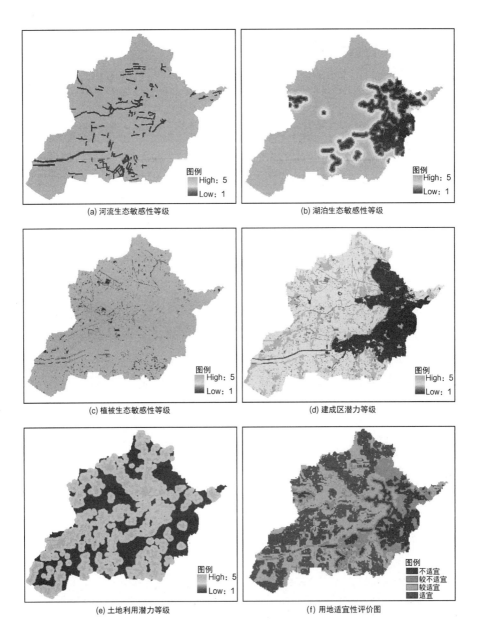

图2 影响因子的叠加分析

3.3 生态适宜性评价结果

在生态限制因子和生态潜力因子综合评价的基础上,采用 k-means 聚类法将白洋淀地区的用地具体分为4类:适宜建设区、一般适宜建设区、较不适宜建设区、不适宜建设区。

其中,不适宜建设区 9 552 公顷,占总面积的 12.8%,作为基本生态控制区;适宜开发面积 25 232 公顷,占总面积的 33.8%,作为建设控制区;控制开发面积 39 972 公顷,占总面积的 53.4%,作为生态缓冲区(表 3)。

表 3　用地适宜性总分类结果

用地类型	面积(ha)	所占比例
适宜建设区	25 232	33.8%
一般适宜建设区	25 216	33.7%
较不适宜建设区	14 756	19.7%
不适宜建设区	9 552	12.8%
总和	74 756	100%

同时,对比《河北省白洋淀水体环境保护管理规定》研究中白洋淀自然保护区的分区(分为核心区、缓冲区、实验区的三类)(图 3),可以看出结论大致相同,即不适宜建设区主要位于自然保护区核心区,适宜建设区主要集中在已建成地区及社会发展潜力较大、资源环境承载力较好的地区,控制开发区主要为分散在淀区的若干村庄建设用地和旅游发展用地中。

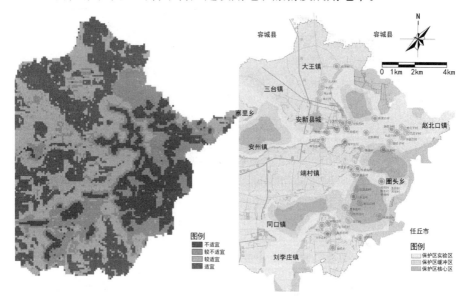

图 3　用地适宜性评价结果与生态环境保护区划的对比

4 基于用地适宜性评价的村庄聚落控制与引导

4.1 村庄增长边界划分

白洋淀地区目前已陷入生态赤字的发展临界点,脆弱的生态环境和淀区居民生活的不便,使得生态移民被提上议程。县总体规划提山通过控制淀区居民数量,鼓励淀区居民外出就业、上学,适量外迁,以减轻对淀区水体污染和对生态环境的破坏,同时改善人民的生活质量。

为进一步引导村庄建设用地,本研究结合上述用地适宜性评价结果,同时考虑到与城乡规划、土地利用总体规划、生态保护专项规划等规划的衔接,进一步研究对村庄划定建设用地增长边界。增长边界以外作为生态预留用地,原则上不宜进行建设,须加强生态管控。

4.2 基于增长边界的村庄建设分区管理

根据划定的村庄增长边界范围,将白洋淀地区的村庄建设用地按空间和功能分为三类(图 4)。

(1) 适宜区

主要涉及规划发展村庄建设用地。用地发展管制对策为:建设用地范围内各项用地安排应符合县域总体规划和村庄发展规划的用地布局要求,从产业发展和建设空间拓展等方面重点引导和控制,以备未来和城镇空间的有机衔接,贯彻"人口向城镇和中心村集中、工业向工业园区集中、住宅向居住区集中"的三集中原则。

用地上,通过引导村庄内部土地利用结构优化、产业用地调整,提高土地利用效率,防止建设用地低密度、分散式蔓延对生态环境的破坏,积极引导促进人口和经济活动的有机集中;产业上,对于白洋淀淀区向外纵深 2 公里地带的乡镇和村庄,在发展的同时应考虑生态环境保护要求,调整产业结构,避免对白洋淀生态造成破坏;设施上,应加强与周边城镇的共享共建,尽可能建立区域性水厂、污水处理厂和垃圾处理场,实现基础设施共享。

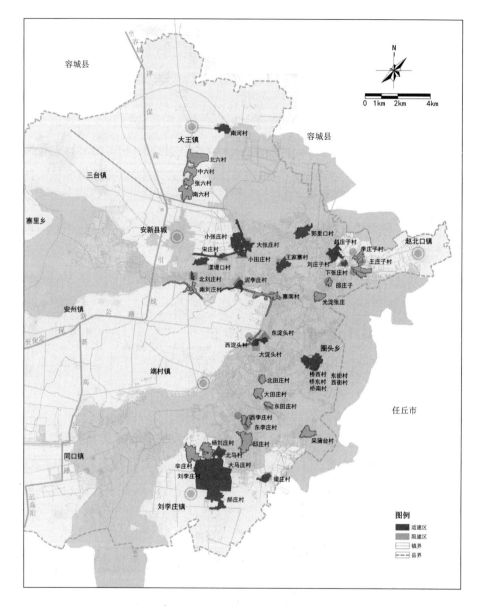

图4 增长边界控制图

（2）限制区

主要为现状一般村村庄建设用地，即人口规模较小、未来要随生态移民拆并或临近城镇能接受公共服务辐射的村庄建设用地。发展管制对策为：生态保护优先，积极引导水区人口向淀区以外的旱区、集镇和城镇迁移。

用地上,通过制定相应的鼓励政策,控制水区用地和人口的增长,村庄建设用地应逐步实行"收缩、迁建、并点"的措施,控制非居住类建设,控制一般性的民房新建、翻建行为,引导整村搬迁或向城镇集聚;产业上,原则上保持现状农业用地性质,不得擅自进行非农业性质的开发建设,经过法定程序批准,可安排设施农业等项目,同时引导广大水区富余劳动力进城务工经商,向非农产业转移,以减少对白洋淀的生活污染;设施上,利用农宅改造的旅游接待、管理服务类设施应满足相关规划的布局要求和生态保护的相关要求。

（3）禁建区

主体为除上述区域外的其他用地。具体范围涉及基本农田保护区、白洋淀生态湿地保护区核心区和缓冲区、地表水源一级保护区、地下水源核心区、风景名胜区等。该区域对区域性生态可持续发展具有重要意义,该区域的用地发展管制对策为:该生态基质内除行政、旅游服务基地重点规划建设以外,严禁一切建设开发活动,并通过政策性扶持,对生态脆弱地区实施生态移民。

4.3 村庄建设推进措施

4.3.1 分类推进

（1）保留村庄

对于陆区现状已经联成一体的村庄,以联片聚合、集中发展、集约发展为主;对于具备合并条件,现状尚未联为一体的村庄,重点是加强管理,控制和引导建设用地的发展和基础设施的配建,基本原则是相向发展,但要因地制宜、灵活机动,针对具体问题采取相应对策。

（2）撤并村庄

淀区村结合生态移民政策的实施,规划迁移至淀外;半淀区村位于防洪堤上或堤外的居民点视具体情况分期搬迁至淀外;陆区人口和经济规模均较小且独立存在又不宜与其他村庄联片聚集发展的村庄,规划就近整体搬迁至镇区或县城。

4.3.2 分期引导

近期主要围绕禁建区开展生态移民工作,以村庄集中搬迁为主,移民主要安置到城区,依托城区较好的基础设施条件,建设一批经济适用房,为搬迁农民居住及从事地二、三产业创造良好的条件。

远期通过搬迁示范比较,在原有的撤并基础上,主要针对限建区的村庄进行搬迁,安置地区以城区和本镇镇区为主,淀区留守人口在淀区集中居住区安置。

5 结语

生态敏感地区的村庄发展,其实质是从不同的生态特征和发展方向上出发,对村庄提出建设空间和生态空间的双重引导。在当前京津冀协同发展被上升为国家战略的背景下,白洋淀周边乡村空间的正确引导不仅会改善当地生态、生产、生活,也将促进区域经济发展方式的转变,为华北地区的可持续发展提供保证。

本文通过将适宜性评价运用到乡村建设规划中,作为对乡村生态可持续发展评价的依据,是对探寻生态环境敏感地区乡村发展策略的一次尝试,具有一定的理论意义。然而介于数据收集的局限性和权重评价的主观性,我们应该认识到,适宜性评价作为一种模型,仅是对生态敏感地区乡村建设的一种参考。这种方法在我国还处于摸索阶段,还没有建立起一套可供遵循的标准,特别是没有完善的可依据的评价指标体系,未来还需要结合各种新技术,更加全面、科学地研究乡村,促进乡村地区可持续的发展。

参考文献

[1] 彭震伟,王云才,高璟.生态敏感地区的村庄发展策略与规划研究[J].城市规划学刊,2013(3):7-14.

[2] MCHARG I L. Design with Nature[M]. New York: Natural History Press, 1969.

[3] 汪成刚,宗跃光.基于GIS的大连市建设用地生态适宜性评价[J].浙江师范大学学报(自然科学版),2007,30(1):109-115.

[4] 李忠武,曾光明,张华,等.GIS支持下的红壤丘陵区脆弱生态环境综合评价——以长

沙市为例［J］.生态环境,2004，13(3)：358-361.

［5］刘贵利.城乡结合部建设用地适宜性评价初探［J］.地理研究,2000，19(1)：80-85.

［6］许嘉巍,刘惠清.长春市城市建设用地适宜性评价［J］.经济地理,1999，19(6)：101-104.

［7］江苏省城镇与乡村规划设计院.河北省安新县乡村建设总体规划［Z］.2014.

组群式城市农村建设模式初探

——以山东省淄博市为例

赵树兴　张洪钢　刘　茹

（淄博市规划信息中心）

【摘要】　农村建设模式的探索任重而道远。淄博市作为国内少有的组团型城市，因其特殊的城市结构使得淄博在农村建设过程中存在着不同的模式。本文通过对于国内外不同时期各种农村建设模式进行借鉴与思考，探讨适合淄博市乡村建设的合理模式。

【关键词】　组群式城市　乡绅文化　合村并居　两区同建　社区自治

1　引言

"合纵连横"本为战国后期的各国图存策略。"合纵"即"合众弱以攻一强"，指各国联合对付秦国；"连横"即"事一强以攻众弱"，指依附秦国进攻弱国。本文中"合纵"指统筹中国不同时期的农村建设经验；"连横"指结合国外先进的农村建设理念。统筹兼顾，因地制宜，探索适合淄博市乡村建设的合理模式。

党的"十八大"报告提出，要坚持走"集约、智能、绿色、低碳"为特色的新型城镇化道路，促进工业化、信息化、城镇化、农业现代化同步发展。新型城镇化和经济新常态下，贯彻中央和市委市政府有关农村新型社区和新农村建设政策精神，落实淄博市有关农村新型社区和新农村建设的规划，科学有序地推进新农村建设。

2 国内不同时期乡村建设模式

2.1 新中国成立前乡村建设模式

中国古代乡村建设主要靠村民自治,村庄的辉煌时期都会有一批当地的精英在管理。这些精英包括经商有道的富商、退休返乡的官员、乡间文人以及宗族的长辈。这些人或是有一定的经济实力,或是有文化和见识,或是辈分高有威望,"周贫恤乏,砌路造桥,无不慷慨乐施",对家乡的公共事业热心资助和认真规划。

2.2 改革开放前乡村建设模式

改革开放前,新中国农村社会是以"阶级斗争"为主要手段的专政管制。分为土地改革、合作化运动和人民公社化运动。这一时期的农村建设模式比较单一,缺乏自主创新、因地制宜的建设理念,主要以中央号召的建设模式为主,如"大寨模式"。

2.3 新时期国内乡村建设模式

改革开放后,随着生产力的提升,农村新型社区发展呈现多元化的态势,发展模式多种多样。本文选取几个农村新型社区建设的成功案例,通过各个地区的有效推行,促进了当地农村经济社会的较快发展,有效缓解了"三农"问题,受到中央和各地政府关注和表彰。这几种发展模式是农村新型社区发展的典范,对其进行研究,具有较强的现实意义和推广价值。

2.3.1 成都市青羊区的农村新型社区建设

(1) 社区规划

把农村和城市作为一个整体,纳入一个系统进行总体规划,打破原街道、村组的行政界限,对农民实行集中安置。在规划农村新型社区的过程中,注重将农村新型社区建设与产业发展有机结合起来,综合考虑了集中居住后农民就业等因素。

（2）服务体系

在社区建设中，着力构建基础设施、均衡教育、充分就业、社会保障、医疗卫生、文化建设。

（3）农民就业

在农村新型社区居民的就业问题上，青羊区坚持"入住一户，解决一户"的原则，实现了农民集中居住与就业安置的无缝对接，使充分就业成为社区居民最好的保障。

（4）基层组织建设

社区组建筹备委员会，筹委会通过居民公开讨论的方式形成了《居民公约》，并先后建立了一系列社区居民自我管理的规章和制度。

2.3.2　德州"合村并区"＋"两区同建"模式

社区建设模式主要有四种：一是政府组织统拆统建模式，该模式主要是针对各县市区的城中村改造。二是沿街开发模式，该模式主要适用于乡镇驻地。三是企业和社区联建模式，该模式主要应用于有企业入驻的社区。四是自拆自建、滚动发展模式，该模式主要适用于偏远农村。

2.3.3　青岛市黄岛区社区建设

（1）集体资产股份化改制

在条件相对成熟的农村社区，设计了居企分开、法人治理、产权明晰、自负盈亏的农村社区集体经济运营机制，积极推进农村集体资产股份化的改制。

（2）企业"捆绑式"开发

公开在市场上招标村庄改造用于融资的安置房代建权以及商品房的开发中的土地使用权，然后由中标单位同意进行组织和开发建设。

（3）按照大社区理念，因居而异建设新型社区

在新社区建设中，宜工则工、宜农则农、宜商则商，不搞一刀切，防止"千村一面"的指导思想。打造城乡社区交叉兼并融合、一体发展的"丁家河模式"社区共 54 个；农村社区旧城改造、组团建设的"薛家岛模式"社区共 37 个；城乡社区资源整合、优势互补的"高岛路模式"社区共 26 个；其余农村社区建设也正在逐步形成特色。

（4）做好社区服务

建立社区为民服务代理站，完善服务内容，包括老年人优待、家政服务、低保救助、残疾人帮助等。社区的中介组织和社区的居民也参与进来并承担起了社区服务的部分内容，从而政府不再是唯一的角色扮演者。

（5）强调城乡一体的社区建设

农村社区体现出城市风格。城乡居民逐渐融洽为一体。财力投入城乡一致。

2.3.4 临沂市莒南县建设案例

（1）打破原有建制

打破原建制村设置模式。取消原有村庄的分散建制格局，重新设计功能分区，将社区规模确定为半径不超过 3 公里，涵盖 3 个村庄、覆盖 3 000～6 000 人。在各合并村重新划分村民小区，把原来的建制村村民自治改为社区村民自治，选举成立社区村民委员会。

（2）社区资源有效整合

推行"大村庄制"，实行"八合"，让乡村集团式发展。"八合"包括：

队伍合。撤销以前以行政村为单位的基层党支部，成立以社区为单位的党支部，选举变成社区居民"合推合选""共推共选"。

班子合。社区只成立一套领导班子，即社区党组织和社区居民自治组织，一个班子集体议事。

土地合。原行政村的所有土地资源，除原行政村分配的承包地因落实三十年不变政策未整合之外，将原来各村 5％以内机动地、宅基地、建设规划预留地、"四荒"地、集体积累等集体资产全部整合起来，由社区统筹管理和使用。

合同合。原行政村的各业承包合同，全部收归社区集中管理，集中变更发包人。

债权合。合并前原行政村的集体积累及债权全部收归社区管理，由社区"两委"统一支配使用。

债务合。根据原行政村负债和新行政村集体收入情况，在广泛征求村民意见的基础上，原行政村涉及的债务均由合并后的新社区承担。

资产合。村庄合并后,原行政村资产全部收归社区所有,由合并后的农村社区"两委"集中管理、使用或处置。

制度合。原行政村制定的规章制度和村规民约废止,全部执行新农村社区制定的各项规章制度。

(3)完善社区的功能分区

规划"项目区",成立民营经济发展协会。利用原行政村政策内预留地,聚零为整拓建项目区。规划"养殖区",成立各类养殖业协会。规划"服务区",成立各类流通服务业协会和服务中心。

(4)健全社区便民服务

大力推行"十个一"工程,即每个社区建设一条商贸大街、一处集贸市场、一处便民超市、一处社区服务中心、一处小学或幼儿园、一处卫生室、一处文化广场和老年、幼儿游乐中心、一处警务室、一处工业及养殖项目区、一处现代农业示范项目区。

(5)国内农村社区建设启示

注重农村各类产业的协调发展,促进农村经济水平的提高;因地制宜,确定合理的发展模式;确定合理的村庄体系、空间结构和社区规模,优化社区功能布局;完善农村公共设施,提供均等的公共服务;注重农村人文、地域特色和自然生态环境的保护;制定相关政策,促进农村新型社区的建设与发展。

3 国外乡村建设模式

纵观世界各国社区发展的历史,西方国家最初的社区发展目标是社区救助和社区福利,主要内容是睦邻组织和睦邻运动。结合当时的背景,睦邻运动的出发点是培养社区成员之间互助精神,调节和缓和社会矛盾。

3.1 美国模式

3.1.1 社区自治

美国农村社区管理强调社区自治,动员和鼓励社区居民参与社区事务管理,健全农村社区内部的民主治理机制,让农村社区成为居民自我服务和自我管理的共同体。

3.1.2 相关立法

在美国联邦层级,与农村社区相关的法律有农业法、土地法环境保护法、住房和社区发展法案等。

3.1.3 政策文件

除了立法之外,美国联邦层面还制定一些与农村社区发展规划相关的政策文件,作为立法的辅助工具,如集约化使用土地、节约资源和保护农用地,控制城市与农村地区的盲目扩张,以抵制最近几十年来出现的逆城市化等现象。

3.2 日本模式

3.2.1 "市町村"大合并

日本基于强化市町村的效率与能量,扩大其治理规模,减少财政压力角度,150年来持续推动市町村合并。先后共有三次大规模的市町村合并。

3.2.2 缩小城乡发展差距

日本政府制订《全国综合开发规划》,从整体角度对农村和城市进行统筹规划和开发,以便能够缩小城乡之间差距。《向农村地区引入工业促进法》鼓励工业向农村转移,促进农村非农产业的发展。解决农村剩余人口的就业问题,也提高了农民的收入,带动农村地区经济的发展。除此之外,日本政府积极对农村建设项目进行财政拨款,地方政府以发行地方债券的方式融资进行农村公共设施的建设。日本还积极发挥农协的作用,创造条件推动农业劳动力向非农业部门转移。

3.3 以色列模式

3.3.1 基布兹社区

基布兹意思即是集体农庄,是犹太移民为了在艰难的环境中生存而自愿集合在一起创建的。主要特征有三个:所有的生产资料包括土地归集体所有;所有收入全部归集体所有;内部实行民主管理。

3.3.2 莫沙夫社区

莫沙夫是一种由独立的家庭农场组成的合作定居地,是以色列最流行的农业社区模式。"互相帮助"是莫沙夫生活方式的"社区精神"。村民代表的民主自治社区,其最高机构是社员大会。社员大会选举委员会,委员会处理农耕、健康、教育、文化、吸收新成员等事务。

3.4 国外农村社区建设启示

启示一是发展社会团体和中介组织,建立我国的社区居民自治体制。启示二是要理顺社区内各主体之间的关系,主要是理清政府机关、社区居民委员会、自治组织间的职能和行为边界。启示三是坚持社区建设和社区服务的福利性原则。启示四是加快农民市民化转变,培育转型农民的社区居民意识。

4 淄博乡村建设模式

4.1 淄博市概况

淄博市位于山东省中部,地处环渤海经济区和沿黄河经济协作带的交汇地区,是环渤海地区一座风格独特的工业城市。淄博是山东省乃至全国的重要工业城市,重要的石油化工、医药、纺织生产基地,中国陶瓷名城和重要的建材生产区,是我国首批 3 个星火技术密集区之一。

淄博乡镇经济发展迅速,随着乡镇凝聚力的不断增强,乡镇企业渐成规模并具备一定的技术水平,是最有可能接受城区、大企业辐射与扩散的承接站,同时大大吸引了周边农村剩余劳动力,带动农村经济的快速发展。

中央、省、市针对"三农"问题制定一系列的优惠政策,淄博的农业和农村经济发展呈现良好态势。粮食丰产丰收,农民收入实现较快增长,农业结构进一步优化,农村劳动力向城镇转移速度加快,通过对农村生态农业示范区的开发,改善农村生态环境,提高了经济效益和社会效益。

4.2 村庄建设现状存在问题

淄博市村庄建设自改革开放以来取得了长足的进步,但是由于缺乏统筹、规划滞后等原因,还存在着以下问题:①村庄区域分布不平衡,过于分散,规模过小,使基础设施集中配套难。②村庄的内部环境缺乏治理,"脏、乱、差"问题较为突出。③村庄公共服务设施建设滞后,配置水平偏低。④村庄基础设施的配置严重不足,广大村民的生活质量得不到提高。⑤村庄区域经济发展不平衡,与产业发展缺乏统筹。⑥传统村落保护不够,建设风貌趋同,地域特色不明显。⑦社区建设进度缓慢,规划建设力度不统一,出现农村新型社区建设两极化。⑧建设资金不足,缺乏有效的资金投入渠道。

4.3 村庄建设值得借鉴的共性方面

纵观国内外各类先进的村庄建设理念与实践,有许多方面值得淄博市不同类型村庄建设共同借鉴,如:建立健全统筹城乡的公共服务体系;大力提高基本公共服务均等化水平;制定全市城乡基本公共服务标准;建立城乡基本公共服务的资源配置、管理运行、评估监督和动态调整机制;加快公共服务向农村覆盖,推进公共就业服务网络向县以下延伸;全面建成覆盖城乡居民的社会保障体系,推进城乡社会保障制度衔接,加快形成政府主导、覆盖城乡、可持续的基本公共服务体系,推进城乡基本公共服务均等化。

4.4 不同区域类型村庄建设值得借鉴的模式

淄博市地势南高北低,南部及东西两翼山峦起伏,中部低陷向北倾伏,南北高差千余米。山区、丘陵、平原面积分别占市域面积的 42.0%、29.9% 和 28.1%。由于经济发展水平、地势地貌、政策差异等原因,各类村庄的建设应因地制宜,探索适合的发展模式。

4.4.1 产城一体区域

主要包括淄博市及各区、县城区及开发区的主要城市建设用地范围。该类区域的村庄建设应主要以"两区同建,产城一体"模式进行建设。建设和选址应服从城市总体规划,在城市居住组团范围内选址。基础设施和公共服务设施应按照城市居住区标准,结合城市现有资源和城市相关规划进行建设。主要建设模式有城镇聚合型、小城镇聚合型、村企联建型和多村合并型等(图1)。

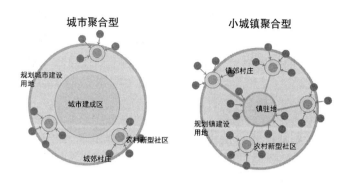

图1 产城一体区域村庄建设模式示意图

4.4.2 平原集聚区域

主要包括高青县、桓台县、周村区北部与临淄区北部等区域。该类区域地势较为平坦,交通便利。公共服务设施易于建设,方便共享。主要建设模式有小城镇聚合型、村企联建型、强村带动型、搬迁安置型等(图2)。

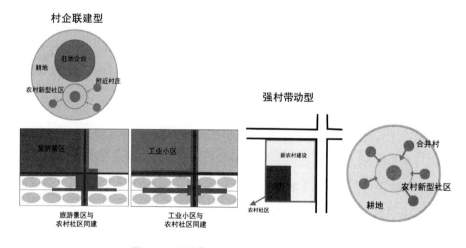

图2 平原集聚区域村庄建设模式示意图

4.4.3 山区村庄区域

主要包括周村区南部、临淄区南部、博山区、淄川区和沂源县等地势起伏较大的区域。该区域交通不便,公共服务设施建设难度较大。主要的建设模式有多村合并型、村庄直改型、搬迁安置型等(图3)。

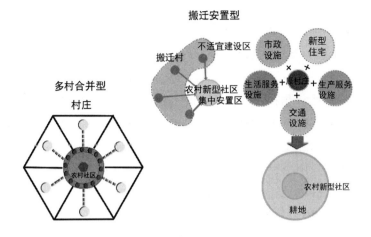

图3　山区村庄区域村庄建设模式示意图

5　结语

　　村庄建设应结合尊重现状、尊重传统,统筹城乡人口、产业与服务设施,强化规划控制,尊重农民意愿,加大资金投入,处理好近期建设与远期发展、旧村改造与新村建设的关系,统一规划,分步实施。同时应推进改革创新,加强组织领导。必须建立完善的政策机制,以推进农村地区的进一步发展。建立健全科学决策机制,确保农村新型社区建设的各项重大决策科学合理;建立健全协调机制,调动各方的建设积极性和创造性;建立健全财政支农资金稳定增长机制,扩大公共财政覆盖农村范围;健全土地承包经营权流转机制,推进农村居民社会保障体系建设进程;建立农村居民自治组织,健全各类责任制以及全体居民共同保护环境的责任机制和约束机制,形成自我管理、自我发展的长效机制。

　　本文通过对国内外不同时期的村庄建设经验的借鉴,探索适合淄博市村庄建设的模式,可为政府政策制定提供一定的依据。

参 考 文 献

[1] 秦文,林鸿.日本新农村建设及其启示[J].重庆与世界(学术版),2011,28(2):36-37.

[2] 刘瑞涵,李先德.美国农村建设的成效和问题[J].科学决策,2006(7):49-50.

[3] 王亚宁.从以色列"基布兹"的建设经验谈我国新农村建设[J].陕西学前师范学院学报,2011,27(1):31-34.

[4] 王景新."两区同建"破解中国新型城镇化难题——山东德州农村产业园区和新社区同步建设调查报告[J].西北农林科技大学学报(社会科学版),2014(1):6-12.

[5] 刘太祥.中国古代农村基层行政管理[J].南都学坛:南阳师专学报,1995(4):60-65.

[6] 陈海秋.改革开放前中国农村土地制度的演变[J].宁夏社会科学,2003,23(1):24-31.

[7] 薛丽.经济发达地区"城中村"改造问题研究——以青岛市黄岛区为例[D].泰安:山东农业大学,2010.

[8] 云南省中国特色社会主义理论体系研究中心.以美丽乡村为载体加快生态文明建设[J].社会主义论坛,2016(1):24-25.

[9] 舒小铃."1+5"模式 让农业园区党建提档升级[J].四川党的建设(农村版),2016(1):30-31.

后 记

伴随着国家特色小镇政策的实施,小城镇的特色化发展渐成趋势。鄂尔多斯的"小城镇的特色化发展"学术研讨会会议规模再次创下小城镇规划学术委员会年会的参会人数新高,参会人员达 500 余人。会议除主会场以外,还设立了三个分会场针对小城镇特色化发展的方方面面进行热烈的研讨,其余音仍时常在耳畔回响。会后小城镇规划学术委员会专家学者仔细审阅了 111 篇会议交流论文,认为本次会议入选论文质量较高,遂决定继续择优出版本次会议论文。经过专家严格审查,共有 26 篇论文收录到本书,再次向各位作者表示祝贺。

本书的出版得到了同济大学建筑与城市规划学院和同济大学出版社的大力支持,在此表示诚挚的谢意。同时需要感谢上海同济城市规划设计研究院陆嘉女士、张硕和林玉、刘碧含、黄银波、刘诗琪、李响等几位同学对本书出版所做的辛劳工作,没有你们,本书无法按时出版。

中国城市规划学会小城镇规划学术委员会　秘书处

读者针对本论文集有何建议,可以直接发送邮件至学委会邮箱 town@planning. org. cn. 关于小城镇研究的学术前沿,读者可以扫描关注小城镇规划学委会公众号。